流域水资源配置利用管理方法与政策研究

黄 伟 著

U0232529

科 学 出 版 社

北 京

内 容 简 介

《流域水资源配置利用管理方法与政策研究》从水权交易市场和水利工程产权角度及流域水资源配置利用与管理的优化方法入手，建立起通用的流域水资源优化与配置模型，通过综合运用地理信息系统和图形可视化技术，讨论了水资源配置中的产权管理改革方法，并提出了一体化的流域水资源配置理论和方法。研究结论对于推动整个资源管理体制改革和经济增长方式的转变和我国的可持续发展，具有较好的理论价值和实践价值。本书的诸多观点与结论及所提出的分析框架，可以帮助相关人员理解和分析区域水资源调配的关键因素、规律、科学方法及政策。

本书适用于管理科学和水资源管理等学科中的教学科研人员及学生，也适合大量参与水资源和水利工程管理的决策者、实施者及咨询机构等相关人员阅读。

图书在版编目（CIP）数据

流域水资源配置利用管理方法与政策研究/黄伟著. —北京：科学出版社，2017.10

ISBN 978-7-03-055017-0

Ⅰ. ①流… Ⅱ. ①黄… Ⅲ. ①流域 – 水资源管理 – 研究 – 中国 Ⅳ. ①TV213.4

中国版本图书馆 CIP 数据核字（2017）第 264081 号

责任编辑：李 莉/责任校对：贾娜娜
责任印制：吴兆东/封面设计：无极书装

科 学 出 版 社 出版
北京东黄城根北街 16 号
邮政编码：100717
http://www.sciencep.com

北京京华虎彩印刷有限公司 印刷
科学出版社发行 各地新华书店经销

*

2017 年 10 月第 一 版 开本：720×1000 1/16
2017 年 10 月第一次印刷 印张：16 1/4
字数：320 000

定价：96.00 元
（如有印装质量问题，我社负责调换）

前　言

水是生命之源、生产之要、生态之基，是人类社会生存、发展的基本性资源之一，而当今世界普遍存在的水资源短缺、水环境污染等问题，都影响水资源长久有效的利用，影响社会可持续发展（sustainable development）的实现，落实最严格的水资源管理制度和制定红线考核机制迫在眉睫。中国人多水少、水资源时空分布不均，水资源短缺、粗放利用、水污染严重、水生态恶化等问题十分突出，已成为制约社会经济可持续发展的主要瓶颈，因此，对区域水资源管理方法与政策展开研究就显得十分必要。本书从产权理论入手，从水权交易市场和水利工程产权角度，讨论水资源配置中的产权管理改革方法；从区域水资源配置利用与管理的优化方法入手，通过遗传算法（genetic algorithm, GA）建立起通用的区域水资源优化与配置模型；将地理信息系统（geographic information system，GIS）及图形可视化技术与优化理论和方法结合，提出一体化的区域水资源配置理论和方法。研究结论对于推动整个资源管理体制改革和经济增长方式的转变及我国的可持续发展，具有较好的理论价值和实践价值。

本书在内容安排上有以下特点。

（1）学科交叉融合，尤其是利用信息技术实现区域水资源优化配置和可视化，这是本书的第一个特点。

（2）基于大量实地调研数据，展开理论研究，这是本书的第二个特点。

（3）以河南省为例，展开案例和应用研究，使本书所阐述的理论和方法落地实践，这是本书的第三个特点。

本书是在国家社会科学基金"利益均衡下生态水利项目社会投资的模式创新研究"（14BGL010）、国家社会科学基金"基于生态视角的资源型区域经济转型路径创新研究"（15BJL034）、河南省高校科技创新团队"资源环境统筹与生态补偿"（16IRTSTHN025）和华北水利水电大学科研团队培育计划"生态水利项目社会投资的绩效评价及控制研究"（00200）的支持下完成的。汪璐老师和研究生田振宇同学在资料收集及文字校对方面做了大量工作，感谢他们付出的辛苦劳动。同时，本书的出版得到了科学出版社的大力支持和热情帮助，在此深表谢意。此外，在本书撰写过程中作者还参阅了国内外许多专家学者的相关研究成果，在此一并致谢！

　　由于作者水平有限，书中难免存在疏漏和不妥之处，敬请各位专家和读者批评指正。

黄　伟

2017 年 3 月 6 日于明慧园

目　录

1 绪 论

1.1 水资源配置问题的提出

水是生命的源泉，是所有生物生存与发展不可或缺的物质，是农业与工业生产、经济发展和环境改善无可替代的珍贵自然资源。地球上的水分布在海洋、冰川、雪山、湖泊、河流、大气、沼泽、土壤、地层与生物体中，它们联系密切、不断交换、相互作用，形成了一个完整的水系统。

从广义上来说，水资源是指水圈内的水量总体。由于海水利用对于现今的科技来说仍是亟待突破的难关，所以通常意义上的水资源主要指陆地上的淡水资源。

1.1.1 背景

追溯历史，是水养育了人类，造就了文明。两河流域孕育了古巴比伦文明，尼罗河创造了古埃及文明，黄河是中华文明的发祥地，海洋使古希腊文明兴旺发达。时至今日，水资源的诸多问题却成了人类生存与发展的桎梏。

地球表面有 72%被水覆盖，约为 13.9 万亿 m^3，总量巨大，但鲜少可以被直接利用，主要有以下原因。

（1）海水十分苦涩，不能直接饮用，也无法用于农业灌溉与工业生产。

（2）地球陆地上的淡水资源仅占水体总量的 2.5%，而在这本就稀缺的水资源中，又有半数以上冻结于南极和北极的冰盖中。加上难以利用的高山冰川和永冻积雪，共有大约 87%的淡水资源难以被直接利用。虽然各国都投入巨大的人力、物力研究冰川中固态水资源的利用方法，但目前仍无法做到大规模推广。除此之外，同样储量巨大的淡水资源，却由于其蕴藏深度问题难以被开发利用。从陆地水体运动更新的角度看，以河川水与人类的关系最为密切，最为重要。河川水具有更新速度快、循环周期短的特点。以此为据，科学家们又将水资源分为静态水资源和动态水资源。静态水资源主要包括冰川、内陆湖泊与深层地下水，这类水资源循环周期长，更新速度缓慢，水资源的自净能力较弱；动态水资源包括河流水、浅层地下水，具有循环周期短、更新速度快、交替周期较短、自净能力强等特点。目前，河流水、淡水湖泊水及浅层地下水较易被利用，但这些淡水储量只占全部淡水资源的 0.3%，占全球水体总量的十万分之七。

全球的淡水资源不仅十分短缺，而且其地区分布极不平衡。约占世界人口总数 40%的 80 个国家与地区严重缺水，其中，26 个国家的约 3 亿人口缺水尤为严重。在非洲、亚洲及欧洲的一些地区人均拥有的淡水资源较少，而拉丁美洲和北美洲的水资源则较为丰富。

马林·福马肯马克曾提出了一个衡量缺水状况的人均标准，即所谓的水关卡。按照这一标准，每人每年应有可用淡水 1000 m^3，若低于这个标准，现代社会发展就会受到制约。以此标准来为依据进行衡量，目前许多国家都处于发展受限的情况。例如，肯尼亚每人每年可用淡水只有约 600 m^3，而约旦仅有 300 m^3，埃及更是仅有 20 m^3。联合国相关部门认为，到 2025 年，将有相当一部分国家年人均水量低于 1000 m^3。其中，科威特、利比亚、约旦、沙特阿拉伯、也门等缺水严重的国家淡水人均年拥有量可能低于 100 m^3。

1.1.2　我国水资源配置存在的问题

我国也是存在较为严重的水资源供需矛盾的国家之一，主要有以下问题。

（1）水资源严重短缺、供需矛盾突出。我国是世界公认的缺水国家，水资源人均占有量仅占世界水平的 1/4。而随着经济的发展与气候的变化，我国农业，尤其是北方地区农业缺水情况将会不断加剧。目前，我国农业缺水量累计达 3000 多亿 m^3，约有 60%耕地无水灌溉。1.33 亿 km^2 耕地中，尚有 0.55 亿 km^2 为无灌溉条件的干旱地，有 0.93 亿 km^2 草场缺水，全国 2 亿 km^2 农田受旱灾威胁，因缺水而导致粮食减产达 350 亿～400 亿 t，干旱缺水成为影响农业发展和粮食安全的主要因素；全国平均每年因水资源短缺而造成农村 8000 万人和 6000 万只家禽饮水困难，1/4 人口的饮用水不符合卫生标准。据《中国 21 世纪议程》估计，到 2030 年，全国人口将达到 16 亿，全国水资源将短缺 1400 亿 m^3，人均占有水资源量将减少 1/5。城市使用了大量的水资源，同时，来自多方面的污染导致乡村地区的水资源也受到污染。这就意味着，农村水资源短缺的情况将不断加重。尤其随着农村城镇化进程的加快和人口的持续增加，有限的水资源将大量由农村向城镇或工业等非农产业转移，农村水资源的缺口将更大。综上所述，我国的水资源短缺状况目前已经不容乐观，而且这一趋势还在加重。

（2）地下水开采过度。在我国广大农村，地表水资源无法满足农村生产、生活的需求，越来越多的地方把目光投到了地下，从而导致地下水的过度开采。目前，全国已有区域性"漏斗" 60 多处，涉及面积达 10 万 km^2，很多地方原有水利设施因地下水位下降或因之产生地面下沉而被迫报废。据调查显示，我国大部分地下水水位都越来越低，而且这一趋势在加剧。

另外，过度开采地下水将导致地下水水位下降、水质恶化、水量枯竭、耕地渍化等诸多环境问题。例如，在河南省，水资源的利用以地下水为主，地下水的大量开发造成河南省最大的地下水"漏斗"，其中，濮清南浅层地下水"漏斗"面积达 6400km²，埋深由 14.6m 下降为 22.7m。地下水水位下降及地下水"漏斗"的形成，造成了大面积的地面沉降灾害，同时伴有地裂缝灾害的发生。

（3）水资源浪费严重。我国水资源浪费严重，造成此结果的主要原因有两个方面：一是水土流失；二是水价偏低。大量天然降水流失，每年汛期江河上游的天然降水得不到有效的截流和储存。森林植被受到严重破坏，水资源平衡受到破坏，一方面造成水资源减少，一些地区连年干旱；另一方面，一些地区连年出现洪涝灾害。干旱和水灾都给工农业及人民生活造成巨大的经济损失。据统计，我国每年流失的土壤近 50 亿 t，相当于耕作层为 33cm 的耕地 130 万 km²，减少耕地 300 万 km²，经济损失 100 亿元。仅以黄河为例，黄河下游河床每年以 10cm 的速度抬升，已高出地面 3~10m，成为地上悬河。由于淤积，全国损失水库容量累计 200 亿 m³。

水价偏低，农业用水有效利用率低。在发达国家，水价与电价的比例是 6∶1，水比电贵，而在我国，水价与电价的比例是 1∶1，甚至更低，水费往往只是象征性地收一点，尤其是我国的农村，不讲经济效益，水利建设投资也是由国家财政预算加以解决。近年来，国家虽然对水利行业进行了多方面和大量的改革，但水价调整力度远远不够，目前水价根本起不到调节水资源市场供求矛盾的作用。据调查显示，全国各地水费标准只达到测算成本的 62%，农业水价还不到成本的 1/3；水费仅占居民日常开支的 0.3% 左右。水价格的低下，使之与其他商品相比，比价十分不合理，许多家庭支付的水费占家庭生活支出费用的比重越来越低。每人每月的水费不足 500g 大米的价值。黄河流域水价更是偏低，宁夏、内蒙古、河南、山东四省（自治区）的引黄灌溉水费标准仅为 0.006~0.04 元/m³，引水渠道水价更低，下游引黄渠道 1000m³ 黄河水的水价仅相当于一瓶矿泉水的价格。另据统计，全国农业灌溉年用水量约 3800 亿 m³，占全国总用水量近 70%。全国农业灌溉用水利用系数大多只有 0.3~0.4。发达国家早在 20 世纪 40~50 年代就开始采用节水灌溉，现在，很多国家实现了输水渠道防渗化、管道化，大田喷灌、滴灌化、灌溉科学化、自动化，灌溉水的利用系数达到 0.7~0.8。此外，我国耕地使用土渠输水较多，灌溉基本上采用传统的大水漫灌或小畦漫灌形式，造成水资源的严重浪费。农村生活用水浪费现象也十分严重，生活供水管道的跑、冒、滴、漏现象随处可见。

（4）污染加剧，水环境恶化严重。长久以来，污水治理工作未得到人们足够的重视，自然界的江河湖泊成了城市的"清洁器"。目前，全世界年污水排放量约为 4260 亿 t，致使 55 000 亿 m³ 的水体受到污染，约占全球径流量的 14% 以上。不仅是淡水，海洋污染情况同样令人震惊。海洋的广阔与强大的自净能力，使得人类经常将海洋当作天然的垃圾填埋场，倾废曾是人类重要的海洋利用方式。在各种倾废中，放射性物质的倾废尤为令人忧心，因为这相当于在陆地周围放置了诸多失控的污染源，一旦废料产生泄漏，其对生态系统的破坏将远超第二次世界大战日本广岛核爆的程度。尽管如此，海洋倾废在一些国家仍然存在。

近年来，我国水体污染日益严重，全国每年排放污水高达 360 亿 t，除 70% 的工业废水和不到 10% 的生活水经过处理再排放外，其余污水未经处理直接排入江河湖海，致使水质严重恶化，污水中化学需氧量、重金属、砷、氰化物、挥发酚等呈上升趋势，全国 9.5 万 km 的河川，有 1.9 万 km 受到污染，0.5 万 km 受到严重污染，清江变浊，浊水变臭，鱼虾绝迹。随着中国环境治理力度加大，水质恶化的势头有所减弱，但从总体上判断，水质恶化的趋势不可回避，水污染正从城市向农村扩展。与大城市相比，小城镇资金短缺，市政建设落后，排水体制不健全，大多没有污水处理厂，居民的环境保护意识淡薄，有的人甚至向水体倾倒生活、生产垃圾，同时大量的生活、生产废水随自然地势流入坑河，致使水体污染日益严重，据统计，目前全国有 80% 以上的河流受到了不同程度的污染。

1.2　水资源配置意义

依据当地实际情况对水资源进行合理配置，对各国具有缓解水资源供需矛盾、改善水环境、摆脱缺水对国家综合发展的桎梏等作用。对我国来说，水资源的优化配置具有以下重大意义。

（1）有利于缓解水资源危机。随着我国社会经济的飞速增长，进一步加深的水资源危机将使人们意识到水资源已不是过往人们认知中的取之不尽、用之不竭的自然资源，而应该被视为资源性的资产，是国家的重要财富。我国虽然明确规定水资源归国家所有，但在现实中由于历史及个人认识等因素并未得以较好地贯彻执行，实质上形成了一种"人人所有权"，并最终形成了"无人所有权"。对水资源实行更为科学有效的配置管理将有利于对水资源的开发利用。具体表现在：①有利于突出国家对水资源的所有权；②有利于促进水资源相关管理形成良性循环；③有利于将水资源纳入国民经济核算体系，充分反映水资源自身价值；④有利于建立基于所有权与使用权分离为前提的水资源产权（water rights）交易制度，使水资源使用权转让、出租与交易等一系列行为和这一过程中的责、权、利等一系列相关关系可以实现明确的界定，实现有法可依。

（2）有利于中国的可持续发展。可持续发展是在我国乃至全球人口激增、生态环境恶化、资源与环境承载力下降的大背景下产生的。可持续发展的概念最早于1972年在斯德哥尔摩举行的联合国人类环境研讨会上被正式讨论。1987年，世界环境与发展委员会给出了获得广泛认可的可持续发展的定义："既满足当代人的需要，又不损害后代人满足其需求的发展。"表明既要发展，又要持续，应实现两者兼顾，实现各方面的协调发展。各种自然资源是实现可持续发展的重要物质基础，水资源是其中极为重要的组成部分，对水资源的科学利用是可持续发展理念的基础与核心。水资源的可持续利用，是经济与社会的可持续发展的基础与前提，水资源的供需不平衡可能会导致一个国家社会和经济的波动与危机。

（3）有利于推动整个资源管理体制改革和经济增长方式的转变。通过符合市场经济规律的手段对水资源进行优化配置管理，进而形成稳定、科学、高效的约束与激励机制，不断提高水资源的利用效率并最终实现水资源最优配置。同时，对水资源优化配置管理也将推动水资源管理观念与管理方式的改变，有助于促进我国整个资源管理体制的改革和经济增长方式的转变。

（4）有利于促进水资源的经济效益、生态效益和社会效益得到协调发展。生态环境的稳定是人类生存与发展的重要物质基础，而水则是生态平衡中不可或缺的要素。在水资源的保护与开发利用的过程中，应以实现水资源可持续利用与贯彻人类社会的可持续发展战略为目标，着重强调建立并维持生态环境的良性循环。采取资产化手段规范人们的用水行为，从源头上抑制对水土资源的不合理开发，对人们可能危害到水资源的可持续利用的各种生产与生活行为要加以纠正或制止。遵循自然规律，尽力协调好人与水、社会与水、经济与水、发展与水的关系，对水资源进行科学合理的开发利用，保护水资源与生态环境的安全。

（5）有利于促进水资源的合理开发、利用与保护。我国水资源管理方面存在诸多矛盾与问题，其中包括自然因素与人为因素，近年来，人为因素所占的比重逐步增大。对水资源管理不善所导致的超采滥用是造成水资源短缺等一系列问题极为重要的原因。在计划经济体制下，市场的调节作用被抑制，几乎所有问题都由行政干预解决，而且水利行业作为社会公益事业，完全由国家出资兴建水利工程并加以运营，僵化的水资源的配置方式导致哪个行业需水，就向水利部门要水的情况出现。同时，各用水行业与民众缺乏保护水资源的意识，不仅毫无节制地使用水资源，且肆意排污现象屡禁不止，导致了严重的环境污染。因此，单一的行政手段配置水资源无法保障水资源的合理利用，也不利于对水资源的保护。通过对水资源实行优化配置管理，对水资源进行一系列核算与评估，依据反馈的各方面的统计数据，进行科学的分析与规划，从而掌握水资源经济的运行规律，对水利产业与其他产业间的经济关系进行科学的调控与规划，以期最大限度地提高水资源的利用效率，实现水资源的优化配置，促进水资源的可持续利用，使水资源能够更好地为社会发展服务。

（6）有利于理顺水资源资产价格构成关系、提高管理经营水平。社会福利事业的模式在相当长的一段时间内是中国水资源管理的主要模式，水资源价值被极大地低估，水费只是象征性地收取，未进行成本核算，也不以经济效益为先。国务院于 1985 年颁布了《水利工程水费核订、计收和管理办法》，首度提出按成本核订水费的方法，这是水费改革的起点，但水价的调整与成本相比仍存在巨大的差距，无法真正解决水资源的供需矛盾。较低的水价导致人们节水意识缺乏，进一步滋长了水资源的浪费。目前，不少较为偏远的地区农业灌溉依旧采用大水漫灌的方式，而非较为科学的喷灌、滴灌等节水措施与方法；而我国的工业用水不仅单位产品耗水量远高于技术先进国家，而且在对工业用水的重复利用方面仍需进一步提高。要解决这些问题，引入经济方法，充分运用价格杠杆，依照市场经济规律处理社会发展过程中的水资源开发与利用问题则是行之有效的方法。水资源资产价值的核算是水资源优化配置管理的一个核心问题，再辅以其他因素的管理，从而构建一个合理的水资源价格体系，进一步促进水资源所有权、使用权与经营权的分离，处理好水利产业与其他行业之间的各种关系，使水资源利用与保护形成良性循环，从而助推水利产业的健康稳定发展，进而促进社会经济的全面可持续发展。水资源资产化管理涉及各个方面的内容，如水资源资产价值核算、水资源供需平衡分析、水环境的保护、政策法律的制定、管理人才的培养等。

可见，水资源的资产化管理是市场经济发展要求的切实反映，通过采用符合市场经济规律的手段，可形成切实有效的体制机制体系，提高水资源的利用效率并最终实现最优配置。同时，水资源资产化管理模式不仅是管理观念和管理方式的改变，而且对于促进和深化中国整个资源管理体制的改革及推动经济增长方式的转变，都具有重要的意义。

2 水资源的经济分析

2.1 水资源属性特征

在纯自然的条件下，水资源具备三种原始属性：基于其物理性质所具有的资源属性、因化学性质而具有的环境属性、因生命性质而具有的生态属性。随着人类对自然的适应与改造的不断深入，水资源的社会经济服务功能的不断增强，其属性内容也不断丰富。如今，水资源的属性包括自然属性、社会属性、经济属性、环境属性与生态属性，其中，生态属性和环境属性在外延和内涵上与其原生的基本属性已不尽相同（刘晶，2012）。水资源的多种属性之间是相互依存和关联的。

2.1.1 自然属性

水资源的自然属性主要指水资源在水循环过程中的形成机理及其自身的相关演化规律，包括水资源的时空分布不均性、可再生性、循环性与系统性等。水循环的平衡在物理、化学与生物层面与自然界中一系列变动过程息息相关，如地貌形成中的侵蚀、搬运与沉积，地表化学元素的迁移与变化，土壤的形成与演化，植物生长中最为重要的生理过程——蒸腾及地表大量热能的转化，等等。

（1）水资源可被耗竭，但也可被补充。水资源具有循环性或流动性，这是水资源与其他资源最为显著的区别，即水资源是在循环中形成的一种动态资源。水循环系统是自然形成的一个庞大水系统，这个系统中包括液态与固态水的汽化，水汽凝结降水等各种形态变化的过程，水资源在被开采利用的过程中，能够得到包括大气降水在内的多种渠道的补给，形成了开采—补给—消耗—恢复的循环，若对其进行合理利用，则可以同时满足人类使用与生态平衡的共同需要。因此，水资源处在不断被消耗与补充的循环过程中，但同时水资源也并非是取之不尽的，全球范围内的淡水资源的储量十分有限，真正能够被人类直接利用的淡水资源少之又少。随着水资源供需矛盾的日益尖锐，面临严重的缺水危机的国家逐渐增多。中国是目前最大的发展中国家，水资源危机在数十年前已经显现，且近年来一直存在加剧的趋势，因而解决我国水危机的困难性与紧迫性尤为凸显。

（2）水资源的时空分布具有不均匀性。自然界的水资源分布存在一定的时间性与空间性，地形和气候的差异是导致水资源时空分布不均匀的重要因素，这是水资源的另一项重要特性。不均匀性在时间层面的表现是雨季和旱季分界较为明显。我国北方地区的降水主要集中在每年的 6～9 月，且多为强降雨，很容易形成洪水，最终导致水土流失，这部分水资源利用难度较大。其他月份降水较为稀少，导致所属区域干旱较为严重，土地耕种效率低下。不均匀性在空间层面的表现是水土资源的区域分布差异较为明显。例如，我国约 80.4%的水资源分布在长江流域及其以南地区，且该地区拥有全国 53.6%的人口与全国 35.2%的耕地，生产总值占国内生产总值（gross domestic product，GDP）的 55.5%，因此该地区属于人多、地少、经济发达、水资源丰富的地区；长江流域以北地区（不包括内陆所在区域）拥有全国 44.3%的人口与的 59.2%耕地，生产总值占 GDP 的 42.8%，但其所拥有的水资源仅占全国水资源总量的 14.7%，是典型的人多、地多、经济相对发达但水资源匮乏的地区，其中，黄河、海河、淮河流域相关地区尤为突出，是全国水资源非常缺乏的地区。我国水资源的这一特性使水资源具备了鲜明的地域特征，也造就了水资源利与害的双重性。水量过多容易导致洪水泛滥，内涝积水；水量过少容易形成干旱灾害。

2.1.2 社会属性

水资源的社会属性主要表现为两方面：一是流域内各地区的用水户都应对流域内水资源享有基本的使用权，与其他用水目的相比，生存用水权优先；二是在政府保障、社会的约束之下，水资源开发利用应充分体现公平与可持续原则，这包括代际公平、上下游公平、城乡公平与用水户公平。

我国相关法律规定，水资源的所有权为国家所有，这在实质上具备了一定的垄断性。虽然随着市场经济的发展，我国水资源的使用权与所有权在实际的开发与利用过程中发生了分离，然而水资源作为一种公共资源，在一定的区域内，各个用水户都享有平等的基本使用权，同时具有相对范围的非排他性和不可分割性的特点。

水资源的社会属性主要表现在以下六个方面。

（1）水资源对社会的存在与发展的广泛支撑性和束缚性：一方面，水资源为人类社会中诸如人们的日常生活、工农业生产等社会行为与活动提供了不可或缺的资源与环境方面的巨大支持；另一方面，各类水资源的非常规运动也给人类的劳动成果造成了毁灭性的影响。

（2）水资源占有主体存在不确定性。在自然界自发的运动与循环过程中，任何主体都未曾真正对某一自然水体拥有绝对性的占有力，水资源的社会主体占有权一直以来是以水循环运动的区域稳定性与相对可靠性为基础和前提的。

（3）水资源利用的不均等性。基于气候、地理甚至人为与历史等诸多外在因素的存在，人们对水资源开发利用的条件的差异尤为显著，不同区域的集体与个人利用水资源的机会严重缺乏平衡性与均等性。

（4）水资源利害主体的可变性。在同一流域内或存在水资源相关关系的区域之间，利益主体之间可以通过一定的社会运作实现利益或者危害的相互转移。

（5）水资源具有满足人类物质与精神双重需要的特性。

（6）水资源开发利用的区域性。在我国整个社会体系中，水资源的开发利用大多是以具体行政区域为单位进行规划与实施的，这种模式在自然层面上与水资源的流域性存在一定的重合，在地理差异与管理目标方面也存在一定程度的不同，这在我国现行的水资源管理体制中尤为明显。

2.1.3 经济属性

1992 年，联合国环境与发展大会通过的《21 世纪议程》中明确阐述了水资源的经济属性："水是生态系统的重要组成部分，水是一种自然资源，也是一种社会物品和有价物品。"

水资源是国民经济的重要组成部分之一，是社会经济可持续发展的重要物质与资源支撑，对于工农业生产及城市的建设都具有重大而深远的影响。因此，分析水资源对国民经济的影响应建立在系统分析水资源的经济属性的基础上。

2.1.3.1 水资源的不可替代性

"替代性"是经济学中的一个重要概念，它是指一个对象可以被另一个对象取代，发挥同样或近似的效用。而"不可替代性"是指一个对象由于自身特殊性，是其他对象无法替代的。

水资源的不可替性表现在以下两方面。

（1）水资源的特殊属性与功能决定了水资源在社会生活的方方面面是绝对不可被替代的（基于水资源的自然、环境、生态、社会等属性及相关功能）。

（2）随着人类在自然科学领域相关技术的进步，人们找到了生产过程中能在一定程度上替代水资源的方法，如工业领域使用风冷替代水冷、水电可用火电或核电替代等。但是，出于经济与环境成本的考量，上述替代方法不具备可推广性。因此，水资源是相对不可替代的。

水资源的不可替代性也是水资源稀缺性和水资源价值的基础与来源。以目前的科技水平，依然未能找到能够替代水资源功能的资源。基于这种不可替代性与水资源有限的总量，在水资源供需矛盾日益尖锐、水污染愈发严重、水资源净化处理的需求日益增多的情况下，水资源成为越来越宝贵、稀缺的自然资源。

2.1.3.2 水资源的稀缺性

在理论层面上，稀缺性可从经济与物质两个层面来看。若天然水资源的总量能够在相当长的时间内满足人类的种种需要，但想要得到符合人类各项需求标准的水资源是需要相应的生产成本的，而在一定的单位生产成本条件下可获取的水资源是有限的，或者说，获取可用水资源的单位成本过高导致的水资源供需矛盾的资源稀缺性就是经济层面的。经济稀缺性是相对的，在充分的市场竞争环境下，价格机制是协调解决这一问题较为有效的途径。若水资源的总量不足以满足人类足够长的时期内的需要，这种情况下的稀缺性就被称为物质层面的。

物质层面的稀缺性是绝对的，其前提是资源的不可替代性。经济与物质层面的稀缺性是可进行相互转化的。对于水资源来说，在水资源丰裕的地区，基于人们的水资源保护意识较为欠缺与缺乏相关的制度约束等因素，极易造成可用水资源浪费与污染等诸多问题，此类水资源稀缺属于经济稀缺性；但若水污染长期得不到有效治理，从而使其自然形态发生改变，则很可能会使经济稀缺性转变为物质稀缺性。而在水资源相对匮乏的地区，当水资源总量难以维持生态环境与社会经济发展时，水资源物质层面的稀缺性则得以凸显。然而，将跨流域调水、节水、海水淡化、水的循环使用等开源节流措施等方面进行综合考量的情况下，因其成本过高而使上述措施难以执行或者不经济的时候，物质稀缺性则转化为经济稀缺性。现今的世界，同时存在水资源物质稀缺性与经济稀缺性，而水资源供求矛盾的日益凸显，使得人们对水资源的稀缺性问题日益重视。水资源的稀缺性是水资源具有商品属性的前提条件，也是水资源产权理论和水资源价值理论的研究基础。

2.1.3.3 水资源具有使用价值和价值

水资源与其他可被人类利用的自然资源一样，都具有经济价值。水资源的价值在于其具有使用价值，即水资源能满足人类对水的种种需求，是人类赖以生存的最基本物质；同时，水资源也是工农业各领域重要的生产要素，对水资源合理开发与利用，将会促进社会经济的健康发展；水资源对生态环境的保障作用是其生态环境价值的体现；水资源的资源地租体现为其所有者权益；水资源的开发利用所付出的代价，体现为被占用和排他使用的交易价格或价值。秉持可持续利用的观点，水资源的开发与利用应充分体现社会公平性，考虑到子孙后代的需求，即代际公平。

水资源价值即为水资源本身的价值，是地租的资本化，是用水户为了获得水资源使用权而支付给水资源所有者的货币数额，它是水资源所有者与使用者之间

的经济关系的具体体现，是维持水资源持续供给的基础，是物质的所有权在经济
上得以体现的具体结果。

水资源价值的内涵主要体现在稀缺性、资源产权和劳动价值三个方面：稀缺
性是水资源价值的基础，水资源的稀缺性是其价值的首要反映，其价值程度也是
其在所处的时空下稀缺程度的体现。产权是经济活动得以维持的基础，水资源配
置与其产权归属息息相关，水资源具有价值是其产权的具体体现。若水资源不存
在产权，则用水户的取水行为无需付出任何成本，则极有导致水资源的超采、滥
采等现象的出现，水资源的优化配置也就难以实现。与其他商品相同，水资源的
人工劳动价值蕴含在其生产、流通过程中，这是天然水资源与已开发的水资源在
价值层面的根本区别，已开发的水资源的价值应该等于天然水资源价值与人类劳
动开发、保护、利用水资源所投入劳动价值的总和。

水资源价值不仅是水资源所有权在经济上的具体体现，更是水资源可持续利
用的经济基础。对水资源价值的精确核算是实现水资源配置管理的基本条件，也
是将其纳入国民经济核算体系的重要基础。水资源价值的调节功能不仅能激发用
水户节约用水的积极性、提高其用水效率，还能促进水资源在各部门与地区间的
高效配置。

2.1.3.4　水资源的公共产品属性

私人物品最为显著的两个特点即具有竞争性和排他性。而公共物品与私人物
品最明显的区别就在于，公共物品不具备排他性。

水资源只具备竞争性而不具备排他性，所以既体现出私人物品的属性，又具
备公共物品的属性。这种情况出现的根源在于，水资源的自然属性所导致的水资
源产权明晰的困难。水资源自身的流动性加大了对特定部分水资源的测量和跟踪
的难度，从而很难界定水圈中某些特定部分的水资源是否属于某人所有，任何一
个用水户都无法避免他人对水资源的利用。基于这种物理特性，明晰水资源的产
权成本很高。我国现今对水资源规定、保障和实施专有财产权的成本远超预期收
益。此外，水资源在消费层面上具有拥挤性。在水资源的利用过程中，用水户
数量从零增加到某一个可能是相当大的数值时即达到阈值，此时新增加的用水
户其用水的边际成本开始上升。当其趋于水体总量的极限时，新增用水户的边
际成本则趋于无穷大。当政府因对水资源价值估计不足而免费或象征性地收费
时，用水户必然无节制地过度消费，这极易导致拥挤点的过早到达，造成水资源
消费的拥挤。

水资源的双重属性还决定了它的自然垄断特性。例如，水文研究、水环境保
护、防洪设施、水利枢纽等或关系到公众利益，或投资巨大的工程或研究，因其

外部性较强，同时具有自然垄断特征，一般由政府投资、经营，这时的私人物品的竞争性与排他性难以凸显，所以水资源具备公共产品特征。而生活用水、灌溉用水等在环境或历史条件下存在较强的竞争性，具体表现在和其他商品一样，可通过市场交易进行有效配置。

水资源公共产品的性质导致了其产权界定的难度极大。在缺乏有效监督与制约的情况下，用水户从自身利益出发，竞相取水，致使水资源难以在市场上得到优化配置，无法实现帕累托最优。"公地悲剧"的案例说明，在产权不明晰的情况下，个人对自身利益最大化的追求必然导致对公共资源的过度掠夺与消耗，最终导致所有人利益均受损失。

2.1.4 生态属性

水资源是维系生态环境稳定的基础性资源。水资源的生态属性主要体现在水资源自身的情况与变化对生态环境系统变化的控制与影响上。水资源相关情况是干旱与半干旱地区生态环境系统的重要控制性因素，因而水资源的时空分布与水体质量决定生态分布及其种群（population）构成。而现今随着社会发展的不断加速，对水资源的需求也在高速增长，这种不断增长的需求与有限的水资源供应之间的矛盾将会导致生态环境退化，并威胁到人类自身，楼兰古国的消失就是最好的证明。

水资源是维系生物的存续、保持物种的多样化、维护生态平衡的重要物质条件与保障。水资源还具有净化空气、调节气候等功能，为所有生命提供适宜的生存条件和发展环境，是自然界生态圈的天然调节器。

2.1.5 环境属性

水资源能够稀释与降解污染物，吸附污尘、净化空气、美化环境，水体为所有水生生物提供了生存空间，其环境属性显而易见。而水资源的纳污与自净功能在当代人类活动对自然生态平衡的破坏日益严重的情况下具有尤为突出的意义。

2.2 水资源相关经济基础理论整理

单一的经济理论无法完全描述水资源的自然属性、社会属性和经济属性。水资源经济学的研究需要结合不同经济理论，并将其融合到统一的框架中进行分析，进而建立水资源经济学独特的分析方法。

2.2.1 水资源与价值理论

水资源是否有价值、其价值形态如何、怎样确立正确的水资源价值观及水资源价格的计量等诸多问题，在当前水资源研究领域中属于重要课题。目前，对水资源价值的了解主要肯定了水资源价值的存在，不管是否存在人类的劳动成果。但在水资源价值的确定方面，我国理论界还存在较大的分歧，对水资源价值具体内容的认识也不够全面。

2.2.1.1 价值理论基础

从经济学的发展历史与当前我国的研究情况看，对自然资源价值的认识一般主要基于劳动价值论、效用价值论、生态价值论或存在价值论等观点。

1）劳动价值论

马克思的劳动价值论认为，价值量的大小取决于所消耗的社会必要劳动时间的多少，社会必要劳动时间是在现有社会正常条件下，在社会平均的劳动熟练程度和劳动强度下，制造某种使用价值所需的劳动时间。社会劳动时间是在各个生产领域份额的数量界限，体现了整个价值规律的发展。基于水资源的稀缺性，从某种意义上讲的社会必要劳动时间所实现的是"虚假的社会价值"，是由市场运行规律产生的。马克思分析土地价值时采用了劳动价值理论，"把土地物质和土地资本区别开来"研究。土地物质作为固有存在的一种自然资源，其本身是不具备价值的。土地资本则是"对已经变成生产资料的土地进行新的投资，也就是在不增加土地的物质即土地面积的情况下增加资本"。因此，经由人类开发利用的自然资源变成了由自然资源物质与自然资源资本两部分组成的一个整体，体现出自然资源的二元性，也导致了自然资源价值的二元性。基于自然资源物质没有凝结人类的劳动成果，因此是没有价值的，"没有价值的东西在形式上可以具有价格，但这里的价格表现是虚幻的"。没有价值的东西之所以在形式上具有价格，是基于其垄断性、稀缺性与必要性。自然资源资本的价值是通过第二种意义上的社会必要劳动时间实现的"虚假的社会价值"。因此，自然资源物质的无价值与自然资源资本的"虚假的社会价值"构成了自然资源价格的二元性，这就是自然资源价值的真正内涵。马克思以当时的社会、经济发展水平为背景提出的理论，其时代的局限性使得他忽略了自然环境影响等一系列现实问题，但在当时经济欠发达、环境问题仍不算严重的条件下，这一理论适应当时的大环境，无疑是正确的。

而当今，水资源已经成为制约社会经济进一步发展的重要因素，水资源供给已经难以满足日益增长的社会经济发展需求。水资源的垄断性、稀缺性和必要性，使得水资源不能再被无偿使用，无论是已经过开发的商品水，还是未经开发的天然水，都是存在价值的。马克思的劳动价值观念是从商品的交换关系中抽象出来的，本质上体现的是产品或资源的使用者——人之间的关系，而对人与物之间的关系并不适用，因此在研究人与自然资源的经济关系时，应用马克思的使用价值的观念或经过修正的效用价值的观念。

2）效用价值论

效用价值论从物质满足人的需求的能力或人对物品效用的主观心理评价的角度来解释价值形成过程，认为商品的价值并非是商品内在的客观属性，其价值可分为主观与客观两个层面。主观价值即产品"对于物主福利所具有的重要性"，是所有者对物品边际效用的主观评价。客观价值是人们获得某些客观成果的能力，通常指单纯的技术关系。效用价值论主要包含以下观点。

（1）效用是价值的源泉与其形成的必要条件。效用是一个抽象的概念，在经济学中被用来表示从消费物品中得到的主观享受或满足。效用与物质的稀缺性相结合，就形成了商品的价值。物品效用就是物品能够满足人们需要的某种属性，而价值就是人们对物品效用的主观评价。

（2）边际效用是产品价值量的衡量尺度。边际效用指的是人们所能消费的某种商品中，每增加一单位的该种商品给人们带来的效用。物品边际效用决定了其价值量的程度。

（3）效用是可被计量的，物质的需求和供给之间的关系是边际效用的重要决定因素。物品的价值量是由其效用性与稀缺性来决定的。效用体现价值可达到的程度或范围，稀缺性则决定价值在具体实践中所能达到的程度或范围。

（4）边际效用递减与边际效用均等。人们对某种物品的需求强度会随着享用的该物品数量的增加而递减，因而物品的边际效用是随供给数量增加而递减的。随着物品的不断供给，其边际效用可降到零，这就是"边际效用递减规律"。由于许多物品的总量是有限的，人们会有意无意地对各种物品的需求强度进行比较，以有限的产品尽可能满足人们不同类别的需求。不管各种需求的总量如何，最终各种产品需求的满足程度必须一致，才能使总效用达到最大，这就是"边际效用均衡定律"。

（5）产品价值是由边际效用决定的。生产资料的价值是由所生产出的产品所消耗的生产资料的边际效用决定的。若一种生产资料能生产多种产品，且这些产品的边际效用存在差异，其价值由这些产品中边际效用最小的那种来决定。有多种用途的产品的价值，则是由已知用途中边际效用最大的那种用途的边际效用所决定的。用来交换的物品价值由所有者对物品的最高边际效用决定。由几个物品所组成的组合物品的价值，由这些物品在组合使用时所提供的边际效用来决定。而各个单件物品的价值是对这种组合边际效用决定的价值的分解。

根据效用价值论，基于水资源对人类的生产、生活的必要性，与当前水资源供需矛盾日益尖锐的现实，同时满足总量短缺与具有效用两个条件，所以水资源是有价值的。但若从主观与客观两个层面来看水资源价值，则对绝大多数人来讲，地球上的大部分的水体是没有主观价值的。水资源产品的边际效用是衡量其自身价值的基础，依据边际效用递减规律，未经开发利用的水资源其边际效用是零，也就是没有价值，这显然是存在问题的。

3）生态价值论

生态价值论认为，在生态系统处于平衡状态的条件下，其组成部分是相互依赖、相互制约的，其间存在一定的因果关系，具备一定的调节、补偿及再生功能。生态系统内部，生物关系维持着一定的平衡，其中任何一个环节遭到破坏，整体功能都将受到影响。反映到社会经济系统，经济活动中必然使用到水资源等自然资源，而且很多企业将生产中产生的废弃物直接排入自然界，造成环境污染，使经济与生态系统质量下降，功能受损。为了保持生态平衡、实现水资源的可持续利用、保证未来生存环境的相对稳定，必须对消耗的自然环境进行补偿。而单独利用理论也有难以弥补的缺陷，无法很好地解释水资源价值方面的问题。

4）存在价值论

存在价值出自现代西方资源经济学和环境经济学对资源价值认识的相关内容。由于诸多自然及环境资源能够转化为永久的财富，所以其能够使人类的生活更为舒适或能够为人类提供某些消耗性服务。存在价值论认为，资源是一种财富，人们的选择诞生了价值，将自然资源的存在价值视作财富，是基于其自身的选择对这些"财富"造成影响这一事实而形成的。由此可见，存在价值是基于人的主观行为的，并不存在客观的价值标准。

5）资源资产价值论

资源资产价值论是建立在对传统的资源价值理论深入思考的基础之上的，通过价值的决定因素来评价资源价值，认为资源是一种资产，其最大的特点是以可持续发展的思路处理资源问题，统筹考虑当代人与子孙后代的综合利益，并将之有机地结合起来，以"善待自然，保护环境"为理念，以可持续、高效利用和对自然环境资源进行适宜的补偿为手段，以价值杠杆与政府的宏观调控为基础，实现资源的永续利用。姜文来在《资源资产论》中指出，资源资产价值来源于三个部分：资源资产的商品价值、资源资产的生态价值和资源资产的折旧价值。

2.2.1.2　水资源价值

在任何资源价值论中，水资源价值的内涵都主要体现在以下三个方面：稀缺性价值、劳动价值和资源产权价值。

1）稀缺性价值

稀缺性是资源价值的重要存在基础，也是资源流通市场形成的最根本条件，经济学意义上的价值是以物品的稀缺性为基础的。自然资源因其自身的物质稀缺性而被称为资源。单类资源的稀缺性是一个相对的概念，物品的稀缺性在时间与空间两方面可能存在差异，这样就可能导致此物品的价值量的差异。

随着人类社会的发展和自然资源（尤其是水资源）稀缺性的逐步显现，水资源供需矛盾日益突出，人类对于水资源价值的认识经历了从无到有、由低向高的演变过程。社会经济的发展、人口的增加，使人们对水的需求逐渐增大，水资源供给越发无法满足日常需求。在某些地区，水资源的供需尤为紧张，水资源已成为制约现今经济发展的重要因素之一。当人们面对水资源供给的矛盾时，才真正开始认识到水资源的价值及其重要性，也逐渐重视其优化配置、合理利用与保护问题。因此，水资源价值也是水资源在时间与空间层面的稀缺性的体现。

2）劳动价值

在资源的配置和流通过程中，不可避免地掺入了劳动价值，通常为人工劳动或资金的投入。这是天然水资源价值与已开发利用水资源价值之间最为主要的区别。早期的水资源的劳动价值，主要是指因资源拥有者对其所拥有的资源的数量和质量的调查等工作，而在资源价值中产生一部分劳动价值。从水资源方面来说，主要有水文监测、水利规划、水环境保护等各种前期的投入。

3）资源产权价值

自然资源价值的一个极为重要的方面是其产权的体现。产权不仅是资源所有者对其拥有的资源的权利的具体体现，也是规定其自身使用权的一种重要法律手段。《中华人民共和国宪法》（以下简称《宪法》）与《中华人民共和国水法》（以下简称《水法》）均做出了明确规定，"水资源等自然资源属于国家所有，禁止任何组织或者个人用任何手段对自然资源进行侵占或者破坏"。国家拥有水资源产权，任何单位和个人对水资源的开发利用都基于使用权的转让，其开发利用行为均需支付一定的费用，这是水资源产权为国家所有的具体体现，这些费用也体现了在资源开发利用过程中诸如使用权、经营权在内的相关权利的转让。产权价值是水资源价值的核心，也是水资源价值极为重要的组成部分。

对于存在时间与空间或其他差异的水资源来说，它们的价值内涵也会存在差异。例如，对于未经开发利用的水资源，其包含的价值可能仅有产权及较少的劳动价值。对于水资源丰富地区，其稀缺性并不明显，其稀缺性价值可能就很小。而对于水资源紧缺的地区，人们更为关注对水资源的开发利用或对其保护的相关问题，这就包括稀缺性、产权和劳动价值。在易出现汛情的季节，水资源的稀缺性不仅未得以凸显，过剩的水资源还会给人类带来灾害，因而洪水不是可以直接利用的资源，但经人类相关水利工程的调蓄可以变为资源；而在易发生旱情的季节，水资源的稀缺性表现得较为明显，其稀缺性所体现的价值量也将会很大。因此，对于不同的水资源及其价值的认识，应该具体情况具体分析，只有这样，才能正确认识水资源价值。

2.2.2 水资源与循环经济理论

2.2.2.1 循环经济的理论基础

1）循环经济的基本内涵

循环经济（circular economy）一词是对物质闭环流动型（closing materials cycle）经济的简称。它倡导的是一种经济与自然和谐发展的模式，它要求对经济活动进行调整，组织成一个"资源—产品—再生资源"的反馈式流程，所有的生产资料都应在此循环中得到合理和持久的利用，从而尽最大可能减小经济活动对自然环境的影响。

美国经济学家鲍尔丁于 1966 年提出了"能循环使用各种资源的循环式经济代替过去的单程式经济"的观点。此处的单程式经济，是指传统的工业化模式下"大量生产—大量消费—大量排放废弃物"的技术经济模式。循环式经济是对废弃物进行加工处理将其变为再生资源，使其可再次投入生产过程中使用的经济模式。这种观点被认为是循环经济的理论萌芽。

20 世纪 80 年代，当社会的关注点聚焦可持续发展这一主题时，循环经济的观念得到了进一步发展。现代循环经济是基于生产力高度发展所导致资源的过度开发与消耗的，其消耗程度与速度远超自然环境的承载力。认识到这一事实的人们，通过从源头减少资源过量消耗与废弃物的排放来维护生态系统的相对平衡，以期实现可持续发展。综合来看，循环经济就是通过对人类经济活动进行合理调节，使之符合自然生态平衡相关规律，努力使社会活动不超出自然环境的适度承载能力，对于经济活动可能造成的短期与长期、直接与间接等各种后果进行综合预测与分析，使之尽可能兼顾资源利用的代内公平和代际公平。

循环经济是一种生态型经济，倡导的是人类社会、生态环境与经济发展的和谐统一。效仿生态系统原理，使社会与经济系统形成一个具有多重再生循环的网状结构，使之形成"资源—产品—再生资源"的闭环反馈流程和具有自适应、自调节功能的，适应生态循环需要的，与生态环境系统的结构与功能相结合的健康高效的生态型社会经济系统。使物质、能量、信息（information）在时间、空间、数量上实现合理的运用，使整个系统能够实现低开采、高利用与低排放，力争将经济活动对自然环境的影响降到最低，力争实现将对自然资源的索取控制在其循环再生能力范围之内，将向环境中倾废的总量缩减到自然环境的自净能力之内。

2）循环经济的核心内涵

循环经济模式发展的内涵，主要包括以下三个层次。

（1）在社会经济系统中实现对物质资源在时间、空间、总量上的最佳利用，主要包括资源的合理利用和减量化。

（2）在进行环境资源的开发利用时，力争在各个方面做到与环境友好，尽可能减小对环境的影响，努力与生态环境承载力相适应。

（3）努力建立社会经济发展与环保的联动机制，使得自身既成为环境资源的使用者，又成为生态环境的建设者，实现两者的共同发展。

3）循环经济运作的原则

循环经济遵循 3R（reducing，reusing，recycling）原则，即"减量化、再利用、资源化"，其中任何一个对循环经济的成功实施都是不可或缺的。其中，减量化或去物质化（reducing）原则是输入端方法，旨在从根源上减少进入生产与消费流程的物质总量；再利用或重复利用（reusing）原则则是过程性方法，旨在延长产品或服务的时间或强度；资源化或再生利用（recycling）原则是输出端的方法，通过把废弃物再次转化成资源以减少最终处理量。

（1）减量化原则。循环经济最主要的法则是要减少进入循环流程的物质总量，因此减量化原则又被称为去物质化原则。

第一，在生产过程中，制造商可以通过减少单位产品所用原料的使用量、重新优化制造工艺等方式来节约资源和减少废弃物的排放。例如，轻型轿车既直接节约了作为原材料的各类金属，又节省了在生产过程中消耗的能源，当然这一切是建立在满足消费者关于轿车的安全要求的基础上的；光纤技术的推广可大幅度减少有线传输过程中中对铜线的需求。资源浪费和废弃物的排放在很多境况下出自包装，因此一次性用品与过度包装是不符合减量化原则的。

第二，在消费过程中，人们应减少对产品的盲目需求。例如，对人们所要购买的东西加以控制，若人们购买产品的出发点是自身的需求，那么所购产品就不会过快变成垃圾。人们可以进行大批量的购买，可选择包装物较少或可循环的物品，购买质量好、结实耐用物品等。如果能做到上述几点，那么人们就是在切实地为自然界减负，为事后垃圾处理减轻压力。

（2）再利用原则。循环经济的第二个原则是对物品或资源进行尽可能多次或尽可能多种方式的利用。再利用原则的切实贯彻，可使物品不至于过早成为垃圾。在生产中，制造商可推行标准化设计，这样的设计使得一些产品的相关部件可进行轻松与便捷的更换，而非替换整个产品。社会与政府还应鼓励与扶持从事物品回收再利用的企业的发展，做到废弃物品的拆解、修理和组装等工作有专业人员进行处理。而在生活中，人们在舍弃一些物品之前，应该设想这件物品回收再利用的可能性。人们应将自己不再需要的物品捐献给有需要的地区或人们，将仍可用的或可维修的物品进行适当的处理使之返回市场体系提供其被再次使用的机会。例如，在发达国家，一些人经常从 Goodwill 和 Salvatlonamy 这样的慈善组织购买二手货或稍有损坏但仍能继续使用的产品。诸如纸板箱、玻璃瓶、塑料袋这样人们随手丢弃的包装材料也可以再利用。一些饮料瓶经过严格的消毒再灌装，就可重新回到货架上，有时候甚至可以进行多达 50 次循环。

（3）资源化原则。循环经济的第三个原则是对物品进行尽可能多的再生利用或使之资源化。资源化多是指使物品返回工厂，进行分解粉碎之后再融入新的产品。资源化能够有效减少待处理的垃圾总量，减轻垃圾填埋场和焚烧场的压力，减少新产品生产所耗费的能源与资源。资源化主要有以下两种方式。

第一，原级资源化，即将消费者遗弃的废弃物资源化后制成与原来相同的新产品（旧报纸变成新报纸、废弃玻璃瓶变成新的玻璃瓶等）。

第二，次级资源化，即将废弃物制成不同类型的新产品。原级资源化的再生产过程中可以减少约 20%～90%的原生材料使用量，而次级资源化原生材质使用量的减少额度最高只有 25%。与资源化过程相适应，消费者和生产者应通过购买经过充分消费的物品形成的再生资源制成的产品，使循环经济的过程实现闭合。

（4）3R 原则的优先法则。循环经济要求从源头即加以控制，以尽量避免废弃物的产生与节约资源为优先目标，而 3R 原则构成了循环经济的基本思路，但上述三原则的地位与重要性却不尽相同。事实上，与人们单纯认为循环经济即是将废物资源化、进行废弃物回收再利用的旧有观念不同，废弃物的再生利用仅是减少最终处理的废物数量的方法之一，而循环经济的根本目标是力求在各类经济活动中系统地避免或减少废弃物的产生，因而从最初环节加以控制的减量化原则，是循环经济的最优先原则。

对 3R 原则进行综合运用是资源利用的最优方式。循环经济中的 3R 原则的排列顺序，实质上反映了 20 世纪下半叶以来人们在环境与发展问题上思想探索所经历的如下三个阶段。

第一个阶段：以自然环境被破坏为代价追求经济增长的理念被抛弃，人们的思想经历了从为了发展排放废弃物到为了环境要求净化废弃物的转变。

第二个阶段：环境污染客观上也导致了资源的浪费，因此人们的相关要求从净化废弃物升华转变为对废弃物的回收再利用。

第三个阶段：人们认识到对废弃物的再利用依旧只是一种辅助性手段，环境与经济的协调发展的最高目标应该是实现从利用废弃物到减少废弃物的根源性的转变。

2.2.2.2 水资源循环经济

水循环是地球"地圈—生物圈—大气圈"系统的重要纽带。但由于人类活动影响及全球范围的气候变化，水循环的健康与稳定日益受到威胁。以我国为例，北方海河流域的山区来水大量减少、水资源总量下降明显。山区水源地来水量的大量减少，给流域沿途城市与相关区域的生态环境、社会经济发展造成了重大影响，如河道断流、湖泊干枯、湿地退化、地下水位严重下降及随之造成的地面沉降等。此外，干旱和洪涝灾害等水文极值事件越发频繁地出现，水资源相关灾害问题也日益凸显。另外，对水资源的开发利用与生态保护的相关矛盾日益突出。基于我国水循环情况的变化与水资源供需矛盾的加剧，我国尤其是北方缺水地区的生态用水被挤占、入海总水量减少，河道、湖泊萎缩，植被覆盖区域减少，沙漠化加剧，沙尘暴频发，生物多样性遭到破坏，生态系统恶化问题突出。由于水循环的健康与稳定情况逐步恶化，人们在对低质水、城市污水、雨雪水等进行开发利用时越来越依赖科技的进步，利用经济杠杆的作用，对水资源的循环过程进行科学管理。这种管理模式是对传统的"大量生产、大量消费、大量废弃"管理模式的直接挑战。它的核心是水资源的高效与循环利用，基本目标与特征为低消耗、低排放、高效率，是遵循可持续发展理念的经济增长模式，符合循环经济的基本思路，是循环经济理念在水资源管理上的科学运用。

但是我们也应该清醒地认识到，人类的许多行为对水循环的自然过程造成了影响，致使其发生了改变，人类的活动也是造成水循环健康与稳定出现问题的根本原因。因此，必须建立科学的制度对人们的各种用水活动加以规范和限制，保护并恢复水资源的自然循环过程。而循环经济理论为水资源自然循环的科学制度的建设提出了新的理念和模式，为通过制度创新促进水资源循环经济发展提供了理论基础。

刘伟莉（2007）提出，水资源循环经济包括两层含义：①在用水环节，对于跑、冒、滴、漏、污等水资源浪费现象实现减量乃至最小量化，最大限度实现水资源的净化与循环利用，力争实现污水的零排放；②应尊重水的自然循环规律，利用水资源时应通过工程技术、经济法律等手段对水资源的时空分布加以调整，尽量维护水的自然循环系统，以期实现水资源的可持续利用。廖嵘（2005）从水资源社会循环角度，提出了水产业循环经济概念：水产业的循环经济应是一种建立在水资源循环利用基础上的经济发展模式，其中己处理污水的资源化、减量化和无害化是水产业循环经济的一条重要原则。韩锦绵和马晓强（2008）提出，水循环经济是一种先进的水资源经济发展模式，是建立在对社会水循环系统的科学分析的基础上，遵循循环经济的基本思想，依据水资源节约、水环境友好的原则，在人们生产和生活过程中，在水资源开发利用的每个步骤，始终贯彻减量化、再利用、再循环的原则，重视采用新技术、新工艺、新材料，并以完善的管理体制、运行机制和法律体系为保障，提高水的利用效率和效益，最大限度地减轻和防治污染，实现社会发展的可持续性。

水资源的循环经济模式兼具了水资源"需求管理""供给管理""生态型管

理”的特点。循环经济的“减量化”原则，从需求角度描述了对于水资源利用的控制，“减量化”原则的本质强调的是从源头上对用水需求的控制，这与水资源的“需求管理”相吻合；“再利用”原则和“资源化”原则强调了对水资源重复与再生利用的问题，实质上要解决的是拓宽水资源供给的渠道，而这与过去的“供给管理”强调的内容不谋而合。水资源的循环经济模式还兼具水资源“生态型管理”的优点，顾名思义，循环经济强调人与自然的和谐共存，水资源的循环经济模式仿照自然生态循环系统，通过实施相关的三原则，实现“水资源投入—水资源产出—水资源再生利用”这一系统的循环过程。

2.2.3　水资源与博弈论

2.2.3.1　博弈论基础理论

博弈论出现于 20 世纪 20 年代，它对解决外部条件与个人决策的相互影响这一现代西方经济学无法解决的问题拥有较好的效果。多年来，博弈论逐渐被人们所认识与接受，并被逐步应用于各研究领域和实际经济生活中。目前，许多“双赢”性策略实际上就是博弈论在现实生活中的具体应用。

1）博弈论基本概念

博弈论一般的定义为：一些个人、队伍或其他组织，在面对一定的环境条件与规则时，同时或先后，一次或多次，从各自允许选择的行动（actions or moves）或策略中进行选择并加以实施，并从中各自取得相应结果的过程。

博弈论，英文为 game theory，是研究不同决策主体的行为发生直接相互作用时候的决策及这种决策的均衡问题。例如，一个人或一个企业的选择受到其他人、其他企业选择的影响，且也会反过来影响到其他人、其他企业选择时的决策问题和均衡问题，所以从这层意义来讲，博弈论又被称为“对策论”。

下面介绍博弈论中的几个基本概念。

（1）局中人（players）。局中人是指，在博弈中选择行为或策略，以使自己效用最大化的决策主体 [可能是个体（individual），也可能是团体，如企业、组织等]。

（2）行动。行动是局中人的决策变量，也就是局中人在博弈中采用怎样的行动来参与博弈。行动是决策的具体表现，是可以被改变的，局中人根据其他局中人的行动，不断对自己的行动加以修改。

（3）信息。信息是指局中人在博弈中的知识，特别是有关其他局中人行动的知识。信息是局中人进行决策的基础，有些信息是博弈各方都掌握的，被称为“共同知识”；有些信息只被某一个体或少部分局中人所掌握，其他局中人并不知道。掌握的信息越多，局中人在决策中就处于更为有利的位置。

（4）战略（strategies）。战略是指局中人行为选择的规则，是局中人在知道对手的一些行动时，相应采取行动的集合。

（5）支付函数（pay off）。支付函数是局中人从博弈中获得的效用水平，是所有局中人战略或行动的函数，也是所有局中人关注的核心。支付函数一般是利润或收益相关的主要自变量，因支付函数的变化，各人经过博弈所获得的利润也随之变化。在此，我们可将其与利润或收益画上等号，局中人的目标就是支付函数最大化。

博弈的一个基本特征是一个局中人的支付行为不仅取决于自身的战略行为组合，还取决于所有其他局中人的战略行为选择。

（6）均衡（equilibrium）。均衡是所有局中人的最优战略或行动组合。通过博弈，最后必然能得到一组合适的行动组合。在此情况下，这组行动组合的结果对每一个局中人来说，都是最优的。否则，就会有局中人会改变其战略行动，从而带动其他局中人的行动发生改变。均衡有时是稳定的，但有时均衡并不稳定。

博弈分析的目的是预测博弈的均衡结果，即假设每个局中人都是理性的（rational）（理性是指有一个很好定义的偏好，在面临给定的约束条件下最大化自己的偏好。可以看出，理性人与自私人不同。理性人可能是利己主义者，也可能是利他主义者），由此预测出最优战略，进而得到关于所有局中人的最优战略组合。博弈论中的均衡概念与一般均衡理论中讨论的均衡概念是存在差异的。在一般均衡理论中，均衡指的是个人效用最优的一组行为，而在博弈理论里，这只是均衡的结果，而非均衡本身；均衡是指使得所有个人的效用达到最优的战略组合，均衡是这种战略组合产生的结果。

2）博弈的分类

a. 静态博弈和动态博弈

博弈论按局中人行动的先后顺序可被分为静态博弈（static game）和动态博弈（dynamic game）。静态博弈指在博弈中，局中人同时或非同时进行选择或者行动，但后行动者未获知前者采取了什么具体行动；而动态博弈指局中人的行动有先后顺序，且后行动者能够了解到前者所选择的行动。

b. 完全信息博弈和不完全信息博弈

博弈论按局中人对其他局中人的特征、战略空间及支付函数的认识可被划分为完全信息博弈和不完全信息博弈。完全信息博弈指的是每一个局中人对所有其他局中人的特征、战略空间及支付函数有准确的认识；否则，就是不完全信息博弈。

c. 合作博弈和非合作博弈

合作博弈（cooperative game）和非合作博弈（non-cooperative game）的区别主要在于人们的行为相互影响时，各局内人能否达成一个具有约束力的协议。如果能达成，就是合作博弈；反之，则是非合作博弈。合作博弈强调的是团体的理性，是效率、公正与公平；而非合作博弈强调的则是个人的理性、个人决策的最优。

3）纳什均衡

纳什均衡（Nash equilibrium）是 1994 年诺贝尔经济学奖得主——美国经济学家纳什（John F. Nash，Jr.）教授在 20 世纪 50 年代提出并得以证实的。直观地讲，若局中人的一种行动对竞争对手的行动来说产生了最佳影响，而竞争对手的行动又是对局中人最初行动的最佳反应，则双方就形成了一种均衡战略，即纳什均衡。它是完全信息静态博弈解的一般概念。

纳什均衡在 n 人有限博弈中具有普遍存在性，为现代主流博弈理论和经济理论奠定了基础。纳什均衡反映了博弈的解是博弈各方都不愿意单独改变战略行为的策略组合这个规律。

由纳什均衡的定义可以看出，纳什均衡实质是描述一个局中人之间的协议，并且在没有任何外在强制条件的情况下，所有的局中人都会理性地遵守这个协议，且遵守协议带来的效用大于不遵守带来的效用，即每个局中人都会主动遵守这个协议（即该协议是可以被自动实施的）。

纳什均衡虽然不一定是最优的，但它是帕累托有效的。帕累托有效是指，在某种经济状态下，商品和资源的配置在不使某些人利益受损的情况下就不能使另外的人获益的一种状态。

2.2.3.2 博弈论在水资源问题中的应用性研究

1）国内研究现状

经济的发展与人口的增长，以及人类对水资源的开发和利用程度的加深，都是导致水资源匮乏的原因。城市生态用水、生活用水、农业用水、生产用水、流域上下游水资源开发利用之间的矛盾，以及目前水资源匮乏的危机与可持续发展利用之间的矛盾等均酝酿着更大的冲突危机。这些时间与空间层面及国家间、部门间、区域间的水资源冲突单纯依靠传统的水资源管理方法无法得到有效的解决。对协调和解决这些冲突方法的研究已成为水资源规划与管理的重要研究领域。博弈论是研究在各个决策主体的行为发生直接相互作用时，决策主体做出怎样的决策才能使自己收益达到最大的一种方法。以博弈论及相关理论为基础的研究方法可被看成研究冲突现象的定性和定量方法相结合的代表。1994 年、1996 年、2001年及 2005 年的诺贝尔经济学奖的得主都是从事博弈论研究的经济学家，这也从侧面反映出博弈论对于我们理解和分析当今世界范围内存在的各种冲突问题是一种行之有效，且适用范围较广的方法，这其中自然也包括水资源的供需相关冲突。博弈论给以经济模型为依据来分析冲突提供了数学工具，这也有助于寻找协调和解决水资源供需矛盾、当代人类对水资源日益增加的需求和水资源的可持续利用之间的矛盾等相关问题。博弈论给以经济模型为依据来分析冲突提供了数学工具。现在，博弈论已被广泛应用于理性经济人的决策行为分析及市场经济竞争的均衡分析。

与国外相比，我国学者对将博弈论相关理论与水资源配置存在的问题进行综合研究的起步较晚，但近些年来，我国已有部分学者尝试将非合作博弈论应用于水资源规划与管理领域，致力于基于非合作博弈论的观点研究水权的合理分配与交易，以及水市场的建立和运转问题、流域内水资源的统一管理问题、流域上下游之间水质和水量的联合分配问题、各个行业的水资源定价问题、防洪减灾的问题、防洪基金的投入问题，还有应急调水的效益补偿问题等一系列相关问题。所有这一切研究成果都显示博弈论，特别是非合作博弈相关理论在水资源配置冲突管理问题中有着广阔的应用前景。现将国内相关研究综述如下。

王荣祥和李建国（2007）用合作博弈的理论与方法来解决水利工程综合利用中公共部分的费用分摊问题；范仓海和唐德善（2009）利用非合作博弈论对区域水资源分配问题中的相关水资源利用冲突进行了分析与研究，对冲突各方的行为进行了分析，以分析流域政策制定者或决策者在解决当前区域水资源问题方面应该采取的对策，从而为我国区域水资源分配及水资源管理机制的改革优化提供了参考依据；张维和胡继连（2002）建立了灌区服务的非合作博弈模型，对内生因素与外生因素对灌区内农户提供灌区服务的影响进行了综合分析，指出为促进农户对灌区管理的合作行为，政府应该在合作规则、补偿机制的建立及政策扶持方面发挥更多作用；刘永强（2005）利用非合作博弈论建立了水资源公共开发利用的数学模型，分析了中国水资源危机，尤其是水资源总量危机的客观成因，并提出了相应的建议和对策；周玉玺（2005）利用合作博弈论，从组织运作效率的角度对政府集权制、完全市场组织和农民自主协商三种灌溉组织制度进行了对比分析，并建议在政府指导监督下，农民自主开发灌溉组织。

马晓强（2002）建立了督导推广节水灌溉的非合作博弈模型，分析了此博弈模型的综合策略均衡，并结合具体的实例计算了博弈模型的混合策略均衡结果，得出了相关的有益结论；张艳（2009）以非合作博弈相关理论为基础分析了水资源的保护问题，通过均衡分析提出结合市场机制与政府政策改变各个局内人的收益，使博弈达到新的纳什均衡；陆菊春和盛代林（2007）运用动态博弈的思想建立了流域内不同区域间水权交易的古诺双寡头博弈模型和纳什讨价还价博弈模型，分析了在水权总量不足的情况下，拥有不同节水成本的流域内、区域间的水权交易的行为特征；赵鹏（2007）针对我国北方半干旱、跨边界地区水量短缺和水质污染并存的现状，通过在行政边界出境处设置控制断面，综合运用大系统分解协调原理和博弈理论，以冲突主体的非合作行为与合作行为、水资源的量与质作为出发点，集成水质模型与博弈模型，建立了跨界区域水资源的冲突与协调的模型体系，以均衡方法为核心思想对冲突进行了协调。

司训练和符亚明（2007）运用进化博弈理论的方法对水资源数量与质量分配的纳什均衡进行了研究，为流域管理机构制订相应的水资源配置方案提供了相关理论依据；赵勇（2006）运用动态博弈方法建立了将中央政府和地方政府当作局内人的防洪投资博弈模型，利用基于可行域的便利全局搜索法对该模型进行了求解，通过博弈分析指出，中央政府应逐步减弱其直接投资职能，更多地关注激励机制建立的效果，积极引导地方政府对防洪工程进行投资，从而实现全社会福利总量的增加；王高旭和陈敏建（2009）应用非合作博弈论的原理和方法来求解应急调水效益的合理补偿量，并对流域协商方式所体现出的博弈论特性进行了分析；何秀丽和刘文新（2010）应用完全非合作博弈方法和合作博弈方法，建立了流域水资源开发利用冲突分析的模型，然后以此为基础，建立动态一致性博弈模型，达到各区域在追求自身利益最优的情况下，也能够实现流域整体效益的最优；郑雄伟等（2007）建立了流域在放任和干预两种不同情况下的区域间的博弈模型及流域与区域之间的博弈模型，并分别对其进行了纳什均衡分析，指出流域内水资源必须在整个流域范围内进行统筹管理，实现各区域的协同利用，以避免与"公地悲剧"类似的事件发生；李明和高树云（2010）运用博弈论方法分析了节水灌溉与水价之间的关系，证明了水价的提高激励了节水灌溉技术的开发与应用。另外，为减轻农民的灌溉负担，他们提出了通过财政补贴或其他形式对农民进行返补的建议。

赵薇莎（2006）运用非合作博弈理论构建黄河流域水资源配置的均衡模型，证明了由于个体理性的存在与制度的缺陷，对水资源的开放式利用仍是流域内各行政区域的主流选择，利用合作博弈理论对未来黄河水资源配置提出了初步的制度安排与建议；吴娟（2011）建立了以水资源社会总效益最大化为目标的完全信息动态博弈模型，并用逆向归纳法得出了此模型的子博弈的精炼纳什均衡解，推得用水者在水市场中所有可行方案中的最优交易方案；雷玉桃（2004）用博弈论分别分析了在市场机制和政府管制两种情况下的流域水环境污染的状况，并对这两种状况进行了对比分析，得出实施排污权的交易制度是我国将来进行流域性水污染防治的一种重要发展趋势；陈旭升（2009）运用博弈论方法对流域水资源配置问题进行了研究，并对不同水权模式下用水户的用水行为给出了相应的合理解释。

2）国外研究现状

Gong 和 Jin（2009）利用以合作博弈论为核心的方法对城区水资源系统的成本分摊问题进行了研究；Xi（1999）利用博弈模型对水资源冲突主体的合作行为与非合作行为进行了模拟，在对比不同行为利益的基础上，公平分配合作所产生的利益，从而较为有效地解决了水资源冲突问题；Xu 和 Singh（2004）分别建立了非合作博弈模型与合作博弈模型来检验贸易自由化对美国与墨西哥跨界水污染冲突的影响；Wang 和 Shi-Hua（2004）应用博弈论对作为自然资源的河流水资源的分享问题进行了研究；Gao 和 Jin（2007）在遵循国际法的约束条件下，应用博弈论对特定流域水资源的分配问题进行了研究；Chou（2013）运用动态博弈和马尔可夫完备均衡的分析方法研究了地下水的跨界竞争问题；Feng 等（2003）运用非合作博弈和合作博弈的理论方法计算了地下水的可持续开采率，研究了合作因素与非合作因素对地下水开采可持续性的影响，并将得出的理论结果加以应用，证明了用博弈论方法研究此类问题的可行性。

2.2.4 水资源与外部性理论

2.2.4.1 外部性理论

外部性理论是经济学术语。外部性亦被称为外部成本、外部效应（externality）或溢出效应（spillover effect）。外部性可以被分为正外部性（外部经济）和负外部性（外部不经济）。对外部性概念的定义问题至今仍存在争议，一些经济学家将外部性概念看作经济学相关文献中最难捉摸的概念之一。

许多经济学家对外部性及其相关理论的充实与发展做出了重要贡献，但其中具有里程碑意义的经济学家或理论较为少见。谈及外部性理论，有三位经济学家的名字是难以被忽略的。这三位经济学家就是马歇尔、庇古和科斯。

1）马歇尔的外部经济理论

马歇尔是英国"剑桥学派"的创始人，是新古典经济学派的代表人物。马歇尔的相关经济理论中对外部性这一概念并未进行确切的描述，但外部性概念的根源是马歇尔于 1890 年发表的《经济学原理》中提出的外部经济概念。

以马歇尔的观点来看，除了常见的土地、劳动和资本这三种生产要素外，还有一种很重要的要素，就是"工业组织"。工业组织的内涵十分丰富，包括分工、机器的改良、大规模生产、有关产业的相对集中及企业管理等相关内容。马歇尔用内部经济和外部经济这一组概念，来说明"工业组织"这类生产要素的变化导致产量增加的方式与过程。

马歇尔指出："我们可把因任何一种货物的生产规模之扩大而发生的经济分为两类：第一是有赖于这工业的一般发达的经济；第二是有赖于从事这工业的个别企业的资源、组织和效率的经济。我们可称前者为外部经济，后者为内部经济。外部经济往往会因为许多性质相似的小型企业集中在特定的地方——即通常所说的工业地区分布从而取得。"他还指出："本篇的一般论断表明以下两点：第一，任何货物的总生产量之增加，一般会增大这样一个代表性企业的规模，因而就会增加它所有的内部经济；第二，总生产量的增加，常会增加它所获得的外部经济，因而使它能花费在比例上较以前为少的劳动和代价来制造货物。""换言之，我们可以概括地说：自然在生产上所起的作用表现出报酬递减的倾向，而人类所起的作用则表现出报酬递增的倾向。报酬递减律可说明如下：劳动和资本的增加，一般导致组织的改进，而组织的改进增加劳动和资本的使用效率。"

从马歇尔的上述论述可见，所谓内部经济，是指企业内部的各种因素相互作用所导致的相关生产成本的缩减，这些影响因素包括劳动者的工作热情与工作技能的提高、先进设备的采用、内部分工与职责体系的完善、管理水平的提高和管理成本的降低等。而所谓外部经济，则是指企业外部的各种因素的相互影响所导致的生产成本的减少，这些影响因素包括企业与原材料供应地和产品销售市场的距离、市场容量的大小、交通运输与通信联络的便利程度、其他相关企业的发展水平等。马歇尔通常将企业内因分工所产生的效率提高视为内部经济，也就是在微观经济学中被提到的规模经济，即随着产量的扩大，生产成本普遍下降；而把企业间因分工而产生的效率提高视为外部经济，这就是在"温州模式"中普遍存在的块状经济的理论根源。

马歇尔虽未就内部不经济和外部不经济提出明确的相关概念，但以其对内部经济和外部经济的论述为依据，可从逻辑上反向推测出内部不经济与外部不经济的概念与其含义。所谓内部不经济，应是指企业内部的各种因素及其相互作用所导致的生产费用的增加。而所谓外部不经济，则应是指企业外部的各种复杂因素的相互作用所导致的生产费用的增加。马歇尔以企业自身发展为核心进行拓展研究，从内部和外部两个方面探究影响企业相关成本变化的各项因素，这种分析方法为后续的研究者指明了研究的思路。

（1）内部经济与内部不经济、外部经济与外部不经济，它们是同时存在的。这是从最基本的层面对马歇尔的理论进行的延展。

（2）马歇尔研究的外部经济是外部综合因素对本企业所造成的影响，基于这种研究将研究思路推至本企业的行为将会怎样影响其他企业的成本与收益等方面。这一问题则是由著名的经济学家庇古做出了解答。

（3）从企业内的内部分工和企业间的外部分工这种视角来探究企业成本变化，很容易使人思考科斯的《企业的性质》与《社会成本问题》这两篇重要文献与马歇尔思想的联系，科斯是否是受了马歇尔理论的影响才写出这两篇文献的。

2）庇古的"庇古税"理论

在经济学领域，庇古是马歇尔的弟子，于1912年出版了《财富与福利》一书，后经修改与充实，于1920年更名为《福利经济学》再次出版。这部著作是庇古的学术代表作，是西方经济学发展史中第一部系统论述福利经济学及其问题的专著。因此，庇古被称为"福利经济学之父"。

庇古从福利经济学的角度出发，采用现代经济学的方法系统地对外部性问题进行了研究，在马歇尔提出的外部经济概念基础上对外部不经济的相关概念和内容进行了扩充，将外部性问题的主要研究方向从外部因素对企业自身的影响效果转变为企业或居民对其他企业或居民的影响效果。这种转变与外部性的两类定义是相呼应的。

庇古通过分析边际社会净产值与边际私人净产值的分离对外部性进行了阐释。他指出，边际私人净产值是指个别企业在生产中增加一个单位生产要素所获得的产值，边际社会净产值是指在整个社会范围内在生产中增加一个单位生产要素所增加的产值。他还认为：若每一种生产要素在生产中的边际私人净产值与边际社会净产值相等，那么它在各生产用途的边际社会净产值也都相等。而当产品价格等于边际成本时，就表明资源配置达到最佳状态。但庇古认为，这两者间还存在下列关系：在去除边际私人净产值之后，若其他人还能获得收益，则边际社会净产值就大于边际私人净产值；反之，若其他人受到了损失，则边际社会净产值就小于边际私人净产值。庇古把生产者的相关生产活动对社会造成的有利影响，称作"边际社会收益"；而将不利影响称作"边际社会成本"。

需要特别注意的是，虽然庇古的外部经济和外部不经济概念是以马歇尔的相关理论为基础发展而来的，但是庇古对上述概念的理解是与马歇尔存在差异的。在马歇尔的理论中，外部经济是企业在扩大其生产规模时，其外部种种因素的作用所导致的单位成本的降低，即马歇尔所指的是外部因素的相互作用对企业的影响，而庇古所指的是企业活动对外部（尤其是对其他企业）的影响。这两个问题虽存在一定的相似性，但其所研究的是两个不同的问题或是一个问题的两个方面。庇古相关理论的提出是对马歇尔的外部性理论的重大发展。

既然在边际私人收益与边际社会收益、边际私人成本与边际社会成本存在差值的情况下，单纯依靠自由竞争无法实现社会福利的最大化，那么政府就应当采取适当的经济措施，力求消除这些差值。政府可采取的经济措施有：对边际私人成本小于边际社会成本的部门进行征税，即存在外部不经济时，对企业征税，使其改变策略；对边际私人收益小于边际社会收益的部门予以奖励和津贴，即存在外部经济时，给企业补贴以鼓励其行为。庇古认为，这种征税与补贴，可将外部效应内部化。这种政策措施后来被称为庇古税。

庇古税现已被广泛应用于经济活动中。在基础设施建设领域采用的"谁受益，谁投资"的政策与在环境保护领域采用的"谁污染，谁治理"的政策，都是庇古外部性理论的具体体现。而在当下，排污收费制度已在经济领域成为全球各国的重要环保手段，其理论根源也是庇古税。而庇古外部性理论也存在一些局限性。

（1）庇古外部性理论的基础是所谓的"社会福利函数"的存在，政府是公共利益的天然代表者，出于维护公共利益而主动对产生外部性的经济活动进行干预。但在实践中，由于种种原因，公共决策仍存在很大的局限性。

（2）运用庇古税的前提是政府必须对外部性所影响的所有个体的边际成本或收益加以掌握，了解帕累托最优资源配置相关的全部信息，只有这样政府才能以事实为依据制定出最合理的税率和补贴。但在实践中，由于政府的能力有限，无法拥有全部的信息。所以，庇古税是只存在于理论中的完美设想，实际的执行效果与预期存在不小的偏差。

（3）政府干预也是会产生成本的。若政府干预的成本大于外部性所造成的损失，从经济效益角度来说，消除外部性就是不经济的了。

（4）庇古税理论在使用过程中可能出现寻租行为，可能导致资源的浪费和资源配置的失衡。

3）"科斯定理"的外部效应相关理论

科斯是新制度经济学的奠基者，他"发现和澄清了交易费用与财产权对经济的制度结构和运行的意义"，并获得了1991年的诺贝尔经济学奖。而将科斯推上诺贝尔奖宝座的两篇论文之一的《社会成本问题》，其理论背景就是庇古税。关于外部效应内部化的相关研究，长期被庇古税理论所支配。而在《社会成本问题》中，科斯也多次提到庇古税的相关问题。从某种程度上来说，科斯的外部性理论是在对庇古税理论的批判过程中形成的。科斯对庇古税的批判主要集中在以下几个方面。

（1）外部效应往往不是一方对另一方权益的单向侵害，而是具有相互性的。例如，化工厂与居民区之间的环境纠纷，在未确定化工厂是否具有排污权时，直接对排污的工厂征收污染税是不合理的。要限制化工厂的污水排放，或许不应由政府向化工厂征收污染税，而是由化工厂向居民区进行"赎买"。

（2）在交易费用为零的情况下，庇古税是不存在意义的。因为这时可以通过双方的自愿协商，使得资源配置实现最优。既然在产权明晰的情况下，自愿协商同样可以达到最优的污染排放控制水平，可以实现与庇古税一样的效果，那么，政府就不必进行介入。

（3）在交易费用非零的情况下，外部效应的内部化问题的解决方案要通过对各种政策手段的成本和收益进行分析与对比才能确定，即庇古税可能是可行、高效的制度安排，也可能是低效的制度安排。

上述判断就构成了所谓的科斯定理（Coase theorem）：若交易费用为零，无论权利如何界定，均可通过市场交易和各方自愿协商实现资源的最优配置；若交易费用非零，则制度安排与选择就变得重要起来。这就表明，解决外部性问题可以在某些特定条件下采用市场交易形式，即自愿协商而非庇古税手段。

科斯定理进一步巩固了经济自由主义的理论基础，对"市场是美好的"这一经济理念进行了进一步发展，并且吸收了庇古税的相关理论：在交易费用为零或非零的情况下，解决外部性问题的手段有所区别，视具体情况分别采用的庇古的方法或是科斯的方法。可见，科斯已经站在了庇古的肩膀之上。一些学者认为，科斯的外部性理论是对庇古税理论的全盘否定，这是一种误解。事实上，科斯的外部性理论是对庇古税理论的一种扬弃。

自 20 世纪 70 年代以来，环境问题日益严峻，许多实行市场经济的国家开始积极探索实现外部性内部化的具体可行途径，科斯的外部性理论随之被广泛应用。在环保领域，排污权交易制度就是科斯外部性相关理论的一个具体运用。科斯理论被应用于实践的可行性进一步表明，"市场失灵"不是政府干预的充要条件，政府干预也不一定是解决"市场失灵"的唯一方法。

科斯外部性相关理论的局限性如下。

（1）科斯外部性相关理论的实践较为依赖相应国家的市场化程度。尤其是发展中国家，在进行市场化改革过程中，可能会有计划经济的残留，而有的还处于过渡状态，与真正成熟的市场经济相比还存在明显的差距。

（2）自愿协商方式也需考虑交易费用的问题。自愿协商是否可行，主要取决于交易费用的多少。若交易费用高于社会净收益，则自愿协商就会失去其意义。在法制不健全、社会信用缺失的条件下，交易费用必然十分巨大，这样就极大地限制了自愿协商方式成功的可能，使其不再具备普遍的现实适用性。

（3）自愿协商成为可能的前提是产权的明确界定。但在实践中，诸如环境资源这样带有公共物品特性的产权却难以被界定或者界定成本过高，使得自愿协商难以被有效实施。

任何一种理论都不可能是完美无缺的，科斯的外部性相关理论也不例外。但科斯也为外部性理论发展奠定了第三块里程碑，且其理论与实践意义并不局限于外部性问题，为经济学其他领域的研究也开拓了十分广阔的空间。

2.2.4.2　水资源的外部性

水资源外部效应是指对水资源的过度使用导致获取每单位水资源的成本的上升，或者是某一时间段的过度使用导致未来的水资源可获取量遭到减少或破坏。基于时间与空间层面的水资源的外部性特征，具体表现为流域水存量的外部性、代际外部性、取水成本的外部性和取水设施投资的外部性等。例如，对水资源价值和水权界定的忽视，很可能导致水资源的滥用与短缺；居民与生产企业将环境污染的治理成本转嫁给政府，而政府的治理能力有限，导致水环境不断恶化；基于水资源的流动性，区域补偿机制也都存外部性问题。

外部性效应是环境资源滥用和环境恶化产生的重要原因。为了抑制外部性的产生与发展，首先需要对外部性的成因进行研究。

（1）非排他性问题：当利用公共物品的制约措施的成本非常高的时候，就会出现"市场失灵"现象,无法实现资源的有效配置。水资源具有公共物品的特性,在水资源总量固定的情况下,个体对水资源消费的增加必然导致其他人消费的减少。这很容易引发每个人对个人利益最大化的追求,都希望自己获得更多的利益,水资源的滥用也由此产生。尽管可在用水户间形成具有约束力的契约谋求解决问题,但基于用水户的信息不对称,每个人都希望其他人采取措施以减少水资源的使用量,而自己可以自由使用;另外,"排除"的成本过高,管理困难,也导致水资源的相关问题持续恶化。

(2)环境资源的非竞争性使用:这意味着一个人对环境资源的消费不会对其他人产生影响,即向额外的使用者提供这种商品的边际成本为零。在排污费为零的条件下,对水资源环境容量的利用是非竞争的,一个企业的排污与其他企业的排污行为之间并不存在冲突。对于环境质量这样一种非竞争性与极易耗竭的公共物品,需要政府承担提供生产的主导责任。当然,政府加大投入改善水环境,全体社会成员也应予以支持。

(3)发生时空转移的外部性:通过对某种策略的选择,环境风险在时间和空间层面上可进行转移,这也是外部性问题一个重要的方面。外部性的可转移意味着可将环境风险转移到其他区域或其他代际。我国长江流域各城市近年来竞相建设污水治理合流工程,希望对庞大水体的自净能力进行综合利用,将城市污水不加处理直接排入长江。这种措施的实行虽然使得当地水环境在一定程度上得到了改善,但这无疑是将环境风险转嫁给了下游各区。类似实践的推广与普及,最终将导致长江水环境的严重恶化。

外部性的时间转移主要表现为现在社会经济活动中产生的副作用由未来人承担,当代人则会承受前人遗留下来的环境恶化的影响。我国许多的生态环境恶化与资源的短缺都与此有关。

除了上述的经济理论之外,还有许多经济理论对水资源的经济分析有影响。其中尤以产权理论最为重要。产权理论对水资源经济分析的影响涉及水权,在第3章会专门提到。

3 水权相关理论研究

3.1 产权理论

3.1.1 西方产权理论概述

在现代西方经济学体系中，产权经济学是新制度经济学的一个重要分支，目前，西方产权经济理论的主要研究方向是在资本主义制度下产权的界定与交易，它的起源可追溯到 19 世纪末、20 世纪初的旧制度经济学派。经济学家从不同的角度对产权进行了定义，但存在一个被罗马法、普通法、马克思、恩格斯及现行的法律与经济研究共同认同的定义，即产权并非指人与物之间的关系，而是由物的存在性及其被使用所引起的人与人之间认可的行为关系。产权配置确定了个人对于所属物的行为规范。产权具有以下属性。

（1）产权是依法占有财产的权利，它与资源的稀缺性都是人与人之间的关系的体现。

（2）产权是一组权利束，一般由所有权、使用权、收益权和让予权所组成。

（3）产权所具备的排他性使得两个人不能同时拥有对同一事物的相关权利，这种排他性以社会的强制性来确保实现。

（4）产权的明晰性与产权的边界是相呼应的，具有排他性的产权通常较为明晰，而非排他性的产权则较为模糊。产权的明晰是产权中的所有权、经济行为与激励功能的内在要求。

（5）对特定财产的产权依照不同的划分方式可分属不同主体，最常见的形式是所有权、使用权与经营权的分离。产权的分离可加速产权的流动，优化产权的配置。

（6）产权的行使是受一定限制的。在产权分离后，任何一种权利都只能在规定的范围内行使，同时社会也会对产权的行使设置一定的约束机制。

（7）产权可在不同主体之间进行流转，产权的可交易性是资源得以高效配置利用的基础。基于产权的流转，稀缺资源得以向高效益的部门流动，提高了资源的利用效率。

（8）产权的一个主要功能是引导人们尽可能地实现外部性的内在化。

且经济学层面与法律层面上的产权是存在差异的——经济学上的产权多是指

社会生活中人们在交互过程中事实上形成的权利架构。这些权利架构，并非与法律界定的完全吻合，因为任何一种社会形式中完全由法律界定的产权都只是完整产权的一部分，产权也离不开社会的文化、习俗、伦理道德等的支撑。法律上的产权则表现为一种法定的权利，通常表现为一种既得状态的财产权利。直至19世纪50年代，形成了以加尔布雷思和科斯为代表的两个大相径庭的产权经济学理论体系。威廉森、德姆塞茨、布坎南、舒尔茨等经济学家的相关研究也促进了这两个理论体系的丰富和发展。他们的主要观点有以下五点。

（1）经济学的核心问题不是商品的买卖，而应是权利的交易。人们购买商品是要享有支配与使用它的权利。

（2）资源配置的外部效应主要是因为人们在交互过程中存在权利与义务的偏差，或权利得不到严格的界定而产生的。市场运行的失灵则主要是基于产权界定不明晰。

（3）产权制度是经济运行的基础与前提，产权制度的构成，会对社会经济的各方面的因素造成巨大的影响。

（4）经过严格界定的私有产权并不排斥合作，反而更有利于组织间的合作。基于某种私有产权制度可能会形成更为复杂、合作效率极高的组织。但组织的复杂性是以私人产权的自由交易为前提的。所以私人产权的明晰界定为有效地寻找最优的制度奠定了制度层面的基础，而产权的自由交易相比于商品的分配与交易则更为重要。

（5）在私有产权可进行自由交易的条件下，只要计划具备实效性，综合计划也是切实可行的，可使交易双方获利。

西方产权理论主要用于分析在私有产权条件下，资源配置过程中的外部效应相关问题，也多用于分析产权结构与企业经济行为之间的联系、企业组织管理体制、企业的规模及其与市场的边界关系等，也可用于分析技术转化中的交易成本、社会化分工与交易成本的关系、国家的经济增长等问题，具有广泛的应用前景。

3.1.2　科斯定理

科斯定理是西方现代产权经济学的核心内容。科斯定理的基本内容在科斯于1960年发表的论文《社会成本问题》中进行了明确的表述。科斯定理的概念由美国芝加哥大学教授乔治·斯蒂格勒（G. Stigler）在1966年出版的《价格理论》一书中最早提出。科斯曾提道："科斯定理这一术语并非我的首创，我亦未曾对这一定理做过精确的表述。该术语的提出及其表述应当归功于斯蒂格勒。"（朱厚华，2005）

（1）科斯第一定理：若交易费用为零，则不管产权初始如何安排，当事人之间的谈判都会导致那些财富最大化，即市场机制会自动达到帕累托最优。

科斯认为，在交易成本为零的条件下，产权的配置情况对资源的最优配置没有影响，而与产权配置有关的是收益分配，这一理论被后人称为科斯第一定理。科斯第一定理强调的是产权关系明晰的重要性，若产权界定明确，在忽略市场交易成本对配置结果的影响的条件下，无论产权归属如何，都会对社会资源进行最优配置，形成帕累托最优效率。

（2）科斯第二定理：在交易费用大于零的世界里，不同的权利界定，会使资源配置出现不同的效率。

在实践运行中，交易成本非零才是常态，交易成本为零只存在于理想状态中。市场交易大多是以价格的协商缔结合约的，并对合约的履行情况加以监督，这也是会产生成本的。在考虑市场交易成本的前提下，产权关系的界定与归属必然会对资源配置与经济效益产生影响。科斯进一步指出，在市场交易存在成本的条件下，权利的初始界定必然会对经济制度的运行效率产生影响。相关权利的调整将会比其他因素的变动产生更多的产值。但非法设置的权利的转移与合并推动的市场交易成本必然增高，以至于最佳的权利配置及其导致的更高的产值则可能永远也无法实现，这被后人称为科斯第二定理。科斯第二定理强调的是交易成本会给基于产权配置的经济效益带来影响，即若交易成本为正，不同的产权界定必然会导致不同的资源配置方案的形成，也必然会对经济效益造成影响。总的来说，产权与法律制度的差异会导致资源配置效率的不同，产权制度是决定经济效益的重要内生变量。

科斯第一定理是科斯第二定理的铺垫，科斯第二定理将权利设置、交易成本与资源配置效率进行了有机结合，发掘社会范围内资源优化配置的最有效途径，即依靠政府的力量对社会经济生活中的各类产权加以清晰界定，并得到法律制度的支持与保护。

（3）科斯第三定理：产权的清晰界定是市场交易的前提。

科斯第一、第二定理是建立在产权初始界定清晰的假设之上的，科斯第三定理则使这一假设得到了拓宽，阐明了产权界定的明晰程度与经济效益之间的相互关系。在此基础上，若交易费用为正，则不同的产权界定必然导致资源配置效率存在差异，这也体现了科斯第二定理。

科斯定理表明，产权的初始界定十分重要，不同产权的初始界定会导致不同的经济后果，低效的产权设置应通过产权交易获得改进，但初始产权界定必须明晰。

3.1.3 马克思主义产权理论

一般认为，马克思主义中只存在所有制理论而没有产权理论，事实上，所有制是从产权制度的本质上进行抽象分析的，产权制度是所有制的实现形式。马克思和恩格斯早在一百多年前就对各个社会的财产权利关系进行了全面深入的研究，建立了详尽的产权理论体系（刘安青，2006）。马克思主义产权理论基本内容包括以下四个方面。

（1）财产权不是单一的权利，而是一组权利束，除了所有权外，还包括占有权、使用权、支配权、经营权、索取权、继承权与不可侵犯权等（《马克思恩格斯全集》，第26卷）。所有权是主体对物的排他性的最终支配权，它表明了生产资料等的最终归属。占有权即主体实际掌握、控制客体的权利，它要在对客体的使用中体现主体的意志。支配权即主体事实上或法律上对客体进行种种安排及让渡的权利。使用权即主体对客体的直接利用权。在一系列权利中，所有权居于核心地位，决定了其他权利的存在形式。拥有所有权的同时，也可以拥有其他权利，即数权统一。但随着生产力的进步与发展，围绕财产权的一组权利日益分离，且逐渐变得重要。

（2）财产权的各种权利，可以是统一的（统一于一个主体），也可以是分离的，而且分离的形式有多种（《马克思恩格斯全集》，第26卷）。在资本主义的企业制度中，占有权、支配权、使用权与单纯所有权正逐渐分离，典型代表是股份公司的出现。股份公司是生产社会化与资本社会化共同作用的产物，是典型的两权分离的企业组织形式。

（3）所有权是所有制的法律形态，财产权是生产关系的法律表现（《马克思恩格斯全集》，第30卷）。所有权不仅是简单的生产要素归属问题，其背后反映出的是复杂的经济关系，是经济利益的冲突与协调。在实行公有制的原始社会，生产力水平极其低下，导致了公共占有、氏族内以性别为基础进行劳动分工与劳动产品平均分配的特定经济利益分配状况。进入私有制社会时，生产力水平逐步提高，人与人之间的劳动产品分配和经济利益冲突达到一个新阶段。随着生产力水平的巨大发展，所有权被进一步细化为所有、占有、分配和使用等诸项权利，从法律层面确认了各个行为主体的权利边界，保证了这些主体的利益合理分配。

（4）法权关系是一种反映现实经济关系的意志关系，其内容由经济关系所决定（《马克思恩格斯全集》，第23卷）。马克思始终坚持认为，社会的分配关系是由这个社会的直接生产关系——主要是生产资料所有制关系所决定的，而法权关系是由一定的经济关系所决定的。按劳分配作为社会主义国家劳动者的平等权利，是由社会主义的经济关系——主要是生产资料的公有制决定的。

马克思主义的产权理论即公有产权理论，它同以科斯为代表的西方私有产权理论存在着本质上的对立。马克思主义认为，产权具有二重性：首先，它是一种经济关系，是人们对财产行使经济职能时形成的经济利益的关系；其次，它是一种法权，是基于上层建筑的受法律保护的法定权利。

根据马克思主义的劳动价值理论与剩余价值理论，资本主义的生产社会化与生产资料私人占有这一基本矛盾终将导致社会主义公有制取代资本主义私有制。社会主义国家应采取经济与行政的手段对国民经济进行宏观调控，避免资本主义固有的周期性经济危机对本国生产力造成的巨大破坏，体现社会主义公有制经济与资本主义私有制经济相比更高的效率，实现社会生产力资源的优化配置。

根据马克思主义的产权理论，产权制度是所有制的实现形式，财产权是一组权利束，其中各项权利是可以被分离的。在水资源为国家所有的前提下，水资源的占有权、使用权、收益权和处分权也是可以被分离的，即可在明确界定水资源各种权利主体的条件下，通过国家宏观调控与市场微观调节实现水资源的优化配置，解决社会经济发展中水资源利用的突出矛盾。

从理论上讲，我国水权制度是一种公共水权制度，属于整个经济体制的一部分，它随经济体制的制度变迁而变革。

3.1.4　产权的构成要素

产权主要包括三个构成要素：主体、客体与内容。产权的主体即为享有权利的人、组织或国家。产权制度设置的不同，决定了产权主体间的差异性。在我国，水资源的所有权主体是国家，产权的客体被视为特定的"物"。任何产权都是以特定的客体为基础的，失去了特定客体的存在，产权也将不复存在。实践中产权客体存在多种表现形式，如财产、资产、资本、商品、资源等。产权的内容通常表现为主体对客体的权利，主要包括如下三个层次。

（1）最基础的产权即主体与特定客体间的关系。在社会经济生活中这种关系最主要的表现形式为财产权，主要包括对财产的所有权、占有权、使用权、支配权、收益权与处置权等一系列权利。

（2）产权还应包括不同主体对特定客体的权利共同作用所产生的各类经济关系。例如，我国的水资源所有权属于国家，普通用水户取得水资源的使用权的方式是获取国家颁发的取水许可证，从而产生国家（在我国通常是由流域或地方水管理部门代行相关权利的）对取水户的监督管理关系；对水资源的使用又导致了水资源生产经营企业与用水户之间的相关关系的产生，这与国家对取水户的监督管理关系共同构成了我国水权的重要内容。

（3）从权利本身的内容来讲，产权的内容还应包括以下两个方面：第一，特定主体对特定客体与其他主体的权利，即特定主体对特定客体或其他主体能做什么、不能做什么或采取什么行为的权力；第二，该主体通过对该特定客体采取某些行为能够获得的收益。传统经济学侧重于研究收益的配置机制，而现代经济学侧重于研究权利的配置机制。

3.2　水　权　理　论

3.2.1　水权的产生

科斯定理强调私有产权有助于提高资源配置的经济效益，且科斯定理的相关理论还将私有产权配置理念拓展至公共资源领域。

（1）政府应先明晰产权。

（2）以协商的方法实现外部效应内部化。

（3）通过市场交易提高效率。

水资源具有公共产品属性，也属于一种公共财产。水作为一种具有流动性的自然资源，是人们生产、生活中必不可少的重要物质要素。随着其稀缺程度的不断提高，必然会同其他稀缺资源一样，使用所要付出的代价将不断增长，这必然导致产权问题的出现。因此，明确水权对促进水资源的高效开发利用具有积极的影响。

3.2.1.1　水权概念

水权又称水资源产权，是产权理论延展至水资源应用领域的产物，是在水资源稀缺的条件下，相关利益主体对水资源的各项权利的集合。由于各国采取的水权制度不尽相同，截至目前，国际范围内还未形成统一的概念。

对于水权的概念，我国理论界主要有以下四种观点。

（1）水权的"一权说"。周霞等（2001）认为，"水权一般指水资源的使用权"，将本是包含多种分支权力的水权认定为成单数的水权（water right），但在产权经济学领域内是不存在单数的产权的，产权多指一组权利束，水权也应隶属此范畴。因此傅春和胡振鹏（2000）认为，水权一般指水的使用权。基于水资源所具备的随机特性，则使用权在本质上即为优先使用权。先将复数的水权简化为单数的水权，进而把单数的水权限定为优先使用权这一概念。这种观点是极为明显的对水权的简化认识。水权的基础与核心应是所有权，而非使用权。优先使用权仅是某些国家在进行水权界定时遵循的原则之一，而非水权本身。

（2）水权的"二权说"。汪恕诚（2000）在《水权和水市场——谈实现水资源优化配置的经济手段》一文中提及："什么是水权？最简单的说法是水资源的所有权与使用权，有的文章还把经营权写进去，我认为只有在存在使用权的前提下，才能谈经营权，所以最主要的是所有权和使用权。"有的学者以"二权说"为基础，提出了水资源权属相关的层次划分理论，将水资源的使用权进一步细分为自然水权与社会水权，其中，自然水权的主要内容为生态水权和环境水权，而社会水权则包括生产水权和生活水权。这是依照用途进行划分的，在水权分析过程中也发挥了重要作用。

我国 1988 年颁布了《水法》，水权的"二权说"是对其的一种解释。《水法》明文规定："水资源属于国家所有，即全民所有。农业集体经济组织所有的水塘、水库中的水，属于集体所有。国家保护依法开发利用水资源的单位和个人的合法权益。"法律条文虽未对水资源的"使用权"及其权属划分加以直接阐述，但内容也已将其包含在内。水权的"二权说"是更偏重于实用性的研究，是基于我国的水权改革的实践加以表述的。

（3）水权的"三权说"。姜文来（2000）认为，"水权是指在水资源稀缺条件下人们对水资源相关权利的总和，其最终可总结为水资源的所有权、使用权与经营权"，已将水权看作一组权利束，与产权理论的相关要求相吻合。

（4）水权的"四权说"。国内一些学者从产权理论的一般原理为切入点来探索水权问题，将水权视为以所有权为基础的一组权利束，可分解为所有权、占有权、支配权和使用权等权利。另外一些学者所提出的"四权说"与之存在表述上的差异，认为水权涉及使用权、收益权、处分权和自由转让权等。

本书认为，存在广义的水权与狭义的水权。广义的水权指水资源相关权利的集合，是水权主体与水资源的相互作用产生的责、权、利的一切关系的总和，最终可归结为水资源所有权、使用权、经营权等。狭义的水权主要指水资源使用权与收益权等，是以水资源为国家所有作基础的一种他物权，即为一种"用益物权"。法律层面对水权的界定应为对水权的拥有与流转所产生权利和义务的变化的认知及确定。而在经济领域对水权的界定则是确定由水权的拥有与转移从而产生的效率及效益。

3.2.1.2　水权体系构成

水权体系的基础是水资源的自然存在性，以满足社会、经济与环境需要为目的，并提供相应的法律保障，采取行政干预与市场调节相结合的手段形成的一整套水权的相关体系。

（1）水权体系是一整套受法律保障的体系，除了严格执行国际相关法律条约，所在国际的不同也会导致差异性的存在。

（2）水权体系具有多种划分方式，自身的属性不同导致体系的构成要素与结构也存在差异。依据水权主体的范围，水权可被分为国家层水权、流域层水权、区域层水权；依据水体类型，水权可被分为地表水水权、地下水水权、气态水权，而地表水又可被细分为河流水权、湖泊水权、水库水权等；依据用水性质，水权可被分为自然水权与社会水权，其中，自然水权又可被细分为生态水权与环境水权，社会水权也可被细分为生产水权与生活水权，生产水权可被再细分为工业水权、农业水权等，生活水权可以被再细分为家庭生活水权与社会生活水权；依据水体的行业和部门，水权可被分为农业水权、工业水权、市政水权、生态水权；以水权内涵为依据，水权可被分为水资源所有权、使用权、经营权、管理权等，各项权利的构成如图3.1所示。

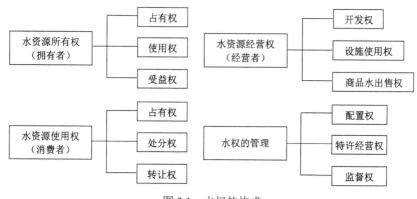

图 3.1　水权的构成

1）水资源的所有权

水资源的所有权即所有者对水资源的占有、使用与收益的相关权利的总和。《水法》中规定：水资源属于国家所有，国务院代表国家行使水资源的所有权。我国水资源所有权的国有化充分体现了水资源的独特作用与地位，是其他相关水权的基础与前提，是权利、义务与责任相统一的高度体现。我国水资源所有权同时囊括了占有、使用、效益与处分四项权利，并兼备维护国家权益、保证用水安全、消除负外部效应的责任。所有权具有唯一性与统一性，只能由国家统一行使。通常情况下，国务院及其下属相关水权管理部门并不是水资源的直接管理部门，而是授权地方政府或相关流域水资源管理机构依法对本地区水资源进行统一管理与监督，并服从国家对水资源的统一规划、管理与调配。

2）水资源的使用权

水资源的使用权多是由水资源所有权中衍生并分离出来的，是水资源的所有权的集中体现，其主要内涵是用水户在法定范围内对所用水资源行使的占有、使用、收益和处分的相关权利。水资源使用权的主体可是任何单位、个人或特殊的主体。客体是水资源及其衍生的水商品。使用的是水资源本身及其相应的功能，如灌溉、发电、渔业养殖、航运、生态景观等。

水资源使用权的行使模式主要可分为以下两大类。

（1）原水使用权，即对水资源加以利用而不进行实际消耗的模式。这种模式不存在排他性，如航运、渔业养殖、相关水上娱乐等。

（2）取水权。多指直接从地表或地下水体取水的相关权利，是一种直接消耗水资源的使用模式，存在明显的排他性。我国针对取水权的行使制定了专门的取水许可制度对直接取水权行为加以规范。取用的水资源应经过加工处理，使其变为产品水或商品水，本书主要研究的是商品水的交易和管理，如工业用水、灌溉用水、饮用水等。

3）水资源的经营权

水资源的经营权是从事具体开发、运用水产品与水商品所获得的经营权益。通过对经营权的行使，国家所有权被有限度地转化为用水户的使用权，实现了所有权与使用权的联结。直接从事开发与经营水资源产品的企业通常作为经营权的主体，如直接参与水资源开发、运输、加工及配水等流程的企业或机构。很多情况下，经营权的内容还包括对水资源相关设施的使用权及对基于自身生产商品水的出售权等。最终目标是获得经济、社会与环境三方的共赢。

4）水资源的相关管理权

与上述水权的相关基本权利类似，水资源所有权也可衍生出水资源的配置权、水资源的特许经营权和水管理的监督权等权利。政府通过这些权利对水权进行有效管理。

a. 水资源的配置权

水资源的配置权内涵包括对水资源的分配权与处置权，是国家对水资源所有权与使用权进行管理的基础。合理的配置是将国家掌握的所有权转变为使用权的重要手段，而配置的合理性则与水资源开发与利用的效率、效益及用水户的切身利益息息相关。它是水权管理的重要权利，也受到政治、经济、社会与环境等多方面的影响。

分配权是连接所有权与使用权的重要纽带，是建立合理的水资源配置机制的前提与基础。分配权是公共机构之间以组织协商与签订协议的形式、将一部分水资源从公共资源领域转移给特定用水群体的权利。目前，我国的水市场还不完善，水资源更多依赖各相关责任人依据一定的原则以协商的方式签署的具有法律效用的协议进行分配。水权分配是水市场形成的框架与基础，最为直观地反映出水资源的稀缺性与可获得性。在水资源日益稀缺的当下，对配置权合理行使，是实现水资源合理高效利用的重要途径。

b. 水资源的特许经营权

水资源的特许经营权是政府对水资源经营权进行管理的一项基本权利。特许权的主体是政府或经政府授权的相关主管部门，客体是颁发给具体用水群体的水资源经营权，主要表现形式是政府与被委托企业之间签订的委托经营合同。

c. 水管理的监督权

行使水管理的监督权的主体是拥有水资源配置与特许经营权的相关机构。具体监督内容是上述机构行使权利的相关具体行为及由此产生的结果。主体可以是全国人民代表大会及其下设的相关机构，也可以是社会公众。监督权的合理行使在一定程度上既能保证水资源配置的公平与合理，减少权利滥用与腐败行为的滋生，又能确保水资源使用的科学性与有效性，有利于水资源的可持续利用（图3.2）。

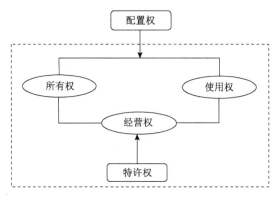

图3.2　各相关权利间的关系

3.2.1.3　水权制度的特点

水权制度建立的核心是拥有明晰的水资源产权，具体措施包括水资源分配的登记和公示、水权优先权的确立及基于民事法律的水权裁决等内容。

新水权的流转，应以尊重流域内的既定水权为基础。新水权的产生应同时获得相关水权管理部门与现有水权所有者的同意。从世界范围来看，水权管理多采取以流域为基础的分级统一管理形式，相关水权管理机构下发的水权许可证明应与自身所管辖的水权范围相吻合，且不能对原有水权造成侵害。水权的限制因素通常为取水用途、流量、取水时间与地点、取水相关设施、水质及取水优先级别等。

水权优先原则是水权制度的重要构成要素，也是水权制度合理运行的重要保证。从法律层面来划分，水权优先原则可被分为沿岸所有权原则和占有优先权原则。沿岸所有权原则的根源是早期的上游优先权原则，此原则基本只适用于水资源较为丰沛的地区，通常禁止水权获得者将水资源蓄积或提供给非毗邻流域土地上的用水户。占有优先权原则实质上是按水权获得时间节点的先后而设立的"时先权先"的原则，是随着水资源开发利用的不断进步，形成并持续发展的现代水权原则。且水权优先级别的确立还应满足公众信任原则，即为了履行政府对公众信任所承担的义务，在特定条件下可在行政层面对一些水权的优先权进行调整，以保障公众的合法利益。此外，还存在惯例水权原则，此种原则实质上是对以各种手段和平占用他人水权的一种变通性承认。通过将国内与国外水权制度进行对比分析可知，水权制度实施的相关原则应与所在国家的实际国情密切联系。例如，水资源较为充足的欧洲、美国东部地区大多实行沿岸所有权原则；而诸如美国西部地区这类水资源相对匮乏的地区则多以优先占有权原则为主，且沿岸所有权原则和惯例水权原则通常互为补充，综合实施；日本认同上游优先权与"时先权先"这两种水权原则，并结合自身国情建立适合的水权制度。水权原则的选择主要取决于当地水资源的实际状况，并结合水资源管理历史经验采取因地制宜的方针，这有利于实现水资源的合理高效利用。

结合我国的实际情况，水权存在以下特点。

（1）非排他性。《宪法》规定，水资源归国家或集体所有，这是我国法定水权具有极大的排他性的最好证明。然而，我国过去的水权实践表明，水权也存在非排他性。从理论上来说，水权归国家所有，但基于我国现行的水权管理体制，我国目前由地方政府或相关流域水权管理部门代为行使水权的现状，给水资源统一配置造成了一定的障碍。水权主体形同虚设，水权的国家所有权流于形式，水权的排他性也逐步演变为非排他性。

（2）分离性。我国现行的水资源管理体制，导致了水权行使的残缺性，所有权、经营权与使用权三者严重分离。国家将水资源的经营权与使用权授予地方政府与相关水权管理机构行使，这些部门与机构又通过颁发取水许可证等多种形式将使用权转让给用水户，最终普通用水户只拥有使用权。

（3）外部效应。外部效应是指那种与自身所采取的行动没有直接关联者所招致的效益和损失。我国目前的水权制度既具有积极的外部效应，也具有消极的外部效应。

（4）可转让性。将科斯定理应用于水资源相关领域中，为可转让水权制度的诞生奠定了理论基础，水市场的正常运作，可提高水资源的配置与利用效率。水权转让共有四个重要环节，即初始水权的界定、水权管理、水价与水市场交易。其中，对水权的明晰界定是水权流转制度运行的基础。

（5）交易的不平衡性。所有权保持不变是水权转让的前提，而水权交易的内容则大多为使用权或经营权。水权的所有者具有事实上的垄断地位。目前，我国水权交易双方大多代表两个不同的利益主体：一方通常是代表国家行使管理权、出让经营权或使用权；另一方则多是以使用、营利为目的购买水资源使用权。出让者可凭借政府的权威及相关政策及法规对已出让的水权施加影响，凸显了其垄断性，而购买者只能被动地接受这种影响。

3.2.1.4 初始水权的界定

关于水资源产权界定的相关理论依据，以国际范围内对水权的界定的惯例来判断,主要存在两大理论体系:最早诞生于英国并被美国东部地区广泛承认的"自然流动理论"及被美国西部地区改进了的"合理使用理论"。

1)自然流动理论

自然流动理论主要包括先占原则与不损害原则这两大原则。先占原则是欧洲与北美洲一些地区水权界定领域的主要原则。为解决水资源产权方面的矛盾,法律规定的先占原则主要包括沿岸所有权原则与优先占用权原则等内容。

a. 沿岸所有权原则

此项原则最早起源于欧洲,是关于与河道相毗邻土地所有者的一项相关所有权,传到北美洲后被美国东部、东南部与中西部地区广泛采用。最初是以习惯或传统的形式被逐渐确立下来的,但发展至今,美国大多数州的这种习惯或传统已演变为正式的法律条文。沿岸所有权原则准确地说应该被叫作依照河岸地相关权益确定水权归属权的原则,深层内涵即为水权依附于其相邻的土地。可将其理解为土地的所有者自动享有与其土地毗邻的河流的水权。在古代的中国,水资源的获取原则中也有渠岸权利原则,我国现代的用水习惯中也有沿岸所有权(riparian ownership)的一席之地。沿岸所有权原则性质主要分为以下三部分。

(1)适用范围主要是河流与土地毗邻场所水权的界定。该原则规定,水权的获得仅需要同时满足"存在天然径流"与"土地所有者对毗邻的河岸享有所有权"这两项条件,而无需考虑当时该河流中是否存在水资源及存蓄水量的大小。

(2)依据该原则,水权是自动获得的,而无需经由其他形式或人为程序授予。

(3)依据该原则,水权的取得伴随相邻的土地的所有权或使用权的时限,同权利享有人利用水资源与否无关。该水权既不会因相关权利人对其拥有的水资源的闲置而丧失,也不会因其利用的时间先后导致优先权的产生。

b. 优先占用权原则

此原则最初诞生于被干旱和半干旱地带覆盖的美国西部各州,并不断发展,其最直观的目的是解决这些地区的水资源供需矛盾。在美国西部开发的早期,对相关地域土地的开发利用中涉及水资源利用的相关行为未受到沿岸所有权的约束,其后开发者经由向相关部门通报取用水目的,并在地方司法部门以记录形式对既定的开发事实予以确定并逐步正规化。此后相当长的时间内,西部的淘金热促进了"时先权先"原则的产生与发展,并推动其逐步形成正规的法律。优先占用权原则是指,依照实际占有水资源的时间节点的先后顺序来界定水权的取得与优先权益的原则。一些人将它表述为"时先权先",其实质是水资源的先占者可优先获得水权,其水权顺序也处于优先地位。此原则的主要意义在于,可使非毗邻水资源的土地所有者同样拥有了取用水资源的权利,突破了沿岸所有权原则的桎梏。该原则包含以下三项基本规则。

（1）用水户水资源的利用必须是直接的、实际的和有益的。

（2）水权实际拥有者即优先占有者与其他用水户相比，其取水权具有优先性。

（3）优先权是基于美国西部各州水资源较为匮乏的现实的，大部门水资源配置体系都认为，维持生命所必需的生活用水在水资源利用总体中自动具有最高的优先权，居于第二位的则是灌溉用水，工业用水、渔业用水及其他方面的用水需求的优先权则较低。

c. 不损害原则

不损害原则是指水权拥有者行使自己的权利时应以不损害他人的相关使用权利为基础，其实质是对先占原则的合理补充。基于水资源的流动性，若河流上游使用者过量取水或对水质造成影响，那就对下游用水户的权益造成了侵犯。上述就是在英国普通法中主要用于水资源资产产权界定的被称为"自然流动理论"的基本理论。在"自然流动理论"传播到美国的初期，美国曾对其全盘接受。因为"自然流动理论"所包含的先占原则会给投资者带来生产性与投资性的双重收益，所以获得自然资源的初始产权也就意味着经济利益。但法律体系的不健全刺激了某些不经济的投资行为，并导致水资源的配置效率低下。随着资本主义工业化的不断发展，水资源配置的低效率所引发的矛盾日益突出，因此美国的法学界对相关法律进行了修改。美国东部一些州的相关法律规定，每个毗邻河岸的土地所有者有权凭其自身的产权对自然流动的水资源享有有限制的使用权，且取用的水资源仅限于在其拥有的土地上使用，河岸所有者行使水资源使用权不得妨碍水资源的流动性。相关法律还着重强调为了防止某些非生产性或投机性的沿岸所有权的获得，当河岸所有者没有在自己土地上使用水资源的打算时，则无法将河水引流并转卖给其他用水户，而纯粹的先占原则也可获得这种权利。

2）合理使用理论

合理使用理论是指，河岸所有者（毗邻河岸的土地所有者）在未采取不合理的方式干扰其他用水户的合理利用的情况下，可通过任何方式对水资源加以利用，美国西部各州的法律在充分考虑当地实际情况的前提下对该理论做出了明确规定。这一理论与自然流动理论存在细微的差异，主要表现在以下几个方面。

（1）在合理使用理论中，河岸所有者无权对水流进行拦截。

（2）以合理使用理论为依据获得水权的用水户，可在不妨碍其他用水户的合理使用的前提下，将相关权利用于河岸所有者与非毗邻河岸的用水户，而在水资源利用的其他方面则不存在限制。

（3）在其他用水户未对水资源加以利用时，某一水权所有者有权使用河流或湖泊中的全部水量，即在不妨碍他人的合理使用的前提下，河岸所有者可将他的使用权流转给非河岸所有者。

3.2.1.5 水权界定的要素

在产权理论相关概念中，所有权利都应由权利的主体、权利的客体与权利的内容构成。其中，权利的主体多指拥有某项权利的自然人或法人，权利的客体则指权利的作用对象，而权利的内容则是指权利的相关规定及其具体的运行细节，水权也可以被如此分析。

1）水权主体

水资源的资产产权的主体是指受国家指派或委托，直接参与水资源的资产管理与运营的相关管理主体。基于我国水权的分离特性，社会中不同层次的利益主体均只能获取部分水权，导致水权主体存在多样性。理论上，任何对水资源存在需求的利益主体，均可通过行政配置或市场交易的方式获得水权，成为水资源的权利主体。

a. 管理权主体

我国一系列相关法律已明确规定我国水资源的国家所有权。《宪法》第九条规定矿藏、水流、森林、山岭、草原、荒地、滩涂等自然资源都属于国家所有，即归于全民所有；《水法》第三条规定水资源属于国家所有。水资源归国家所有是基于水资源的特殊属性与用途的，也是世界上许多国家所采取的管理制度。水资源所有权只能由国家统一行使，具有唯一性与统一性。但实际上，国家作为一个所有权主体是较为笼统的，因此必须对国家的所有权主体地位加以明确。同时，管理权主体的一元化也要求国家设立一个对水资源相关资产直接行使管理权职能的部门或机构。该部门或机构必须具有较高的权威性，且以水资源资产的保值、增值为其运营目的，代表国家对水资源资产进行宏观管理。其主要职能应包括对水资源资产宏观层面的管理权、监督权、投资权、收益权等相关权利。

b. 经营权主体

（1）水资源资产运营总公司。水资源资产运营总公司是水资源资产运营过程中的宏观主体。水资源资产运营总公司对由其投资的相关机构及其管辖范围内的水资源资产形式投资者的相关权利，主要以控股方式对水资源相关资产经营活动进行管理。水资源资产经营总公司依法行使水资源资产产权的经营权，由国家授权，代表国家行使水资源资产相关权利。水资源资产运营总公司无权对依法依规进行运营的用水企业的相关经营活动进行干预。作为国家授权的经营主体，水资源资产经营总公司对其持股企业的相关国有资产行使投资人基本的经营职能，也承担相应的义务。

（2）水资源资产经营公司。水资源资产经营公司是水资源资产运营的中观主体，是由水资源运营总公司授权的负责水资源资产具体运营的机构。它的职能是在相关部门的授权下，具体负责各行政区域的水资源资产的资本经营。地方水资源资产经营公司大多是较为纯粹的控股公司，主要开展产权经营活动，而非直接从事商品或劳务经营活动。

（3）水资源资产经营实体。水资源资产运营的微观经营主体是具体承担水资源资产经营任务的各类的水资源资产经营实体。大多是独立的法人单位，在政府与相关机构的指导和约束下，具体处理各方面水资源的具体资产经营活动。水资源资产经营总公司或经营公司可对这些实体进行投资并对其行使股东权利，但无权对其下达行政命令。这些微观的经营主体实现了出资人权利与企业法人财产权利的分离。

2）水权客体

水权的作用对象多为不同形态与用途的水资源。依照划分方法的差异可产生多种划分形式。大多数情况下依照用途划分，水资源主要包括以下三种类型。

（1）基本生活用水，即用于保障人类生存的水资源。生活用水的价格不能完全由市场决定，而应由政府干预并保证生活用水的供给，这部分水价应由政府制定。

（2）生态环境用水，指维持生态系统与环境需求所用的水资源。其中，生态用水多指保障动植物维持存续所需的水资源，侧重人与自然的关系；而环境用水是指维持水体自净能力所必需的水资源，侧重人与资源的关系。显然，无论是生态用水还是环境用水，都是一种具有明显的非排他性的公共物品，进入水市场存在诸多难题，也应由政府负责提供。

（3）经济用水。当今社会更多地将其细分为工业用水、农业用水等，这些水权具备竞争性、排他性等私有物品的特征，通过市场来协调更为妥当。

3）水权内容

依照前文的广义水权概念，水权是一组权利束，具体包括水资源的所有权、收益权、使用权和经营权等相关权利。所有权是原生权利，处于首要位置。

a. 国家的水资源资产所有权

水资源所有权指涵盖了国家、单位，包括法人与非法人组织或个人在内的所有主体对水资源依法享有的占有、使用、收益和处分的权利，是一种物权。目前，世界上许多国家均规定水资源为国家所有，也有些国家的法律规定除国家外的其他主体可享有水资源所有权。例如，俄罗斯将水资源所有权分为国家、单位和个人所有权等多种类型。根据《宪法》与《水法》，水资源所有权归属于国家；农业集体经济组织下辖的水资源，则属于集体所有，即我国法律上的水资源所有权有国家所有权和集体所有权两种。

b. 水资源资产收益权

水资源资产收益权是指水资源资产的占有主体因其地位获取收益的权利。获益是生产经营的最终目的，是国家、企业和个人利益实现的源泉，是社会经济发展的基础,反映着社会主体与社会经济成果间的关系。水资源资产收益权的行使主体主要包括水资源所有者、生产经营者、投资开发者等。国家作为水资源所有者,其收益主要表现为对水资源资产产权的收益,这部分收益主要用于确保国家对水资源资产的所有权,并防止国有资产的流失。随着我国经济体制改革的深入,在水资源资产国有化条件下,水资源开发的经营主体逐渐呈现多元化的态势。其中,既包含以原有的国家与集体经济为主体的投资,更有个体经济乃至外资作为主体的投资活动。这些投资主体大多以取得回报为目的,这就是水资源资产出资人的资本金收益权的形成基础。经营性收益多指在水资源的资产经营活动中,经营者通过提高自身经营管理水平和节约管理成本而获得的收益。它也是水资源资产收益构成中的主要部分。

c. 水资源资产使用权

水资源所有权属于原生权利,包含了使用权能,水资源所有权人拥有直接使用其所拥有的水资源的权利,因而对水资源所有权人而言,设立水资源使用权不是必需的。但目前,世界上绝大多数国家水资源所有权归国家所有,而政治层面的国家难以对水资源进行直接利用,而大量的非水资源所有权人才是真正的用水主体。这就导致了所有权人拥有水资源而无法直接利用与非水资源所有权人直接利用水资源的客观需求之间的矛盾。目前这一问题的可行解决方案是在保持水资源所有权不变的前提下,由非所有权人向所有权人支付一定使用费用,并取得相应的水权。这种权利,在大陆法系国家被称为用益物权,在我国则较多地被称为水资源使用权。目前,我国法律还未对水资源使用权的相关概念加以明确。根据《中华人民共和国民法通则》第八十条和八十一条的规定,使用权是指民事主体对于国家或集体所有的土地等自然资源依法享有的使用和收益的权利,使用权派生于所有权。《水法》第三条也仅规定"国家保护依法开发利用水资源的单位和个人的合法权益",因此我国的相关立法工作应予以加强。虽然我国未在法律上对水资源资产使用权的相关权限做出明确规定,但结合我国目前国有资产实行所有权和使用权分离的大趋势,水资源资产管理理论已开始萌芽,逐渐出现了一些水资源资产使用权的相关概念,并已在实践中进行了相关探索。根据目前具体实践中对水资源的使用方式,水资源使用权又可被分为取水权、水运权、水电权、养殖权、放牧权、旅游观光权等各种开发利用水域、水体或水资源的权利等一系列权利。

d. 水资源资产经营权

水资源资产经营权指以最大限度提高水资源资产使用的效益,以实现水资源相关资产的保值与增值为目标而进行运作的权利。水资源资产经营是水资源资产营运活动的最主要环节,也是水资源资产保值、增值的必要条件。我国自改革开放以来,就确立了所有权与经营权分离的相关原则。经营权隶属于一种新型的财产权，直指国有企业国家直接经营的弊端，具有重大意义。在法律层面上，经营权被定义为"与财产所有权有关的财产权"，这种财产权具有相对独立性，可排除第三方的干扰，并可对作为所有权人的国家的一些干预行为做出抗辩。若企业拥有了充分的经营权，作为所有权人的国家对这部分已设立经营权的财产则只能行使相应的股东权利，除任免相关厂长经理、取得规定的资本收益、审批企业的产权变动与资产经营形式外，无法支配企业占有、使用的财产。属于企业自主经营权范畴的内容，国家不得再行干预，使企业真正成为自主经营、自负盈亏、自我约束、自我发展的市场竞争主体。

3.2.2　国外水权理论发展

随着全世界范围内社会经济的迅猛发展，水资源供需矛盾日益凸显，并因此引发诸多国际争端。为解决这一矛盾，世界各国在不断完善本国相关立法的基础上，依据各国的实际情况相继建立并完善了各自的水权理论与水权制度，进行水资源的有偿使用与转让等，以此提高水资源的利用效率与效益，力求实现水资源的可持续利用，满足社会经济发展对水资源的长久需求。

综观国外水权制度，以水资源使用权作为划分依据，主要可分为以下几种体系。

3.2.2.1　沿岸所有权

沿岸所有权指的是土地所有人自动对与其土地相毗邻的河流享有水权。沿岸所有权的相关理论最初源于英国的普通法和法国 1804 年的拿破仑法典，后在美国的东部一些地区得以发展，为诸多国家的现行水法提供了理论依据。我国基于自身的国情，现行水资源相关法律法规未对沿岸所有权制度进行相关规定，也未明确指出哪些水权制度是以沿岸所有权原则为依据制定的，这与我国一直未能形成完整的水权制度、作为水资源所有者的国家也多采取行政手段对水资源加以利用有密不可分的关系。目前，沿岸所有权仍是欧美等水资源丰沛的国家与地区水资源法规和水管理政策的重要理论基础。

理解沿岸所有权理论必须首先了解该理论的形成背景。从地理层面来看，沿岸所有权理论是在水资源丰富的地区形成并发展起来的；从历史角度来看，沿岸所有权理论是在 19 世纪中叶发展起来的，基于当时落后的经济水平，水资源的用途多为人畜生活用水及航运用水，大规模的农田灌溉和工业用水尚未普及。可见，相对于人类的客观需求，水资源的供给是十分充裕的。因此，当时的水事纠纷大多是邻里之间的用水冲突，沿岸所有权理论就是在这种背景下形成并发展起来的。

沿岸所有权理论是各国结合本国的水事纠纷案例处理结果逐步发展的，因此在解释上存在一些差异或争论。但对于沿岸所有权理论，各国均认为有如下两大基本原则。

（1）持续水流理论。根据此理论，土地所有者拥有的土地有持续不断的水流穿过或其拥有的土地有一边有水流经过，那么，他自然就拥有了其土地沿岸所有的水权。并且，只要水权所有者对水资源的使用未对下游的持续水流造成影响，则其对水量的使用就没有限制。

（2）合理用水理论。此理论的实质是对持续水流理论的补充与修正。持续水流理论对水权所有者的用水限制主要取决于其用水行为是否影响下游的持续水流，而合理用水理论在持续水流理论的基础上突出强调用水的合理性，即任何水权拥有者的用水权利都是平等的，所有者对水资源的使用均应以不损害其他水权所有者的相关权益为基础和前提。

依据上述两种理论，在实践中实行沿岸所有权制度的国家与地区的水权界定应注意以下因素。

（1）水权的获得。拥有的土地存在持续水流经与合理用水是获得水权的两个必备条件，这意味着没有与河流相邻的土地所有权的人无法拥有相应水权。传统的沿岸所有权制度规定，不具有沿岸所有权的土地所有者，即使存在用水需求并承诺合理使用，因其未获得水权，也无法进行取水。

（2）就沿岸所有权的相关权利的保障方面，理论上上游与下游是相同的，水资源使用的先后顺序是不存在的。但实际使用中，上游用水总是优于下游，也由此引发了诸多的水权纠纷。

（3）水权转移。沿岸所有权理论规定，水权是和沿岸土地所有权存在紧密联系的，而有河流经过的土地所有权发生转移时，水权也随之发生转移。但若所有权发生转移的土地仅为原有土地的一部分且不与河流相邻，则转移的这部分土地并不具备沿岸所有权。

（4）水权的限制与丧失。若水权所有者被证明未对水资源进行合理利用或利用自己所拥有的水权帮助别人不合理使用水资源，如同意不具备沿岸所有权的人利用自己的土地进行开渠引水，则该水权所有者的权利就会被限制乃至完全丧失。

随着水资源供需矛盾的日益尖锐，即使在水资源较为丰沛的地区，传统的沿岸所有权制度也已不能适应当代的具体发展情况。例如，基于沿岸所有权的相关规定，不与河流毗邻的工业与城市的用水也受到了限制。正因如此，近些年相关各国在各自的司法实践中也对沿岸所有权制度进行了相应的修改。例如，美国东部地区仍然保留了沿岸所有权制度，但也对非沿岸的用水者实行许可证制度进行补充。非沿岸的用水者通过法定程序申请用水，相关水权管理部门经审查后为其颁发用水许可证，用水许可证对这些用水户的用水的条件、限制及期限做出明确规定，依照规定执行的用水者在许可期满后可继续申请用水，反之则撤销其用水许可证。用水许可证制度的出台成了沿岸所有权制度的补充与完善，有效地解决了非沿岸用水者的用水问题。

随着社会经济的不断发展，各国实行的沿岸所有权制度在具体实践中也进行了一些有益的修改，但总体实践证明，这种制度仅适用于水资源较为丰沛的地区和国家，而在水资源较为匮乏的干旱与半干旱地区则暴露出种种问题。伴随着美国对西部地区开发的不断深入，产生了与沿岸所有权存在明显差异的水权理论与水权法律制度。正如新经济学的著名代表人物诺思所说："人们过去作出的选择决定了他们现在可能的选择。"

3.2.2.2　优先占用权

优先占用权的水权理论及其相应的法律制度源于 19 世纪中叶美国西部地区开发过程中的用水实践。美国西部干旱少雨，水资源匮乏，时值美国西部的"淘金热"，金矿开采与农业生产是当时的西部拓荒者的主要工作，这两项工作对水资源的需求量较大，但西部大部分与河流相邻的土地所有者是联邦政府，拓荒者中仅有少数人拥有河流沿岸土地。为了使相关生产工作正常进行，身为非河岸者的广大采矿者与农场主不得不在联邦政府所有的土地上开渠引水。种种实际问题使法院无法完全依照沿岸所有权的相关理论进行处理。久而久之，法院逐步开始将"谁先开渠引水谁就拥有水权"作为解决相关水事纠纷的原则，并以大量的案例判决为基础，最终形成了"占用水权理论"。

占用水权理论基于民法理论中的占有制度，与所有权制度和他物权制度存在很大区别：在所有权制度与各种他物权制度中，各种物权的概念是逻辑的起点，法律条文通常先为各种物权定名称、下定义，然后再对它的主体、客体、内容及其他相关内容进行规定。换句话说，所有权制度与各种其他物权制度的核心要点是民事主体必须以法定的方式取得某种物权后，才能按照物权法的相关内容对标的物进行事实上的支配。而占有制度的出发点则正好相反，最为关键的不是各种物权的概念，而是民事主体对标的物的实际支配或者占有。占有制度以假设一切现实的占有均为为合法占有为出发点，首先基于占有具有法律的保障，然后再根据不同的占有情况，对相应的不合规占有进行适当的调整。在资本主义发展史中，占有制度对于维护社会经济秩序、促进商品交换发挥过重要的作用。因此，自罗马法至今，许多国家的民法都对占有制度做出了较为缜密的规定，德国的民法典和日本民法典还将占有制度置于物权编的编首。

以民法中占有制度的基本原理为理论基础，占有水权理论认为，河流中的水资源隶属公共资源范畴，没有具体所有者。因此，率先对水资源进行合理使用的人，也就自动获得了水资源的优先使用权，其基本原理如下。

（1）占有水权不应以是否是河岸土地所有者为依据，而是以河流中存在可用水量及实际占有并对水资源进行有益使用为标准。

（2）占有水权不具备完全平等性，应服从先占原则，即谁先开渠引水，谁就拥有了水资源的优先使用权。这意味着在水资源匮乏地域，较晚进行水资源开发的落后者其自身水权的实现依赖于先进者的水资源使用状况。

（3）水资源的有益使用不仅包括家庭生活用水，还包括农田灌溉、工业与城市用水等方面。但用水者必须就水量的使用、用水季节与用水目的等方面向相关水权管理部门进行登记。

3.2.2.3　公共水权

原始意义上的公共水权可追溯至古代，但现今意义上的公共水权理论及法律制度则源于苏联的水资源管理理论与实践，目前我国大部分地区实行的也是公共水权法律制度。一般认为，公共水权理论包括以下三项基本原则。

（1）所有权与使用权分离，即水资源属国家所有，但其他主体可获得水资源的使用权。

（2）水资源的开发与利用必须以服从国家的经济计划与发展规划为前提。

（3）水资源的相关配置工作大多是通过行政手段进行的。

实行公共水权制度的国家和地区多属大陆法系，公共水权的理论和原则在各国颁布的水资源相关法律中得以体现。在实行公共水权法律制度的国家与地区，其制定的《水法》是关于水资源的基本法，覆盖范围广，法律条文中原则性内容较多，可操作性较差，因此必须制定相应的法规或解释作为补充。例如，苏联除《水法原则》外，还制定了工业用水、城市用水、发电用水和航运用水等各方面的相应具体法规，极大地强化了水法的可操作性。

显然，公共水权制度与上述两种水权制度存在较大的差异。沿岸所有权与优先占有权均以私有产权制度为基础，较为注重水权界定的清晰明确，目的是为今后水权纠纷的解决提供法律依据。而公共水权制度下，由于水资源为国家所有，水资源的使用被纳入国家的综合发展规划。

3.2.2.4　社会水权制度

由于水权的部分功能如航运、渔业等不存在水资源的消耗，也就不具备排他性与竞争性，进入市场较为困难。公共服务部门进行初始水权分配时对这部分的水权采取购买或直接保留的方式，使之成为社会公共水权。近年来，除上述商业项目外，公共水权范围有了较大的扩展，新增了游泳、水上休闲、娱乐、科学研究及为满足生态和环境要求对河道内的水资源进行的保护等方面的内容。在美国大部分地区，相应的水资源利用的公共权利已经成为在评价水资源利用效率时公共利益方面考量的一个重要指标。在水资源匮乏的美国西部各州，河道内的水在每年的特定时期会干涸。因此，对河流水资源的合理利用与保护也是至关重要的。这些州对河流水资源主要采取了以下两种保护措施。

（1）将河流内的水资源划归专用，多由某个州立机构负责实施。

（2）从指定区域内抽取足够的水量用以补充河流内的水资源的缺失。

河流内的水资源的保护也可通过制定较为细化的法规加以实施，这些法律不仅对水量加以控制，还能控制排入水源地的水的质量。基于此，包括防止咸水入侵与水温调节在内的一系列水质保护措施可能会对水资源的使用量进行进一步的限制。

3.2.2.5　地下水水权制度

地下水水权分配的难点主要在于地下水水文情况的复杂性，但也大致遵循上述原则。例如，源于普通法的所有权原则，即土地所有者也拥有土地的地下水资源的绝对所有权。而为了避免基于绝对所有权原则的水资源浪费，同时保障在流域内其他用水户对地下水资源的合理使用权益，合理性原则也被引用，进而形成了相对所有权原则。依照该原则，地下水流域之上土地的所有者，其自身的水资源使用行为应以合理为前提，且要与其他用水户的用水行为相互协调。当地下水资源不足时，一些土地所有者未利用的地下水可被流域内的其他用水者取用。同地表水一样，在美国西部各州也形成了地下水的优先占用权原则，它根据对地下水抽取或利用的时间节点的先后而确立取用的先后顺序。居于某一地下水流域之上却从未对该地下水资源进行利用的土地所有者，在优先权上可能落后于那些已得到政府相关授权的水权实际占有者。但地下水的优先占用权与地表水的相关权益还存在差异，通常情况下，地下水流域内土地的地下水使用权比流域之外土地的地下水使用权有绝对优先权。

3.2.2.6　比例水权

比例水权建立在优先权的基础上，消除了地权与水权的直接联系，也取消了优先水权的优先等级的划分，将河道或水渠里的水资源按照一定的确认比例分配给所有相关的用水户。比例水权是智利与墨西哥在初始水权界定中主要运用的一种方法。在墨西哥，与水资源实际使用量存在差异的水资源（含短缺的或多余的）将按一定的比例被分配给所有的用水者。例如，若流量比正常值低20%，则所有水权拥有者得到的水资源都将下降20%。该制度有效地将常用的计量水权转变成了依照比例的流量权利。在智利，水权通常是可变的水量的比例，这有效保证了水权所有者在一定程度上拥有的水权份额，若水资源充足，这些权利以单位时间内的流量为依据；若水资源匮乏，则依照比例计量。

3.2.2.7　可交易水权

可交易水权制度最早出现于美国西部的一些州，具体做法是允许具有水权优先权的人在市场上出售其富余水量，即为最初的水权交易。而随着近年来可交易水权的理论逐渐被较为广泛地接受，可交易水权制度也被更多国家所采用，可交易水权理论和制度的形成与发展也反映了世界水资源管理前进的大趋势。

可交易水权制度的产生与发展是存在深刻原因与背景的。自第二次世界大战以来，与经济的高速增长相伴生的是人口的迅猛增长，而人口的高速增长则意味着在人类生活用水需求日益增加的同时，人均的水资源占有量在逐步减少，全球水资源供需矛盾日益凸显。目前，随着人类经济活动范围的扩大，许多国家与地区相继出现水资源短缺的现象，而干旱与半干旱地区尤为严重，水资源短缺已经成为世界范围内制约国民经济可持续发展的重大瓶颈，即使在水资源较为充裕的地区，由水资源供需矛盾所引发的水事纠纷也时有出现。

日益严重的水资源短缺现象迫使人类对自身行为进行自省，并对自然资源的性质进行重新认识。传统观念认为，水资源是人类生存所必需的物质，是大自然赋予人类的可再生的、极难耗竭的自然资源，本身不属于经济物品，放任其自由流动而不加以使用也是对自然资源的一种浪费。而随着水资源短缺日益严重与全球生态环境逐步恶化，人类对水资源的相关认知也发生了颠覆性的变化。在1992年都柏林召开的"21世纪水资源和环境发展"国际会议上，与会代表取得共识，即水资源是自然资源，更是一种重要的经济物品。1995年世界银行发言人再次重申了水资源是经济物品这一观点。

明确水资源的经济属性，则意味着对水资源的配置与使用必须服从市场效率的原则，在提高水资源利用效率的基础上，还应实现水资源的优化配置。而原有的水权制度在此方面仍存在着明显的弊端。例如，沿岸所有权制度强调对水资源的合理使用，优先占用权制度则强调对水资源的有益使用，但两者都缺乏相应的水资源配置效率和使用效率的引导制度。而公共水权制度更多地将水资源的使用与综合规划相联系。但长期实践表明，在微观层面上，计划对资源配置效率的提高作用较小。因此，为了实现提高水资源的配置与使用效率的目标，必须探索全新的水权制度，在不断的探索与实践中，可交易水权制度诞生了。

可交易水权的理论根源可以追溯到科斯关于市场效率的观点。1960年科斯在

《法律经济学》上发表了《论社会成本》一文，其中，市场效率的相关理论后来被总结为科斯定理。科斯定理不仅对经济科学产生了影响，对法学领域相关研究也产生了深远的影响。将科斯定理扩展至水资源的管理领域中，为可交易水权制度的形成奠定了理论基础。可交易水权制度的运行取决于三大重要环节，即水权的界定、水价和水权交易管理。从水权的界定来看，最为核心的是水权的界定要清晰明确。

若缺乏明晰的水权界定，水权交易就无法正常进行。水权的界定内容不仅包括了水资源的所有权与使用权，更重要的是可用水量的相关权益。因为在世界上大多数国家的水管理实践中，水权交易的主要内容即为水使用量权的交易。对可用水量的科学界定，使节约用水的人可在交易市场出售其富余水量，而用水户可在市场上购买可用水量，激励人们节约用水，提高水资源的使用效率。水权界定的过程是极其复杂的，政府在其中应起到至关重要的作用，尤其是在实行公共水权制度的国家，本身水价界定就较为模糊，政府在界定水权中的地位与作用就更为凸显。

若水资源是一种经济物品，则其必有价格。水价确定的基本原则是，水价所要忠实反映的内容不仅包括水资源的开发成本，更重要的是水资源的稀缺程度。水价只有在能够反映水资源的稀缺程度的情况下才能激励人们节约用水，引导水资源从效率低的地区向效率高的地区转移，从而达到提高水资源的整体配置效率的目的。

在清晰界定水权与确保水价合理形成的基础上，水权交易才能正常进行。政府对水资源市场的管理发挥着举足轻重的作用，政府干预的目的是规范水市场的交易行为，降低交易成本，主要包含以下三个方面的内涵。

（1）建立健全水资源市场交易的相关法律法规，为水权的清晰界定与水权交易提供法律的依据与保障。

（2）在水资源市场交易的框架内制定合理高效的规则，使水权交易得以正常进行。

（3）设立全流域统一的水权管理机构，以水权管理为核心，组织水权交易，对水权交易进行监督与相关管理。

通过上述分析我们了解到，可交易水权制度的实质是政府与市场相结合的水权管理制度，即政府为水权交易创造包含法律等要素在内的合理运行环境，而将提高水资源的使用与配置效率相应工作交给市场。这种做法在有效避免了水资源交易中的"市场失灵"和"政府失灵"的同时，也充分发挥了市场与政府各自的比较优势，是一种较为成熟且可行性较高的水权制度。因此，可交易水权制度也是未来水资源管理的发展方向与趋势。

3.2.3 国内水权理论、制度发展

我国的水权理论是由马克思主义产权理论结合我国水资源实际状况发展而来的，水权制度沿袭了社会主义公有制与计划管理体制，即水资源所有权属于国家，管理上由政府行政计划统一调控。

3.2.3.1 公共水权

我国主要实行的是公共水权制度，于 1988 年 1 月颁布了《水法》，并于 2002 年根据我国实际情况对《水法》进行了修订，标志着我国水资源管理进入法制化管理的轨道。然而，《水法》是关于水资源的基本法，覆盖面较大，其中一些法律条文较为笼统，且操作难度较大，因此我国也制定了相应的法规作为《水法》的补充。我国除《水法》外，还制定了《取水许可条例》及相关的工业用水、城市用水、发电用水和航运用水等具体地方法规，增强了相应法规的可操作性。

我国的公共水权制度与沿岸所有权制度、优先占用权制度存在较大的区别。上述两种制度以产权的私有化为前提，对私有水权的界定极为重视，其目的是为解决水权纠纷提供法律依据。而我国的公共水权制度则规定国家是水资源的所有权主体，实际上为将水资源的使用纳入国家的总体发展规划奠定了法律基础。

即使公共水权制度、沿岸所有权与优先占用水权制度所面临和试图解决的都是水资源配置的相关问题，但其制度层面的差异反映在水资源管理方面则体现为具体思路不同。以私有产权为基础的沿岸所有权和优先占用水权制度相信，用水户在水资源利用方面的个人决策能够促进水资源的优化配置；而公共水权制度则认为，水资源的合理利用必须通过合理规划才能实现。在不同的历史与资源条件下，上述三种水权制度对水资源管理都曾起到过积极的作用。但随着全球水资源供需状况的日益严峻，现有的水权制度各自的缺陷与弊病也更为明显。例如，以私有产权为基础的水权制度虽然在水权的界定方面较为明晰，但由于"市场失灵"现象的存在，缺乏使得水资源从效率低向效率高地区转移的高效引导机制，难以真正实现水资源的高效配置。而公共水权制度则强调水资源配置的总体规划，所以存在着对私有主体的相关水权难以清晰界定或忽视其水权界定的问题的倾向。若所在地处本就水资源匮乏的干旱、半干旱地区，水权界定不明可能加剧本就严重的水事纠纷，不仅包括行业之间争水，如工业与农业争水，也包括流域内各个行政区之间的争水行为。此外，单一的行政配水管理模式也会导致寻租行为的出现。所以，我国在原有公共水权基础上也尝试引入符合我国用水实际的可交易水权理论。

3.2.3.2　可交易水权

可交易水权理论的产生可以追溯到诺贝尔经济学奖得主、新制度经济学和法律经济学的主要代表人物科斯提出的市场效率相关思想。科斯在 1960 年美国著名的经济学和法学杂志《法律经济学》上发表了《论社会成本》一文，其中市场效率的相关思想后来被概括成科斯定理，即若交易成本为零，只要初始产权明晰界定，即使这种界定在经济上是低效率的，通过市场的交易行为也可达到资源的有效配置。

将科斯定理扩展到水资源管理领域中，为可交易水权制度的形成奠定了理论基础，即通过市场的水权交易提高水资源的利用效率和配置效率。可交易水权制度的运行主要取决于三个步骤，即水权的界定、水价和水权交易管理，其中的核心是明晰的水权界定。

而目前我国有关可交易水权的相关理论仍处于探索阶段，存在如下问题。

（1）现行相关管理制度与国际通行的可交易水权制度存在冲突。

（2）初始水权的界定尚不明晰。

（3）可交易水权主体权利义务尚不明确。

（4）水权客体范围不明确。

（5）市场配置仍力有未逮。

在我国学术界对符合我国国情的可交易水权理论进行探索的同时，国内也有了一些相关的具体实践，如东阳—义乌水权交易、漳河流域跨省水权交易等。这些具体案例为相关理论探索提供了实践参考，但也应注意到，目前的水权交易大多为各行政区域间的交易，不同级别的社会主体参与水权交易的案例还较少。

3.2.3.3　国内水权制度实践进展

我国自改革开放以来，水权制度建设进程大体可被划分为以下四个阶段。

（1）20 世纪 50 年代到 80 年代中后期。该阶段的主要特征是基于高度集权的计划经济，水资源的所有权与使用权高度统一，水资源由国家无偿调拨，对水资源的利用实行福利分配。

（2）1978～2000 年，伴随着社会的进步与人均用水量的增加，黄河、海河相关流域的水资源供需矛盾日益尖锐，传统的公共水权制度越发难以适应当时的社会经济发展的需要。以此为背景，我国逐步加强了水资源相关管理，取水许可证水权相关制度逐步开始建立，一些地区也开始出现不同的水资源分配方式。这一阶段虽然对水资源国家所有、水资源分配、取水许可等制度做出了相关规定，但尚未在法律层面对取水权等水权相关概念进行确认，取水许可是否等同于取水权的获得在当时仍存在较大争议，且《取水许可制度实施办法》第 26 条规定，取水许可证不得转让，在法律层面上为水权的交易与流转设置了障碍。具体实践中，虽然在一些地区进行了水资源分配创新的相关探索，取水许可制度也正式推行，但市场机制在水资源配置领域中仍未真正发挥作用。因此，此阶段可被视为"水权制度建设的萌芽阶段"。

（3）2000～2009 年，时任水利部部长汪恕诚于 2000 年 10 月 22 日在中国水利学会年会上所作了《水权和水市场——谈实现水资源优化配置的经济手段》的重要报告。相关内容引发了在全国水利系统内部乃至整个社会的强烈反响，从思想层面开启了水权制度建设的新阶段。此后，水权制度建设在理论研究、制度建设与实践发展等多方面全面展开。这一阶段是我国水权制度建设高速发展的重要时期。在制度建设方面，水权制度建设的基础制度已开始构建，取水许可、水量分配等制度业已臻至成熟；而在实践方面，取水许可制度不断完善与逐步实现规范化，水权市场建设取得一定成果，市场机制开始在一定范围内开始发挥其促进水资源优化配置的作用；在水权理论研究方面，凸显出系统性特征。2000 年 11 月 24 日，浙江东阳—义乌的水权交易是我国首例大宗水权交易，这一事件对现行法律法规提出了挑战，也对取水许可制度造成了冲击，同时对水权的清晰界定与相关水权理论的跟进也提出了新的要求。在东阳—义乌水权交易之后，各地关于水资源市场化的探索与实践也逐步增多。其中，最具有代表性的是张掖市洪水河灌区用水户间的水票交易、温州市永嘉县的中国包江第一案与上海市的排污权交易。因此，这一阶段可被视为"水权制度建设的起步阶段"。

（4）2009 年至今。回良玉副总理于 2009 年在全国水利工作会议上首次明确提出了要实行最严格的水资源管理制度，时任水利部部长陈雷在 2009 年全国水资源管理工作会议上对最严格的水资源管理制度做了进一步的阐述，并对相关工作进行了部署。党的十八大报告及多份中央文件的要求更是将实行最严格水资源管理制度上升为党中央国务院的战略决策部署，并指明水权制度建设将被作为实行最严格水资源管理制度的重要内容。依照相关部署，这一阶段的水权制度建设有了新的目标，并取得了新的进展。区域用水总量控制成果喜人，区域水资源优化配置逐步落到实处，各水权交易试点的工作取得一定进展。在本阶段的水权制度建设过程中，党中央国务院对水资源管理制度做出了相关部署与要求，各相关单位积极响应国务院号召，稳步推进水权制度建设与水权交易相关工作的开展。截至 2012 年底，最为显著的成果是省级区域用水总量控制指标和 25 条重要江河资源分配均取得了较为明显的进展。但同时也应看到，目前我国在水权交易具体实践方面尚未取得实质性进展，且水权相关研究也有所放缓。因此，此阶段可以被视为"水权制度建设的继续推进阶段"（图 3.3）。

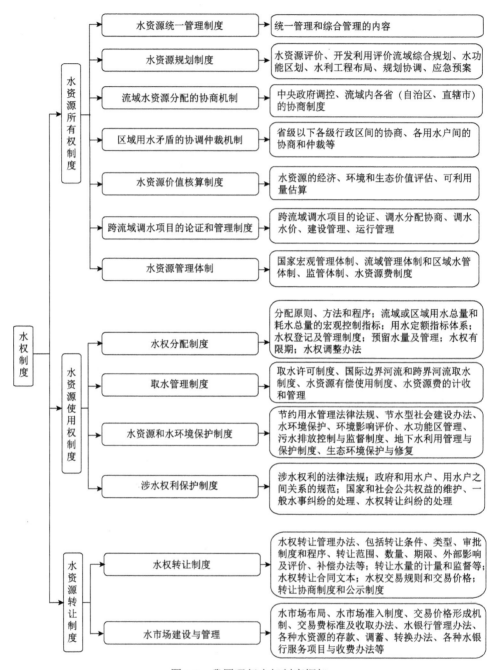

图 3.3　我国现行水权制度框架

2005 年，水利部编制了《水权制度建设框架》，将其作为开展水权制度建设的指导性文件。该建设框架对我国水权制度体系进行了梳理，明确其应由水资源所有权制度、水资源使用权制度、水权流转制度三部分内容组成，并对相关内容及其所包含的各项制度进行了具体的阐述。同年，《水利部关于水权转让的若干意见》（水政法〔2005〕11 号）明确了水资源使用权可依法定程序进行转让，并对水权转让的基本原则、限制范围、转让费用、转让年限及监督管理等因素做出了严格的规定。该水权制度框架主要以行政管理视角，对现行水资源管理制度与政策进行了分类与总结，并对这三种制度之间的具体关系进行了分析。水权转让制度中的水权指的是水资源的使用权的转让，所以也可归为水资源使用权制度的大类。

3.3　水权交易与水权市场

3.3.1　水权交易

彭立群（2001）认为，水权交易是在市场经济正常运行的环境下运用相关经济手段应对水资源分布的不平衡性，并以此来促进经济的增长，体现了水资源有偿使用制度，最终也将被证明是解决水资源问题的最佳选择。这个定义具体描述了水权交易机理及目的，但缺乏对其交易过程的具体描述。张郁（2002）认为，水权交易是水权的供需双方在水市场中进行的水资源使用权与经营权的买卖活动。这一概念描述了交易的过程，但缺乏对交易机理等方面的概括。综上所述，本书认为，应将上述两种概念综合起来理解，水权交易是以市场机制对水权进行配置，并根据供需关系进行相应调节的市场交易行为，提高水资源配置利用效率，并最终实现水权的优化配置。

水权交易最早出现于美国西部，诸如加利福尼亚、新墨西哥等州，其具体做法是允许水权先占者在市场上出售其富余水量。随着水权交易的理论在更广的范围内获得认可，越来越多的国家已经开始或者准备开始实行水权交易制度。例如，智利和墨西哥分别于 1973 年和 1992 年开始实行水权交易制度，中东一些水资源相对匮乏的国家也正在研究水权交易制度的可行性并准备实施。水权交易理论与水权交易制度的形成与发展反映了世界水资源管理的发展新趋势。

3.3.1.1　水权交易的理论基础

理查德·A. 波斯纳的《法律的经济分析》的译者蒋兆康先生在"中文版译者序言"中对法律经济学的三大定理进行了明确的阐述，水权交易也是以这三大定理为基础的。这三大定理分别是：斯密定理，即自愿交换对交易双方是互利的；科斯定理，若交易费用为零，则无论权利如何界定，均可通过市场交易与自由协商实现资源的最优配置，若交易费用非零，则制度安排与选择就变得尤为重要；波斯纳定理，若因为市场交易成本过高而抑制交易，那么权利应被赋予那些最重视它们的人，而把责任归于那些只需付出最小成本就能避免的人。这三大定理在诸多领域具有普遍的指导意义，同样适用于水权交易领域。

3.3.1.2 水权交易的前提条件

水权交易的经济基础是存在于各用水户之间的边际净收益。水权在用水户之间的流转，由边际净收益低的用水户高的转移可促使水资源配置效率的提高。水权交易行为得以实施的前提如下。

（1）水权的交易成本不能过高。

（2）交易的水权必须为私人所有。

而在以公共水权为基础的国家或地区进行水权交易的先决条件是对水权进行明晰的界定，而水权界定方面的工作多由政府直接处理。例如，公共水权制度是智利在实施水权交易制度之前实行的主要水权制度，为了处理从公共水权制度向可交易水权制度过渡的时期出现的种种问题，智利各级水行政管理部门花费了相当长的时间对传统水权进行确认，审批新增水权，尽力解决目前存在水权纠纷，并逐步开始推行水权交易制度。

我国学者在水权交易的实施条件方面也进行了相关研究。裴丽萍（2001）从法学角度提出，水资源所有权主体的明确、水权制度的建立与水权交易规则的完善是水资源市场化配置的三个必要条件。王晓东和刘文（2007）从新制度经济学的角度阐述了"水权转让需要一定的体制背景与资源条件"。他们认为，若要实现水权的明确界定，应首先满足处于市场经济与水资源稀缺的条件。孟志敏（2000）以信息经济学为出发点认为，水权市场合理高效运作是建立在对供求关系及其相关信息的切实掌握的基础上的。张郁（2002）从制度经济学的角度强调了"经由自由协商签订的合约在水权交易市场中发挥的重要作用"，认为水权交易规范化合约的签订与推广有利于促进供求平衡机制的形成，有利于稳定价格，也有利于帮助企业克服其盲目性。郭贵明等（2014）以新疆塔里木河流域相关交易为例，着重对水权交易中的非价格制度保证的相关条件予以阐述。这些条件包括法律制度、管理机构、社区机制、计量技术等。他们指出，水权制度的建立和完善会产生相应的成本。只有当水资源的稀缺性达到相应程度，使得建立水权制度的收益超过其成本时，在经济层面水权制度的建立才是可行的。

上述分析均在某一或某些方面进行了深入的探讨，具有其独到的见解。综合上述信息可知，水权交易涵盖了制度与技术两方面的问题，在涉及诸多经济学理论的同时还涉及了法学相关理论，综合性极强。经济学领域内可对相关水权问题进行有效分析的工具主要为新制度经济学及其相关经济理论。

3.3.1.3 水权交易的形式

1）国家转让水资源使用权

这里主要指水行政主管部门或流域水管机构通过审核相关申请签发取水许可证的形式，实现国有水资源使用权向相关开发利用者的转移，这种形式与土地使用权等自然资源的相关权益的出让类似。

2）水工程管理单位转让水商品使用权

这里主要指水工程管理单位将其下辖的水工程产出的部分水商品让渡给购买者使用。这种形式的水权转让与一般的商品买卖类似。2000 年浙江省义乌市在正常用水费用的基础上，斥资 2 亿元购买东阳市 5000 万 m³/年的水库商品水的使用权，就是采用的这种形式，这一交易对现行的水权制度进行了挑战，并在全国引起强烈的反响。

3）直接从地下、江河或者湖泊取水的取水权交易

依法获得取水权者，可依法有偿转让自己取水权的全部或部分。

4）水资源开发利用权交易

水资源开发利用权的转让，指的是已获得取水权，但还未兴建水利工程时转让的取水权。水资源使用权应用于工业领域时表现为一种水资源的开发利用权，主要包括兴建水电站与相关供水工程等。随着水利投资的多元化与水市场的发展，水资源使用权的转让可借鉴其他项目工程领域相关做法，采取招标、拍卖、议价等形式。此外，水资源的开发利用权的转让还包含已建成的水工程或在建设的水工程及其所附带取水权的转让。这种转让方与矿产资源采矿权、土地资源使用权的转让相类似。但基于水资源的流动性与丰枯变化的特点，在进行市场交易的同时，国家应在宏观层面进行调控与监督。

5）各行政区域的水量转让的形式

不同于土地资源、矿产资源等其他自然资源，基于水资源的自然流动性，丰枯变化明显及时空分布不均的特点，水权的转让可在不同流域、区域甚至不同部门与行业之间进行。在完成初始水量的工作后，因各种原因产生节余水资源的行政区域可将其转让给有额外用水需求的行政区域。

3.3.1.4 水权交易制度的作用和优点

Gao 和 Liu（1997）及 Jia 等（2000）估计了在水资源匮乏地区农村与城市间的水资源转让的影响因素，结果显示出水权交易制度非间接地对上下游民主化程度较高的农村地区生产经营活动的影响较大。从目前各国水权交易的实践效果来

看，水权交易制度具有以下几方面的作用和优点。

（1）有效规避了水资源利用中的"市场失灵"和"政府失灵"，且充分发挥了市场与政府各自的比较优势，是一种较为成熟且可行性较高的水权制度。

（2）水权交易的开展，有利于激励民众节约用水，并在提高水资源的利用效率与优化水资源配置方面发挥了巨大作用。Jin 等（2002）通过运用美国加利福尼亚州中部山谷的微观生产模型，认为水市场运作过程中应使农民获得更多收益，以激励农民增加节水技术方面的投资，进而减少自身用水量。Feng 等（2003）对西班牙等国的水市场进行了评估，发现以市场配置为主导的水权体系与实行轮灌体系的国家与地区相比，其净收益更大。西班牙的水权交易实践表明，鼓励探索水资源各种新兴用途，也会促进灌溉和输水技术的投资与发展。墨累-达令河流域的相关水资源管理实践也表明，市场将水资源推向利用效率高的地方，从整体上促进了水资源利用效率的提高。

（3）用水户作为交易的一方，极大地提高了其在水资源管理与分配中的参与力度，增加了其与政府部门及其他组织合作的筹码，也促进了水资源配置的公平性。

（4）可显著提高供水管理水平。水权交易制度实施以来，相关供水部门认识到，他们无法再通过国家无偿地剥夺普通用水户的水权，因而这些供水部门采取改进管理及服务水平的方式来实现提高水资源利用效率的目的，进而提高其部门乃至整个系统的综合效益。

（5）有利于新的投融资环境形成，克服计划经济时期普遍存在的水利工程靠国家单一投资所导致的资金短缺的状况。

（6）可有效减少环境恶化的诱导因素。澳大利亚制定了环境水量配给的专项政策，且其他国家或地区对水权交易中的水质标准也做出了明确的规定。Luo 等（2007）、Strzepek 和 Mccluskey（2007）对水质相关问题进行了讨论；同时，水权交易中的水质相关要求也促进了用水户环境意识的提高。

（7）有效遏制地下水的超采滥用。美国的水资源管理实践表明，通过资本运作与市场交易系统，可将地表水和地下水视为一个整体进行综合管理，通过建立抽水信用证制度，颁发抽水信用证并推动其进行交易，在保证河流的环境流量的同时，也保证了对地下水的合理开发利用。美国得克萨斯州的爱德华兹蓄水层的抽水信用证在交易市场中的表现十分活跃。

3.3.1.5　水权价格的确定

水权交易必然涉及水价问题。水权价格的确定从供需关系角度来看，是交易双方议价的结果，但事实上，水价的确定还存在诸多影响因素。在水价问题的处理方面，各国的管理方式不尽相同。例如，美国加利福尼亚州采用了双轨制水价，目的是激励农民在灌溉时广泛采用节水技术或措施，提高水资源利用效率，具体做法是将规定水量中的部分按成本价收费，剩余部分水则依照市场规律决定价格。而澳大利亚南部墨瑞河流域的水权价格则完全由市场供需情况决定。虽然水权的定价方法多种多样，但其基本原则是水价不仅应反映水资源的开发利用成本，还要能充分反映水资源的稀缺程度。

3.3.2 水权市场

水权交易市场，简称水权市场，是依据市场交易手段获得水权的机制或场所，又被称为水市场。关于水市场的概念，一些学者也提出了不同的观点。胡继连等（2001）认为，水权交易市场是以相关政策为依托，充分运用经济杠杆及相关经济理论对水资源的供需关系进行调整，推动水资源向合理配置和高效利用发展的手段。以市场机制为主导进行水权转让，交易双方的社会总福利增加。政府采取行政手段对水市场的相关干预，从其他方面保证水资源的合理配置。吴恒安（2001）认为，水市场就是以买卖水量为手段，以经济杠杆促进水资源优化配置的良策，对于水资源匮乏的国家与地区，是充分发挥水资源效益的方法。胡继连等（2001）认为，水权市场的实质是水权交易关系的总和。而"交易关系总和"则包括如下内涵。

（1）交易主体，即谁参与交易。

（2）交易客体，即交易的对象是什么。

（3）如何进行交易，或交易方式与规则是什么。

（4）水权交易中心，即交易的场所。

3.3.2.1 构成水市场的要素

在我国，尽管已有水权交易的相关实践，但正式的水权交易市场仍未建立。构成水市场的要素主要有交易主体、交易客体、交易类型、交易方式、水权交易中心。

1）交易主体

水权交易主体通常包括水权的购买方与转让方。水权购买方购买水权主要有以下目的。

（1）出于实际的需求，以实际使用为最终目的。这类水权的需求主体既包括已有的用水户，也可能为水资源行业的新进入者。对于现有用水户来说，当其已有的水权生产与生活的各种用水需求矛盾时，就会引发其购水行为。而对于相关行业的新进入者而言，由于其本身缺乏可用水权，则通过水权交易获得水权就不失为一种很好的选择。

（2）出于投机的需求，这类需求的最终目的是赚取溢价或使其自有的水权升值，其主要手段为市场交易中常见的低买高卖，成员多以投资者为主。基于水资源的特殊属性，政府及经济、水资源等相关管理部门需加强管理，适度水权投资可起到活跃市场的作用，而过度的投机只会给市场交易秩序及正常的生产与生活用水造成严重影响。

（3）出于稳定水权交易市场的需求，这类需求的主体通常是政府或相关管理机构。在市场交易不振、水权价格过低时，政府的购买行为将会引导价格回升，并最终达到维护水权交易市场稳定的目的。

而水权转让方主要是水权的拥有者，也可将其大致划分为如下三类。

（1）拥有富余水权的用水户。这类用水户多是在其日常的生产、生活时，因为节水意识或技术的提高而产生了节余水量，而他们转让时大多会以经济效益作为衡量标准。在一定的水权价格的刺激下，会通过调整自己的生产经营规模、增大节水投入等手段来增加其节余水权的总量，以期提高水权转让收入。而这些节余的水权也是水权交易市场中可交易水权的主要来源。

（2）投机者。与水权购买者中的投机者类似，由于其持有水权的目的就是追寻溢价或升值，而在高水平的水权价格条件下，也会成为水权交易市场的供给者。

（3）政府。政府在水权价格过高时通过市场出让水权，以达到平抑水权价格、稳定市场的目的。

2）交易客体

水权交易市场上的交易标的物是水权，这里的水权主要指水资源的使用权。目前的社会用水大体可被分为三类，即基本生活用水、生态环境用水及生产经济用水。基本生活用水是指为满足人们生存与发展所必需的水资源；生态环境用水是指维持生态环境系统平衡所需的水资源；生产经济用水通常包括工业用水、农业用水等竞争性用水。与用水目的相呼应，用水权也可被分为三类，即基本生活用水权、生态环境用水权与生产经济用水权。在这三类用水权中，生产经济用水权基于其具备的竞争性与排他性，肯定能进入市场进行交易，但基本生活用水权与生态环境用水权在许多情况下是无法被转让的。因为生活用水与生态环境用水是满足人类最基本的生存需要及维护生态系统平衡所必需的物质条件，必须无条件予以保障。而市场交易存在趋利性，生活用水与生态环境用水均无法产生直接的或较高的经济效益，若这部分水权贸然进入交易市场，必将难以防止作为相关水权人的供水公司或水务公司等产生寻租行为，必将导致生活用水与生态环境用水无法得到保障，对人们的生存与社会的稳定及生态系统的平衡将造成重大影响与破坏。基于此，基本生活用水权与生态环境用水权不可转让。虽然生活用水与生态环境用水无法转让但却可通过市场交易获得相应水权，相关水务公司可代表居民购买水权以满足人们日益增长的生活用水需求；公益法人也可代表公众的利益购入水权，对生态环境用水加以补充。

3）交易类型

根据不同的分类方法，可对水权交易进行如下分类。

（1）依照水权转让的期限，可将水权交易分为短期转让、长期转让与永久性转让三种。短期转让多指水权所有者将本年度内的用水权出让。例如，农业水权可在非灌溉季节进行出售。而长期转让则多为将今后几年的用水权进行出让。短期转让与长期转让均为临时性转让，转让期限结束则水权仍归还原所有者。而永久性转让则是指水权人将其拥有的用水权的全部或部分永久出让，这意味着水权所有者对其全部或部分用水权的永久丧失。2000年东阳—义乌水权交易就属于永久性转让，永久性转让价格明显高于临时性转让，且由于相关不确定因素更多，相应的风险也更大，在水权交易实践中所占的比例明显低于临时性交易。

（2）依照交易的性质可以将水权交易分为康芒斯所描述的买卖的交易、管理的交易与限额的交易这三类。康芒斯认为，交易可被分为"买卖的""管理的""限额的"三种类型。康芒斯对上述三种交易的解释为，"买卖的交易中人们平等自愿的交易以法律条文的形式予以保障，财富的所有权发生了转移；管理的交易多以法律层面的上级命令来创造、界定财富。而限额的交易，由法律层面的上级所指定，对财富所衍生的负担与利益进行分配"。这三种交易正好与三种制度安排相呼应：市场、企业与政府，水权交易也可套用相关理论与制度。以水权私有化为前提的水权交易就属于买卖的交易，如美国部分州的水权交易制度；以公有水权为基础的计划配置水权管理模式就属于限额的交易，如计划经济时期的苏联与我国的相应水权制度；而对水资源进行企业化经营与垂直管理的水务公司就属于管理的交易，如目前世界范围内一些国家的城市水务公司。

需要特别说明的是，康芒斯所描述的交易概念是一个广义的概念，是一个包含了市场、企业与政府这三种主要社会主体的交易概念。而我们通常所指的交易则多为康芒斯所说的"买卖的交易"，即在水权明晰的前提下不同经济主体之间进行的交易。

（3）依照交易主体的不同可将水权交易分为政府间的交易、政府与厂商间的交易、厂商之间的交易等。这里的厂商就是微观经济学中生产者行为理论所描述的厂商，可以是一个企业，也可以是一个个体用水户。

东阳与义乌两市政府之间的水权交易就属于政府间的交易；而浙江省永嘉县农业局与个体农民之间关于楠溪江水资源的租赁交易属于政府与厂商之间的交易。除此之外，在实行水权私有制度的国家与地区，政府出于公共事业建设的需要购买私有水权也属于政府与厂商之间的交易。前文提到过的社会水权制度与这种形式也存在诸多共通之处。而厂商之间的交易案例，则有甘肃省张掖市民乐县洪水河灌区农户之间的水票交易、上海市闵行区企业之间的水污染权的交易等。

（4）依照是否跨越行业与部门，可将水权交易划分为行业间与行业内的交易。行业间水权交易通常指发生在不同行业的用水户之间的水权交易，其中最为典型的模式为"农转非"，即将农业水权转作他用。行业内水权交易多指水权交易发生在本行业内不同用水户之间的交易，如同地区的农户之间发生的灌溉用水权的交易。在具体实践中，行业间水权交易比行业内水权交易更为常见，因为用水效率的差异及相关节水措施的效果所导致的水资源的节余与短缺是水权交易存在与发展的基础，不同行业的用水效率差异更为明显，而同行业的差异则一般不大。

（5）依照是否跨流域，可将水权交易分为流域间交易与流域内交易。流域间交易是指发生在不同的流域之间的水权交易，又被称为跨流域水权交易。流域内交易是指发生在同一流域内的不同行政区域之间的水权交易。通常情况下，流域内交易在双方协商的基础上，经相关流域委员会批准即可；而流域间的交易由于牵涉的相关问题较多，必须向水利部报批，获批后方可进行交易。

（6）依照是否跨区域，可将水权交易分为区域间交易与区域内交易。区域间交易发生在不同行政区域之间，而区域内交易则指在同一区域内的不同用水户之间的水权交易。以区域行政级别作为划分依据，可将其细分为省际与省内交易、市际与市内交易、县际与县内交易等。

（7）依照水权的交易程度，可将水权交易划分为全部转让交易与部分转让交易。全部转让是指水权人将其拥有的水权完全转让；部分转让则是指水权人只转让其拥有的部分水权。

（8）依照是否有正规交易市场，可将水权交易分为场内交易与场外交易。场内交易多指依托正规水权交易市场或水权交易中心中进行的水权交易。场内交易便于搜寻交易对象的优点，交易时间短，成本较低，交易价格也在正规市场的公开竞争中形成，且正规市场较为完备的监管机制也有利于维护交易双方的合法权益，有效防止交易中的不法行为。而场内交易的缺点在于建立正规市场的成本较高，且进场交易需缴纳相应费用，因此场内交易不太适合于某些小额交易。场外交易是指交易者未通过正规市场，自行搜寻交易对象，以双方协商的方式完成交易。场外交易只适合于小范围内用水户之间的小额交易。

4）交易方式

水权交易的方式主要有协议转让、拍卖转让与招标转让三种。协议转让指经过交易双方的协商，就水权交易的相关内容及双方的权利义务达成一致后进行交易的方式。拍卖转让多指以公开竞价方式转让水权，价高者得。很明显这是一种对卖方有利的交易方式。招标转让是指通过招标、投标与定标的相关程序进行水权交易的方式。其实质就是相关交易主体以限时的、书面投标的方式，竞争卖方所转让的水权，最终由卖方选出的最优标者完成交易的方式。

此外，水权交易还可采取直接交易的方式。例如，种植结构不同的农户，其需水时段也存在差异，双方可在对方需水而己方水量富余时将水权转让给对方，以投资换取水权；工业部门通过投资农业节水设施或使其节水技术进步，提高农业用水效率，最终获取农业部门节余的水权；水权租赁多指水权所有者将水权出租给其他用水户，承租人支付租金，水权在租期满后自动归还水权所有者等方式达到交易的目的。

5）水权交易中心

水权交易中心指的是依法设立的，有组织，有固定地点，能够使水权进行集中、公开、高效、规范交易的场所。它是水权交易得以实现的载体，对保证水权交易的规范性与科学性起着重要的作用。

在我国，水权交易还处于萌芽时期，交易量较少，大部分水权交易仍以政府为主体或需政府的大力推动。因此，由政府牵头设立水权交易中心更为适合我国目前的国情。

对于水权交易中心性质的理解，应该把握以下三个重点。

（1）水权交易中心不应是政府机构。

（2）水权交易中心应是不以营利为目的事业法人组织。

（3）水权交易中心应是水权交易的综合性服务机构。

水权交易中心作为水权交易的中介与综合服务机构，其主要职责包括以下几个方面。

（1）执行国家与本地区相关法律、法规与政策。

（2）对水权交易主体的交易资质与条件加以审核。

（3）为水权交易提供场所、服务与便利，维护交易双方的合法权益。

（4）收集、整理、发布水权交易相关信息。

（5）对交易的真实性、规范性与合法性及其他相关情况进行监督。

（6）调节水权交易的纠纷。

（7）向相关水资源管理部门报告水权交易相关情况。

（8）制定和健全内部自律性管理的规章制度。

（9）其他应履行的职责。

3.3.2.2　水权市场的功能

经济学相关理论指出，市场机制在资源配置方面具有十分重大的作用，交易价格可在一定程度上反映资源的稀缺性，水权市场交易的运行机制如图 3.4 所示。

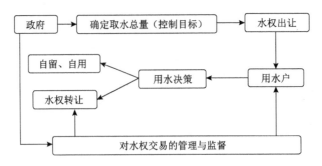

图 3.4 水权交易运作图

而在理论层面，水权市场的经济功能主要表现为以下几个方面。

（1）增加分配的弹性，提高水资源使用效率。依照市场机制运作的水权可对供需进行相关调整，导致分配的弹性增大。任何因用水需求改变而对部门间产生的相对边际价值造成影响时，水权市场的相关运作可使资源向更高效率的使用方式转移。美国水市场的实践经验表明，具体的农耕已产生水资源由低价值作物向高价值作物转移的趋势，而不同农业部门间也存在水资源从农业部门向工业部门转移的现象。所以，水市场合理的设置与运行有助于用水边际价值差异的缩小与水资源使用效率的提高。

（2）用水风险的调控。气候变化是水量供给的重要影响因素，而水权交易可确保水资源使用权的持续性。面对用水户之间存在的实际用水风险的差异，水权市场的相关运作可切实起到调节作用。

（3）弥补现行水权制度的相关弊端。水权市场的合理高效运行可提高社会用水的总效益，弥补现行法定的相关水权管理制度的条件下，水权制度僵化及效益低下的弊病，并可有效规避"市场失灵"与"政府失灵"，也是兼具经济效益、社会公平与可操作性的上佳策略。

（4）引导节水观念，减少浪费。水权市场化运行可有效促进水资源向高效益领域转移。市场机制所形成的水权价格可引导人们用水观念的转变，克服"水资源无价且极难耗竭"的老旧思想，有效减少无谓的浪费，以市场化手段充分体现水资源价值。

3.3.2.3 水市场相关理论

关于水权制度中市场与政府的关系问题，国内外相关研究者主要有以下四种观点。

1）统一管理论

基于各地水资源存在的时空分布的不平衡性、水资源利用效率的差异性等问题，一些相关研究者与实践者认为，需加强水权的统一管理。胡玉荣和陈永奇

（2004）在谈及黄河水资源管理问题时指出："加强水资源的统一管理是解决黄河水资源紧缺问题与提高水资源综合效益的一项重要措施。统一管理就是要对黄河流域的水资源实现五个统一，即统一规划、统一调度、统一发放取水许可证、统一计收水资源费、统一管理水量水质。"

与之相类似的是水资源的"无市场论"，它们存在以下相似点。

（1）基于水资源自身的公共性、外部性等特性，可能导致水资源配置的"市场失灵"，市场无法起到原有作用。

（2）基于水资源配置的"市场失灵"，水资源配置由政府相关部门接管，弃置市场机制而采用政府干预，实质上削弱了市场的作用。例如，建立流域统一管理体制，采取相关法律手段调节各经济主体间的利益冲突。在相关水权理论诞生前，这种观点在我国占据主导地位。

"统一管理论"在流域水权与区域水权的初始配置中起决定性作用，但若不能做到因地制宜，过分强调统一管理，则无异于重走计划经济的老路，必将导致水资源配置的低效率重演。

2）"官督商办"论

王万山和廖卫东（2002）针对南水北调工程中涌现的水权交易市场提出了"官督商办"的市场管理模式。"官督"基于水资源的公共属性，无法完全放任商家垄断定价，一味追求利润；"商办"依据市场原则强调效率与竞争，是克服"政府失灵"的良好途径。实施"官督商办"可使政府相关水权管理职能向宏观调控、公共服务和监督水权交易方向转变，对相关水事活动实施综合管理。这一观点混合了政府相关管理职能与市场机制在水权配置中的作用，其视角较为新颖独特。

但我国的水市场无法完全实施实施"官督商办"模式，而是应具体问题具体分析，有时甚至可能出现基于政府行为的市场模式。因此，这一观点具有极大的参考价值，但却无法推而广之。

3）纯市场论

科斯定理的相关应用使得市场在资源配置中的地位明显提高，理论上包括水资源在内的自然资源均可通过市场机制来配置。一些学者认为："水资源作为一种稀缺的经济资源，其配置不一定完全依赖于政府的指令性分配，也可充分利用水权市场进行高效配置配置。"可见，自然资源配置的市场化观点已逐渐为人们所接受。这种观点将水资源视为一种商品，在明确界定产权的基础上，充分利用市场予以配置。

国外部分学者也对"纯市场论"予以肯定。一些学者指出，若排除水权交易中的外部性，且交易成本极小，则不依靠政府的介入实现水资源的高效配置是可行的。澳大利亚昆士兰伯德金河的水权交易在水权交易的相关分析中引入了博弈论的相关内容，通过分析得出，合作博弈可使水户共享一定数量的水权。

但也有学者认为，水市场潜伏着"市场失灵"的风险。

（1）交易外部性的存在对其他参与方造成影响。

（2）为了获得更多的利益而采取的合作灌溉操作或垄断的存在。

（3）相关信息不完全所导致的市场扭曲。

虽然水市场运营相关理论存在以上缺点，但政府管理自身也存在不足，"政府失灵"与"市场失灵"是孪生兄弟。因此，相关水权管理部门应设法实现公共部门与私营部门间的平衡，在充分认清市场与政府各自的局限性的基础上，选择更为合理的制度加以采用。

4）"准市场"论

我国许多学者认为，现今我国的水市场只可能是一个"准市场"。胡鞍钢和王亚华（2000）指出，中国的水权配置应采取有别于"指令配置"与"完全市场"的"准市场"模式。我国水权体制目前所处的由计划模式向市场模式转型的现实，导致单纯的市场或政府管理模式均无法对水资源进行有效配置。因此，"准市场"就是一种较为合适的模式。所谓的"准市场"，是指在保障各地区的基本用水需求的基础上兼顾流域及上下游防洪、航运、发电、生态等其他方面的需要，以市场运营模式协调相关各方的需求。这种模式在我国由"民主协商制度"与"利益补偿机制"等机制予以保障，并发挥了积极的作用。石玉波（2001）也认同"准市场"的观点，认为水市场是在不同地区与行业部门间进行水权转让的一种辅助手段。因此，所谓的水权市场实质仅是一种"准市场"，表现为在相关水行政主管部门或机构的组织下，不同地区与部门间在进行水权转让谈判时多采用市场机制的相应手段。中国水利部原部长汪恕诚不仅对"准市场"论加以肯定，还给出如下我国水市场是"准市场"的四大理由。

（1）水资源的转让受诸多因素的制约。

（2）水资源的各项功能中只有充分发挥经济效益的部分才较容易进入市场。

（3）目前水资源价格无法完全由市场竞争来决定。

（4）水资源开发利用与社会经济发展息息相关，不同地区与用水户之间的差别也很大，难以进行完全的公平竞争。

这种观点无法囊括所有的水权市场。胡鞍钢和王亚华（2000）是在对浙江省东阳与义乌的水权交易进行分析以后得出"准市场"的结论的。针对该案例，此观点无疑是正确的。但这一结论不具备普适性。在某些特定情况下也可以实现"纯市场"；而在其他情况下，则只能完全依靠政府的干预。

4 国内外现行水资源配置管理体制与模式研究

水资源的配置关乎国计民生，也是全球生态环境中的重要影响因素。水资源问题的日益尖锐加剧了人们的不安，促使人们不断进行相关探索，并在实践基础上寻求更为科学的水资源理论和方法。

有效应对水资源问题的根本出路在于进行水资源管理改革，及相关制度的创新。水资源配置管理的实质是人类根据自身需求对自然界水资源加以利用的过程，其影响因素包含区域原有的水文地理特征、相关工程技术，其管理的效率还受区域社会经济发展状况、法律法规、管理组织机构等相关因素的影响。在人类应对危机与挑战的相关行为中，最为根本的是制度的确立与改进，这么做节约了成本，降低了配置过程中的不确定性，是人类成功应对挑战的成果，也是迎接进一步挑战并取得成功的先决条件。

4.1 国外水资源配置管理制度

近年来，世界各地水资源短缺及水资源污染加剧等情况愈发严重，引起了人们极大的忧虑。各国政府都极为重视本国水资源问题的处理，对本国的管理体制实施过程中出现的问题，都进行了相关的、卓有成效的研究。一些西方发达国家结合本国相关水资源管理实践对水管理体制进行改革与创新，成功地探索出符合本国国情的管理模式。

近几十年来，各国在结合本国实际的基础上对流域水资源的管理体制、法律、政策进行不断的调整与探索。美国 1965 年颁布的《水资源规划》要求建立新型的流域管理机构；法国则以其在 1964 年制定的《法国水法》为基础，建立了全国范围的流域管理体制，随后于 1992 年通过了新水法，对原有的水资源管理系统进行了进一步完善和补充；俄罗斯在 1995 年重新修订的《俄罗斯联邦水法》中提出了水资源流域统一管理体系的构想，并对相关体制进行了改革；英国则分别于 1973 年和 1989 年对其流域管理体制进行了两次调整。这些措施充实了水资源管理的理论与实践经验，为水资源管理体制的发展奠定了坚实的基础。

对于水资源管理，欧洲联盟相关国家普遍实行的是"流域综合管理"模式，这种模式赋予了流域管理机构以广泛的水管理职责，并使其肩负起控制水污染的权利与责任，但各国之间也存在较大差异。

4.1.1 英国的公私合营

英国是世界范围内较早建立水资源流域管理体制的国家之一，其中，英格兰和威尔士两个地区最为典型。英国在 20 世纪经历了水资源管理制度从地方分散管理到流域统一管理的演变，目前，中央政府对水资源的管理是将流域统一管理与水务私有化相结合，中央政府在宏观层次对水资源进行控制。

英国的水资源管理可分为如下两个层次。

（1）以流域为基础的水资源统一管理，这一层次的管理主体是政府。国家环境署是英国政府推行流域取水管理战略的机构，以流域为界限分析水资源供需平衡、水资源的优化配置情况等。各地政府通过审批、颁发取水许可证的形式实现对水权和水量的控制，掌握流域内水资源使用状况。排污许可证制度的实施，对污水的治理提出了具体要求，实现了对河流水质的控制，有利于保护水资源及维持生态平衡。

（2）以水务公司等私有企业为主体的水务一体化经营，属于市场行为的范畴。英国的供水公司获得水权之后，在政府的监督下将水资源作为资产来经营，出售或提供水资源相关的产品或服务。

英国未设置专管水利的国家级行政部门，处理水资源相关事务的国家级行政部门主要有农业、渔业和食品部，环境、运输和区域部，科技教育部。其中，农业、渔业和食品部主要负责灌溉、排水等农业相关事务，并负责提供中央政府划拨的防洪经费。环境、运输和区域部全面总揽水政策与水法律的制定及具体实施等宏观层面的事务，如保护水资源、改善水环境、对水事纠纷进行最终裁定等。科技教育部主要负责有关水利方面的科研与教育活动。

在流域机构设置方面，英国于 1961 年颁布的《土地排水法》规定建立排水区委员会，并授予其排水、防洪、发电等一系列权力。1948 年，河流委员会取代了排水委员会，并在其职责的基础上新增了污染防治和水文勘测。1963 年颁布的《水资源法》将河流委员拆分为 29 个河流管理局和 157 个地方管理局。1973 年实行的《英国水法》以流域为基础将原有的部门进行合并重组。1974 年，英国政府将英格兰和威尔士地区划分为 10 个区域，分别成立了 10 个水务局，对水源、供水、排水、防洪、航运、污水处理、污染控制及渔业等相关职能进行综合管理，实现了流域水务一体化管理。水务局政府授权的法人团体并非政府机构，具有极大的自主权。英国政府在 1989 年通过立法对水务局进行了机构精简，在强化政府在相关水资源管理工作中的宏观指导管理作用的同时，实现了水务局的私有化。政府将水务局的一部分组成水公司，负责供水和污水处理，以及相关水利设施的建设等工作，属于私人公司。另一部分资源则被用于成立国家河流管理局，属于政府机构。英国的水工业私有化目前只在英格兰与威尔士地区实行，而在苏格兰和北爱尔兰，供水管理部门仍为国营的公共事业机构。苏格兰的供水、排水管理工作由相关的 9 个水务局和 3 个岛屿委员会负责。北爱尔兰的相关职能由环境局管理中心负责。

4.1.2 法国的水"议会"

法国是施行水资源管理体制较成功的国家之一。法国于 1964 年颁布的《法国水法》，为建立高效率的水资源管理系统奠定了基础，该系统显著改善了法国的水生态环境。

法国国家级水资源管理机构有环境部、农业部、设备部等。在法国相关水资源管理工作中，环境部起主导作用，下设水利司，具体职责有对水政策与水法规执行情况的监督、水污染相关情况的监测与分析、制定相关水资源使用的国家标准等。环境部在各地区设置环境处，以欧洲联盟相关水资源使用原则及本国水资源相关法律为指导，对各领域水资源管理相关工作进行监督，与水务局合作制定水资源的管理计划等。农业部主要负责农业领域的供水及农业污水处理等。设备部（主要包括建设部、交通部、居住部）的相关水资源管理职能是防洪。中央层级的管理机构是国家水资源委员会，各水资源管理的相关部门的代表均是其中一员，具体负责国家层面的水政策与水法律的制定，并居中协调水资源管理的相关工作。

在流域一级，《法国水法》将全国划为六大流域，并分别设立了流域委员会。法国的流域委员更倾向于是以流域为基础对水资源进行民主管理的"议会"，以"三三制"的组织形式进行运转，代表了主要用水集团和机构的利益。其中，三分之一是用水户、当地名流与各类专家代表，三分之一是流域内各行政区的官员代表，剩余的三分之一则是中央相关水资源管理部门的代表。这种形式使得水资源开发利用的决策能直接兼顾各用水集团的利益，增加决策的民主性和科学性。流域委员会的主要职责是制定、发布流域水资源管理政策、对流域内水资源开发管理相关工作进行规划、对流域内相关水利项目的实施进行监管并对资金进行审查等，是流域水资源管理工作的中心。

各流域的水务局执行流域委员会的决策，也采取"三三制"的组织形式。流域水务局无法颁发取水和排水许可证，也不负责具体建设、管理和经营任何与水相关的工程。其职能主要包括以下三个方面。

（1）制定流域水务规划。

（2）对流域内相关水资源费用进行计收（诸如水资源使用费、排污费）和对流域内水资源进行开发利用。

（3）收集、发布各种与水资源相关的信息，为流域水资源管理或经营提供技术咨询服务。流域管理委员会和下设的流域管理局构成了法国主要的水资源规划与管理机构。

法国的流域管理委员会具有"议会"的属性，又具备"银行"的影子：采取"以水养水"的政策，流域委员会的资金来源得到法律的保障，使流域委员会有充足的财力对流域进行全面规划与综合治理。流域委员会每 5 年制定一次水资源规划，其规划具备明确的战略目标与建设重点，会设立具体项目并进行投资估算，可操作性较强，能够切实发挥指导流域内水资源的可持续利用、促进流域社会经济综合发展的重要作用。

以美国、加拿大、俄罗斯为代表的联邦制国家的水资源管理体制下一些水资源相关立法有许多共同点，以上三国的法律均强调保留各州（省）的现有管理结构和管理的自主权，其主要管理原则是：水资源所有者进行水资源管理，但政府有权利用与开发国家河流，且在开发中占主导地位。

4.1.3　美国的水资源区域自治

美国是水资源较为丰富的国家，拥有的淡水总量约为 24 780 亿 m^3，人均占有量约为 9913 m^3，在全世界排名中位于第 59 位（资料来源：http://waterrights.ca.gov/html/wr_process.htm）。美国是较早走上依法管水与依法治水的国家之一。早在 1972 年，美国联邦政府就颁布了《清洁用水法》，对水体的开发、利用，尤其是水质的控制提出严格的要求。

在 20 世纪初期，美国的水资源管理形式十分松散。随着水务工程的不断增加及综合多目标开发水资源构想的提出，在 1933 年，美国政府决定对田纳西河流域进行以流域综合开发为主体的试点工程，以求改变当时该流域内人民的贫困状况。由国会通过法案，授予了田纳西河流域管理局全面负责该流域内各种自然资源的规划、开发、利用、保护及水务工程建设的广泛权力，使得该流域管理局既是美国联邦政府部一级的行政机构，又是一个独立的经济实体，具有相当大的自主权。

依据 1969 年颁布的《美国国家环境政策法》，美国于 1970 年设立联邦环境保护局，将原本分别由 5 个联邦政府下辖的 15 个机构各自掌握的水资源管理权力集中到联邦环保局行使，使得联邦环保局成为一个拥有完整水资源管理权限的核心管理部门。尽管也仍有其他部门可以行使部分水资源管理的权限，但联邦环保局始终位于最高地位。它不仅拥有各种优先权力和最终决定的权力，还直接参与到对全国水资源的管理、监督和处罚当中。

在 20 世纪 50 年代以前，美国对河川水资源的管理主要是通过大河流域委员会实施的。由于水资源分散的管理形式不利于水资源的综合开发利用，在 1965 年，国会通过了水资源规划法案，成立了全美水资源理事会，又改建了各个流域委员会，使其职能侧重于流域内水资源及其相关土地资源的综合开发与规划，并向水资源理事会提出实现规划的途径与建议。水资源理事会由联邦政府内政部长牵头，其他各有关部门协同，美国总统为最高领导。在此期间，美国的水资源管理倾向由分散逐渐转变为集中。但这样，由美国联邦政府统一管理的水资源管理形式又和各州的政府产生了一定的利益矛盾。到80年代初，美国联邦政府又撤销了水资源理事会，成立了国家水政策局，只负责制定水资源相关的各项政策，而不涉及水资源开发与利用的具体事务，把具体事务交由各州政府全面负责，因而美国的水资源管理形式又开始趋向于分散。1981年，美取消水资源理事会后，联邦政府对水资源规划的协调工作分别由预算办公室、白宫的环境质量委员会及一些专门机构执行。

美国的水资源分配是以满足具有优先权的用水户需求和实施一些"有益的"经济活动为原则的。20世纪60~80年代，美国中西部一些州先后开始进行水权裁决，对水权的排他性、可执行性和让与性进行了规定。美国中西部地区的水权主要以先占原则为主，该地区的水权真正归属于私人，在那里已经建立了世界上最为发达的水市场。在任何情况下，转让的水资源都不会对下游水权持有者水资源配额的回水量造成影响。水权转让大多是持有水权的用水户以个人或股东的名义进行的。为了在实际中更有效地利用水资源，美国近年来出现了以水银行为代表的水权交易体系，将每年水量按照水权分成若干份，对水权进行股份制形式的管理，使得水资源的经济价值得以充分体现。此外，美国有不少调水工程，对于处于调水工程范围内的用水户，允许其对所拥有的水权进行有偿转让。

4.1.4 加拿大水管理的公司制

加拿大在水资源管理方面经历了开发、管理和可持续管理三个阶段。

（1）水资源开发阶段为1970年以前，重点强调水资源工程建设对经济增长的促进，国家及各省都投资修建了许多水利工程。此阶段水资源的过度开发使加拿大的水质明显下降。

（2）1970~1987年为水资源管理阶段，将水作为一种消费性资源是当时水资源管理的主要理念，将注意力集中于如何向社会提供充足的水资源，重点强调水资源的使用与规划工作。在此期间，加拿大人的环境意识也发生了较为深刻的变化，许多与环境保护有关的立法开始出现，同时，还出现了一些致力于研究与开发包含水污染在内的环境污染控制技术的多学科研究所。

（3）世界环境与发展委员会于1987年发表了"我们的共同未来"的报告，报告提出了水资源可持续发展的概念，促使加拿大的水务事业进入了一个新的阶段——水资源可持续管理阶段。在可持续发展概念的指导下，加拿大的水资源管理理念也发生了转变，不仅强调水的消费性价值，还强调水的非消费性价值，以建立足以支撑社会可持续发展的水系统为目标，确保当今社会与子孙后代用水权的平等，着重体现了加拿大水资源管理理念的持续性。

为满足水资源可持续管理的需要，在可持续发展理念指导下，加拿大联邦中央至地方各级政府对涉及水资源管理的机构进行改革。以加强水资源的综合管理为目标，联邦政府对水环境部、农业部、渔业与海洋部等联邦政府部门进行了机构重组，加强了涉及水资源管理部门的机构设置。起到承上启下作用的省级政府，机构改革力度最大，成立了专门负责区域内水资源管理的机构，将原本分散的水资源管理权限集中于统一的管理机构或公司。有的地区还把所有权归省政府的各供水厂和污水处理厂划归公司经营管理，同时把有关水资源与水环境的各项行政事务也交由公司负责。例如，萨斯喀彻温省（Saskatchewan）专门成立了一个萨斯喀彻温水公司（Saskatchewan Water Corporation），将该省政府拥有所有权的各供水厂和污水处理厂划归该公司独立经营管理，同时把水资源与水环境的各项行政管理任务也交由该公司负责处理。

加拿大一系列水资源管理机构的改革，为水资源管理政策的实施提供了有力保障。加拿大政府还认识到，光靠专业人员和水资源管理机构工作人员的努力是无法真正实现高效的水管理的，这需要社会各阶层人士的共同参与，使水资源管理决策过程充分体现社会公众的观点和意愿。中央政府在制定相关水资源管理政策时采取如下方式鼓励公众参与。

（1）在制定有关水管理的所有决策时召开听证会，听取公众的意见和观点。

（2）鼓励公众参与、发起、递交提高全民水资源保护意识的各个层面的规划。

（3）鼓励地方政府与非政府组织为提高公众有关水资源状况的知情权和觉悟做出努力。

适当的手段，包括实行即时环境情况报告制度以确保公众获得目前水资源的各种信息等措施，可提高公众参与各种改善和保护加拿大水资源的计划和活动的积极性。此外，许多非政府组织也积极参与水资源的可持续管理。例如，加拿大水资源协会成员大多对参与加拿大水资源的可持续管理感兴趣，通过为各界组织与人士提供讨论各种水问题的论坛，共同寻求解决诸如洪水和滞洪区的管理、流域恢复和入海口相关国家和地区的各种水资源问题等问题的解决方法，促进加拿大水资源的可持续开发和利用。

4.1.5　俄罗斯取水的区域配额制

1995 年，俄罗斯联邦政府在原有的水资源管理法律法规基础上，修订并通过了《俄罗斯联邦水法》，为更好地开发、利用和保护江河、湖泊及地下水层奠定了更趋完善与系统的法律基础.在此基础上,俄罗斯联邦政府及其下辖的各州、区又制定了一些配套的政策与法律法规,一起来保证对水资源的有效管理.俄罗斯为加强水资源的管理,使之更好地为经济发展服务,采取了以下措施.

(1)用水许可证制度.俄罗斯对水资源进行分配和管理的主要手段是发放用水许可证.任何用水主体在用水之前,都必须先取得水资源管理部门下发的用水许可证,否则就是非法用水.

(2)信息系统建设.俄罗斯建立了覆盖全国大部分地区的水资源信息数据库,包括水利设施及涉及水务的建筑及其运行状况、存在问题等,都可在数据库中进行查询,且部分州还设有专门的数据显示系统.

(3)水价制定.俄罗斯于1999年制定了水价暂行管理办法.水价主要考虑的是水资源成本:一是包括供水相关设施的建设、保护及运营等成本;二是国家税收.2002年以前征收的水资源税中,约有60%归入国库,其余40%则归于地方政府;2002年以后征收的水资源税全部归入中央财政.在制定水价时,不同的流域和区域都是有差别的.

(4)污染治理.随着人类的活动与社会经济的发展,俄罗斯的水污染问题日益凸显,已引起俄罗斯水资源专家和相关政府部门的高度关注.俄罗斯水资源综合利用与保护研究总院为此专门成立了河流和水库生态保护研究室、水库保护研究室、水文生态研究室等,从不同领域、不同方面入手研究水环境及其治理的对策.近年来,俄罗斯也陆续制定了水资源管理的可持续性方针.俄罗斯水资源管理的基本方针是建立一整套旨在鼓励和促进水资源安全高效使用的配套机制,尽可能降低水资源使用对生态系统的破坏,即保证水资源的可持续利用.

俄罗斯的水资源开发利用程度较高,水资源相关工程建设水平堪称世界一流,水资源的使用由联邦、州、区和地方联合或分别进行经营与管理.俄罗斯的江河水系往往跨越多个州或者区,水资源之间的关系错综复杂.在水资源的调整分配方面,属于俄罗斯联邦政府所有的江河湖泽等水体的水资源由俄罗斯联邦政府进行调整和分配,且俄罗斯联邦政府规定各州、区使用属俄罗斯联邦政府所有的水体的用水配额.在流域内,某个局部地区的用水情况可能对其他地区产生很大的影响.因此,俄罗斯在水资源的调配使用上主张全流域"一盘棋",不仅要考虑行政区的划分,还要考虑水资源的自然地理分布,将江河流域视为一个整体,实行一体化管理.

以上三国是典型的以国家和地方行政部门为基础进行水管理的国家,同时也十分重视水资源的流域管理,以弥补地方行政管理机构的不足.

4.1.6 以色列的水资源中央直管

以色列的国土大多可被列为干旱或半干旱地区.为了缓解水资源供需矛盾,

他们非常重视水资源管理。1959 年颁布的《水资源法》是以色列水资源管理的基本法律，规定了全国水资源控制和保护总的框架。根据《水资源法》的规定，以色列境内所有水资源均为国家所有，国民人人都有用水的权利，但必须防止水资源耗尽或者盐化。以色列于 1962 年出台的《地方政府污水管理法》规定了地方政府在规划、建造与管理污水处理系统中的权利和义务，强调了地方政府维持污水处理系统良好运作的义务。以色列于 1971 年修改了《水资源法》，严禁任何人直接或间接污染水资源，政府授权环境保护部长期防制水污染，对水的质量负有保护的职责，并为此颁布行政规章。1981 年颁布的《公共健康法典》规定了有关废水处理的内容，并列举了适宜于灌溉废水的农作物清单。《关于饮用水卫生质量的规定》授权卫生部监管以色列国内饮用水的质量，并设置了水资源中化学物和微生物的浓度上限。1995 年出台相关法律设置了挖掘水井的限制条件，并对适宜挖掘水井的区域设置了多重保护。以色列还实施了全国性的北水南调工程以缓解缺水的状况，把北部地区相对丰富的水资源处理后输送到中部地区和南部沙漠地带。

2006 年之前，以色列水资源管理的权限分散于多个政府职能部门。其中，基础设施部负责水资源的总体管理，农业部负责农业用水的配置和定价指导，环境保护部负责水质量标准的控制，卫生部负责饮用水质量管理，财政部负责水资源市场定价和水利项目投资，内政部负责城市用水的供应。2006 年，以色列政府对水资源的管理部门进行了调整，将分散的水资源管理职能统一划归新组建的水与污水资源管理委员会（以下简称水资源委员会），以统筹管理全国水资源和水循环工作。水资源委员会是一个跨部门机构，由财政部、环境保护部、内政部、基础设施部的资深代表担任委员，在水管理局局长的领导下开展工作，水资源委员会对水管理局的运作加以指导和监督。水管理局局长是国家公务员，由以色列议会直接任命，对议会与基础设施部负责，任期为五年。政府在制定政策和采取措施的时候，还必须征求水资源理事会的意见。该理事会是由政府、生产商、供应商和消费者等公众代表组成的。

以色列政府对水资源配置、开发利用、节约、保护高度重视，把水资源的开发与利用看作国家的重要事务，并于 1999 年实行了海水反渗透项目，通过淡化海水来满足不断增长的国内用水需要。2006 年 6 月，以色列政府启动了全新高效水技术项目（new efficient water technologies），旨在鼓励水资源领域技术创新及其在本土市场的应用，并通过国际合作进一步促进企业在水资源技术领域的研发活动。2006～2009 年，以色列政府为该项目累计拨款高达 5000 多万美元。政府在该项目中的主要政策有以下几点。

（1）加大研发投入力度。政府每年投资近千万美元鼓励与推动水资源技术研究机构和水资源技术孵化器的发展。

（2）加大人才培养力度。政府通过对学术项目、专业培训、奖学金和创业企业导师计划投入大量资金来吸引更多的专业人才。

（3）加快技术创新的应用。政府投入数百万美元，推动以色列成为国际水资源科技创新产品的试验基地，并鼓励本国水资源科技创新成果在市场中的应用。

（4）提升水技术的世界知名度。政府通过加大对国内水资源技术企业的资助，提升其在该行业的竞争优势，鼓励企业参加国际展会与研讨会，积极开拓国际市场，确立了以色列在水技术领域的国际领先地位。

4.1.7　日本的河川法

日本的水资源管理体制是集中协调与分部门行政有机结合。日本没有单独的国家级水资源管理机构，水资源开发与利用保护等一切重大事宜均由总理大臣直接管辖，在内阁中设置有直属的二级单位国土厅，其内部再设置水资源部，以减轻总理大臣的日常工作负担，这一系统也是日本水资源日常管理的最高协调部门。在中央政府一级的涉及水务的还有建设省、通商产业省、厚生劳动省、农林水产省等。日本于 1965 年颁布《河川法》后，对水权进行了较为明确的规定。此法律规定河流中的水是公共财产，经过批准后，可以抽取部分河水用于某专门用途。以这些法律规定为基础，日本制定了一系列基于水权制度的管理办法。日本把河流分为 A 级河流、B 级河流、准 B 级河流及一般河流，以便于管理。A 级河流和 B 级河流必须严格地按《河川法》进行管理，准 B 级河流大体上也按《河川法》进行管理。一般河流则不在《河川法》的管辖范围。但根据《地方自治法》，这些一般河流要根据地方政府的法律法规进行管理。如果地方没有制定相关的法规，这些一般河流则按《国家财产法》进行管理。

《河川法》规定，每级河流均有指定的管理者：A 级河流由建设大臣管理；B 级河流及准 B 级河流由地方长官或所在城市市长管理。跨界的 B 级河流和准 B 级河流，由地方政府依据行政管理界限分别进行管理。一般河流由地方政府管理。河流管理者对河流水资源的取用进行管理，欲从河流中取水的用水主体都必须向河流管理者申请并获得许可证，这相当于中国的取水许可制度。

综合分析《河川法》的规定及中央与地方各个水资源管理部门的职责，对于河流的管理基本按照河川法的规定，一级（A 级）河流由建设大臣任命的建设省河流审议会进行管理，二级（B 级与准 B 级）河流由河流所在都、道、府、县知事管理。农林水产省则负责全国的农业灌溉排水工程的规划、建设与管理；通商产业省则负责水力发电与工业用水；厚生省负责城市供水的相关事务与监督水道法的实施。国土厅下设水资源部，负责有关水资源的政策及水资源长期的供求计划的制订，并协调各部门间的水资源相关问题。因此，日本的水资源管理属于分部门、分级管理的类型。

　　综上所述，目前国外主流的水资源管理体制可被分为三类：一类是按水系建立流域机构，以自然流域管理为基础的管理体制，以欧洲的英国、法国为代表；一类是以地方行政区域管理为基础，也包含流域管理的管理体制，以美国、加拿大等国为代表；一类是以水的不同用途对水资源进行以分级、分部门管理为主的管理体制，以日本为代表。可以看出，三类管理体制虽然各具特色，但也有共同点。各国都认识到水资源相比于其他资源具有更为明显的整体性，都强调对水资源进行统一管理，无论这种管理是国家一级的，还是流域一级的，或是地方一级的。因此，对水资源进行统一管理与综合开发，能更为有效地利用水资源并保护日益脆弱的生态环境，这是各国在长期的水资源管理实践中得出的共同结论。

4.1.8　国外水资源管理的经验与发展趋势

4.1.8.1　实行水资源公有制，增强政府的控制能力

　　目前，国际上较为重视水的公共性，提倡所有的水都应为社会所公有，为社会共同使用，并强化国家对水资源的管理与控制，淡化了水法的民法属性，着重强调了水的公有性。对水的公有制的强调导致了水事法律大多以行政法律为主体，以维护公共利益为宗旨。德国的水法虽然没有规定水的所有制，但明确规定水资源管理是服务于公共事业的。英国、法国等国家历史上实行"水的河岸权"，到 20 世纪 60 年代先后通过了有关水资源公有制的法律。

4.1.8.2　完善水资源统一管理体制

　　实行统一的水资源管理与调配，有利于保护与节约水资源，提高水资源的利用效率与其所产生的效益。流域是天然的水资源供给的完整载体，以流域为单元进行水资源管理符合水的自然属性。区域水资源管理与区域涉水事务的一体化管理是政府资源管理职能的统一，是一种从行政管理向权属管理的转变。国际上趋向于建立水资源的统一管理机制的国家在逐渐增多。在联合国亚洲及太平洋经济社会委员会于 1986 年召开的第十三次自然资源委员会上，与会各国总结交流水管理的经验，特别强调建立水资源管理中心机制，即统一管理机制。在 22 个参会国家中，有 17 个国家已经建立这种机制。

4.1.8.3　实行以水权登记制度或用水许可制度为核心的水权管理制度

　　用水许可制度与水权登记制度为核心的水权管理制度，它们的实行改变了长期以来取水和用水过于随意的历史习惯，有助于帮助国家水管理机关统一管理水

权，合理统筹水资源的配置。如今，世界上许多国家实行用水许可制度与水权登记制度，以实现节约用水、合理规划用水。许多国家在本国的水法中规定，若法律没有特殊规定，一切用水主体的用水活动都必须申请获得取水许可证，而且某些情况下还要对用水行为加以限制。

4.1.8.4 建立可交易水权制度

想要解决人类所面临的水资源的供需矛盾，不仅有赖于工程技术等物质要素的投入，在更大程度上要依靠合理的制度要素的加入，从而提高水资源的利用与配置效率。人类的用水历史上，从沿岸所有权、优先占用权、公共水权到可交易水权的转变，充分说明了水权制度变迁的核心始终是提高水资源的配置与使用效率。沿岸所有权制度的建立凸显了水权的排他性，与以往人类的自由使用制度相比，极大地提高了水资源的利用和配置效率，但它也存在着效率的损失。例如，沿岸所有权虽然强调水资源的合理使用，但只要不对下游的水资源产生影响，上游水权的所有者就可以任意取用，尽管这样使用效率很低。沿岸所有权意味着只有拥有了河流沿岸土地所有权的人或经济主体才能使用河流中的水，这种制度一方面使与河流不相邻的大片农田得不到引水灌溉，城市与工厂无法得到充足的水源，另一方面又使河流中的水资源得不到充分的利用。而优先占用水权制度的出现，在一定程度上弥补了沿岸所有权制度的不足，使水资源能够得到更为充分的利用，但仍存在制度上的缺陷，这主要是优先占用水权的交易与转让受到限制，无法引导和激励拥有水权的经济主体将水资源投向水资源利用效率最高的地方。公共水权制度将水资源的利用与合理规划联系在一起，一定程度上提高了水资源的配置效率，但仍然缺乏激励水权所有者提高用水效率的机制。可交易水权制度成功解决了以上几种水权制度存在的效率缺陷问题，它在清晰界定水权的基础上，引入市场机制，利用市场这只"看不见的手"不断矫正与减少存在的效率损失，从而在总体上实现水资源的高效利用和配置，因此，可交易水权制度是一种值得借鉴的水权制度。

4.1.8.5 创新水权交易方式

在世界范围内对比各国的水权交易方式，美国的交易模式具有较大的借鉴意义，将水权划分为不同的股份，通过水权市场或水权银行进行交易。通过水权市场进行的交易，可以灵活借鉴现有的市场交易模式，如黄金交易市场、证券交易市场、固定资产交易市场等，建立水市场。甚至有可能在现有的市场基础上，增加水权相关的交易品种以完成交易。而通过成立水权银行进行水权的重新配置则具有独特的优势，即政府调控较为便利。水权交易的主体将节余的水权股份存入水权银行，银行再将这部分水权股份依照市场的需求，投放给水权股份的需求者，实现水权的再分配。这期间，政府可根据各地水的供需情况进行调节。例如，水的供给量减少，政府可影响银行减少水权股份的投放；反之亦然。政府对银行的影响与指导可以利用"利率"杠杆来调节。而且应考虑到节余水权存入银行与贷出银行不应是无偿的，同时也应考虑到水权银行作为以营利为目的的企业需要经营利润。"水权利率"由此诞生，让节余水权股份存入银行实现"存水利息"，让这部分水权股份贷出银行获取"贷水利息"，两者的差额即为水权利润。国家还可以将一部分水权利润通过税收纳入国家的水资源建设与保护资金，缓解相关资金不足的压力，从而达到"以水养水"的目的。另外，水权股份的持有者还可以通过水权银行委托发放水权股份，可以选择指定或不指定需求对象，水权银行作为中间人，只收取服务费用。而政府也可以调节指导服务费率。所以，水权银行这一新兴的水权交易模式，应该引起我国水权交易相关研究领域的重视。

4.1.8.6　重视立法工作

制定正确合理的水资源法律法规是实现水资源高效管理的重要手段。构建并不断完善水资源相关的系列法律法规来规范、保障和推动流域治理的顺利进行。目前，世界各国都十分重视水立法的工作，许多国家把有关水资源的开发、利用、管理、保护等问题，集中规定在一个法律或法规之内，或针对各种问题分别制定若干单行的法律。另外，国外大多以水资源及涉及水资源的相关法律为依据，设置水资源管理机构与其职权范围。例如，美国 1933 年依据国会关于开发田纳西流域的法案，成立了田纳西流域管理局；英国水务局是 1973 年依据英国水法成立的。而在第二次世界大战以后，随着人口的快速增长及经济的迅猛发展，以及水资源开发利用规模的不断扩大，水资源的开发与利用在社会经济发展事务中所占的比重越来越大，传统的水法显然已经不再适应客观发展的需要。

4.1.8.7　引导和改变大众用水观念

一方面，水资源短缺的问题日益凸显；另一方面，水资源的浪费愈演愈烈。因此，想要解决好水的问题，应高度重视节约用水。要通过法律、行政、经济、技术等手段，在农业、工业与城市生活等各个领域全面推行合理规划用水和节约用水的理念，利用政策法规及市场机制的经济杠杆来影响民众的用水观念。政府要大力宣传水资源及环境保护与节约用水方面的知识。例如，澳大利亚政府在宣传水体产生蓝绿藻的危害时，一方面着重宣传蓝绿藻产生的原因是居民使用含磷的洗涤用品和农田使用含氮的化肥过多，呼吁人们选择低磷的洗涤用品与减少含氮化肥的使用量;另一方面,宣传蓝绿藻对人体肝脏、胃肠功能巨大的负面影响,甚至可能导致癌症,使民众掌握科学知识,自觉遵守国家的有关规定。

4.1.8.8 重视用水户的参与

水资源管理中的公众参与使用水户,尤其是农场主通过水权交易得到了实惠,增强了公众的水资源管理和分配的参与意识,促进了水资源分配公平性的实现。在澳大利亚政府水权管理的相关部门中,往往会设立一些民间机构,就是为了给公众参与提供平台,如社区咨询委员会、农民联合会等。澳大利亚政府所推行的一些水权管理活动习惯于取名为"水的共享计划""行动计划"等,这些名字似乎更能凸显公众的主体地位。水权制度建设成败的关键不在于制度本身设计的完美与否,更重要的在于它是否能被公众认可与执行。有了执行,就可以在实践中更好地修正与完善水权制度。

4.1.8.9 强调水环境的保护

水质污染对社会发展的负面影响日益严重,水资源的开发利用既有可能改善生态环境,也有可能对环境产生不利的影响。于是,许多国家的水法都强化了水质保护与水污染防治,添加了污染者承担治理责任的规定。许多发达国家将水资源的调配、水污染的控制及流域范围内生态系统的维护等统一归于流域管理机构,并使之产业化。

4.2 我国的水资源配置管理制度

4.2.1 我国现行水资源管理体制

我国于 2002 年修订的《水法》规定:"国家对水资源实行流域管理与行政区域管理相结合的管理体制。国务院水行政主管部门负责全国水资源的统一管理和监督工作。国务院水行政主管部门在国家确定的重要江河、湖泊设立流域管理机构,在所辖范围内行使法律、行政法规规定的和国务院水行政主管部门授予的水资源管理和监督职责。县级以上地方政府水行政主管部门按照规定权限,负责本行政区域内水资源的统一管理和监督工作。"

在中央,根据现行的法律、行政法规与国务院机构"三定"(定机构,定编制,定职能)的规定,水利部作为国务院水行政主管部门,集中了大部分水资源管理的权限,其他相关部门包括建设部、交通部、环境保护部、农业部、国家林业局等在各自的职责范围内协助管理,管理体制如图 4.1 所示。

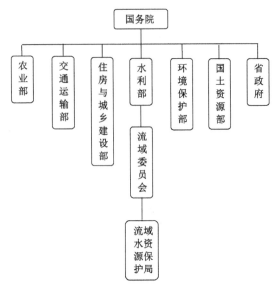

图 4.1　我国现行水资源管理体制框架图

水利部在水资源管理方面的主要职责有以下几个方面。

（1）拟定水利工作的方针政策、发展战略与中长期规划，组织起草水资源相关法律法规并组织实施。

（2）统一管理水资源。组织制定全国的水资源战略规划，负责全国水资源的宏观配置。组织拟定全国和跨省（自治区、直辖市）长期水供求计划、水量分配方案并监督实施。

（3）组织实施取水许可制度和水资源有偿使用制度。拟定节约用水政策，编制节水规划，组织、指导与监督节水工作。

（4）按照国家资源和环境保护的相关法律法规，拟定水资源的总体保护规划；组织水功能区域的划分和向饮水区相关水域排污的控制。

（5）组织指导江河、湖泊及相关水域的开发、利用、保护与管理。组织、指导水政监察和水行政执法；协调并仲裁部门间和省（自治区、直辖市）间的水事纠纷。

其他部门的水资源管理职责主要包括以下几个方面。

（1）环保部门：主要管理内容是水污染的防治，主要职能为拟定国家环境保护的方针、政策、法规，组织编制水环境功能区划分，制定水污染排污总量控制标准和水环境的保护标准，对水污染防治实行统一的监督管理。

（2）国土资源部门：主要负责依法管理水文地质监测与监督，防止地下水的过量开采与污染。

（3）建设部门：主要管理工业用水与城市生活用水，城市给排水、排水与污水处理等工程规划、建设和管理。

（4）农业部门：主要管理农业用水、渔业水的环境，负责面源污染的控制，保护渔业水域环境与水生野生生物栖息环境。

（5）林业部门：负责流域生态、水源涵养林的保护与管理。

（6）交通部门：管理内容主要为内陆航运与污染控制。

（7）卫生部门：主要职责为监督与保护饮用水与医用污水处理。

在地方一级，流域组织和省（自治区、直辖市）人民政府水行政主管部门共同管理辖区内水资源，地方其他行政管理部门同样在各自的职责范围内协助管理。流域组织作为水利部的派出机构，属于事业单位，其下设水资源保护局，为水利部和国家环保局双重领导。市、县水资源管理组织结构与中央类似。

4.2.2　我国水资源配置管理制度的变迁

4.2.2.1　新中国成立之前

为了管理漕运与江河防洪，中国很早就设立了按水系的、跨行政区域管理的漕运总督或河道总督。例如，在元、明、清时期，为了确保漕运，维护京城及周边地区粮食和财政给养，防治黄淮海平原的洪涝灾害，专门设立了跨行政区域的、按照水系管理或河道管理的总督机构。这可以说是中国实行水资源管理，尤其是流域水资源管理体制的雏形。在中华民国时期，成立有扬子江水利委员会（后更名为长江水利工程局）、黄河水利委员会（后改名为黄河水利工程总局）、导淮委员会（后更名为淮河水利工程局）、华北水利委员会（1945 年更名为华北水利工程总局）、珠江水利局等。

4.2.2.2　20 世纪 50 年代

我国一直实行的是水资源公有制度，且水资源具有公共物品和私人物品双重特征。《宪法》第九条明确规定，水流等自然资源属于国家所有，即属于全民所有。1949 年 11 月，在水利部召开的各解放区水利联席会议上，提出了各项水利事业必须相互配合、统筹规划、统一领导、统一决策等水管理的基本原则，明确指出，"任何一个河流的用水，必须统一规划，统筹管理，才能充分利用水资源。统一水利行政的原则在于集中掌握河流的水政管理，水权核准，水利事业计划的核定，水利事业的检察及多目标水利事业的兴办"。此后，又相继成立了黄河水利委员会、治淮委员会、长江流域规划办公室（后更名为长江水利委员会）、珠江流域规划办公室。这个时期，各流域机构拥有较大的行政管理权力，正、副主任由国务院任免，计划单列，不仅拥有对工程项目的审查权，而且有对资金的分配权；技术力量较为集中时的流域机构还拥有流域规划、水工程勘测设计施工、防汛调度及部分工程的管理运行等职能，实行高度集中的水管理模式。在一定的历史条件下，这种高度集中的流域管理模式是卓有成效的，各流域治理取得了显著的成效。

4.2.2.3　20 世纪 60～70 年代

20 世纪六七十年代，淮河、珠江等一些流域机构因种种原因被撤销，相关及周边范围的流域规划工作也受到一定影响。直到 70 年代中后期，流域规划工作又重新得到重视，并恢复了治淮委员会（1977 年），新建立了松辽水利委员会（1982 年）、海河水利委员会（1979 年）、珠江水利委员会（1979 年）及太湖管理局（1984 年）等流域机构。至此，中国七大江河流域机构均已成立。

在此阶段，中国流域水资源管理的目标主要集中于流域内的水土保持、流域综合资源开发、流域水资源规划、工程开发与管理宏观经济布局研究等，并没有将水资源保护放到重要位置。20 世纪 50～70 年代，我国工业生产相对落后，污染物排放总量较少，水污染问题和水资源保护矛盾冲突并不尖锐。因此，各流域机构均未重视水资源的保护工作。这一时期，国家在各流域的相关水利工程方面投入很大的人力、物力和财力，加固了堤防，江河流域治理取得了一定成效。虽然流域省际矛盾有所缓和，但流域水资源统一管理的问题仍没有从根本上得到解决。

4.2.2.4　20 世纪 80～90 年代

1981 年 12 月，国务院召开第一次治淮会议，会上指出："总结治淮 30 多年来的正反两方面经验和对现状调查分析，得出结论：必须按水系进行统一治理，才能达到治理淮河的目的。要实现按水系统一治理，必须做到按水系统一规划、统一管理和统一政策，否则统一治理得不到落实，难以在统一规划下充分发挥地方的积极性与能动性。统一管理的内容包括水资源综合利用；洪涝水统一调度；行蓄洪区的管理；河道堤防。水库和枢纽工程的管理和综合经营；省际边界水利矛盾，以及本系统的基本建设。"

改革开放后，中国水污染日趋严重，逐渐引起社会各界的关注，也为水管理提出了新的要求。由于各级政府对此逐渐重视，1980 年和 1988 年分别在松花江流域和淮河流域成立了由相关地方政府负责人和国务院有关部委领导组成的流域水资源保护领导小组，负责组织与协调流域内水资源保护和水污染防治工作。长江、黄河等七个流域机构先后成立了对应的水资源保护局，于 1983 年起联合国家环保部门实行双重领导。这是流域管理工作新的发展，把水环境保护的事务列入流域管理的内容，自此，我国的水资源管理进入了既管水量又管水质的历史新阶段。

1988年1月，《水法》的颁布标志着我国水资源管理进入法制管理的轨道。《水法》首次规定了我国实行取水许可制度，并明确具体的实施办法由国务院规定。《水法》颁布以前，在水资源开发利用的过程中，很多地区由于缺乏法律的监管，超采滥采，资源浪费严重，已出现了地下水下降、城区地面沉陷、地下水"漏斗"区面积逐年扩大、水质污染等社会危害。取水许可制度即法律规范所确定的规定取水活动的申请、审核、批准、废止、撤销等内容，以及在此活动过程中形成的相关关系，具有一定法律约束力的一系列准则及这些准则所形成的保障机制与机构的运作方式，其核心是取水许可行为。取水许可行为是指，通常在法律允许的情况下，水管理主体根据相关用水人员的申请，通过颁发许可证的形式，依法赋予申请人利用水工程或者提水设施直接从江河湖泊或地下取用水资源的权利的行为。国务院于1993年颁布的《取水许可制度实施办法》及2002年修订的新《水法》，均对这一制度进行了明确和具体的阐述。在2002年国务院机构体制的改革中，国家决定组建水利部作为我国的水行政主管部门，负责水资源的统一管理和保护，促进水资源的开发、利用，并管理全国的水利行业。国务院在批准水利部的"三定"方案中规定：七大江河流域机构是水利部下辖的派出机构，国家授权其对所在流域行使水法赋予水管理部门的部分职责。国家人事部于1990年7月批准长江、黄河水利委员会升格为副部级机构。

4.2.2.5 20世纪末以来

2002年10月1日，修订后的新《水法》正式开始实施，标志着我国水资源管理的法制化进入了一个新的发展阶段。新《水法》强化了水资源流域管理职能，更为注重在流域范围内水资源的宏观配置。新《水法》规定，水资源属于国家所有，水资源的所有权由国务院代表国家行使。新《水法》在完善水资源所有权的基础上，规定了取水权，明确了水资源的有偿使用制度。其第7条规定："国家对水资源依法实行取水许可制度和有偿使用制度……"第48条规定："直接从江河、湖泊或者地下取用水资源的单位和个人，应当依照国家取水许可制度和水资源有偿使用制度的规定，向水行政主管部门或者流域管理机构申请领取取水许可证，并缴纳水资源费，取得取水权。"新《水法》和《取水许可制度实施办法》均规定，水资源利用应当首先满足城乡居民生活用水，同时兼顾农业、工业、生态环境用水及航运等的需要；在干旱与半干旱地区，应当充分考虑生态环境用水的需要。在水资源配置实施的过程中，也明确规定了批准的水量配置方案是水资源总量控制的依据，国家对水资源实行流域管理与行政区域管理相结合的管理体制。新《水法》确立流域管理体制，旨在克服我国原有统一管理与分级、分部门管理体制演变为地区、部门"条块"分割体制的弊端，希望以更为科学、合理的方式搞好流域水资源的管理与保护工作。

1999 年 6 月，水利部人教司提出了《流域机构机构改革的初步意见》。2002 年 4 月，经国务院领导同意，中央机构编制委员会办公室批复了水利部关于 7 个流域机构的"三定"调整方案。2003 年 6 月，人事部批复了 7 大流域机构各级机关依照国家公务员制度管理。但是，参照公务员的制度进行管理，不改变流域机构各级机关的单位性质和人员编制性质，流域机构依然定性为具有管理职能的事业单位，享受事业单位的权利，承担事业单位的义务。经过改革，流域机构完成了人员的精简与结构的优化。我国水资源管理制度还包含总量控制与定额管理制度相结合的方法。《水法》第 47 条规定："国家对用水实行总量控制与定额管理相结合的制度。"通过实施总量控制和定额管理，在宏观上实现了区域发展与水资源承载能力相适应，微观上提高了水资源的利用效率，从而达到水资源合理配置的目的。

我国有关的水资源配置研究起步于计划经济时代。在改革开放后，随着水资源需求的变化及水资源管理理论与实践的不断丰富，配置管理的思想也出现了三个阶段性的变化。

1）实现供水量最大化

在此阶段的水资源配置过程中，主要是通过技术手段的改进提升，在水利工程中增加我国的总体供水能力，以满足居民生活和企业生产日益增长的水资源需求。分配的方式较为单一，忽视了水资源的综合利用开发其实是一个对水资源的优化、配置的过程。

2）追求经济效益效率最大化

水资源的总体短缺和各地区域水资源分布的不均衡等问题日益凸显，水资源开发、利用的竞争越来越集中于最大限度地提高水资源的利用效益。同时，许多水利项目实现了跨区域、跨流域配置，进一步扩大了跨区域、跨流域的合作范围。政府也开始基于宏观层面，更加注重水资源的需求和供给管理的科学与合理。

3）引保障经济可持续与社会和谐发展

随着水质污染、水资源环境日益恶化等问题的不断涌现，我国甚至因此出现了越来越多的"癌症村"，水资源的安全性已经严重危害到许多人的生命。经济效益和生态安全的矛盾冲突更为激烈，在实现经济利益最大化的同时，水行政主管部门也意识到，水资源的优化配置应更多地服务于社会、经济、生态环境的和谐统一。

4.2.3　我国现行水资源配置管理模式

随着我国水资源配置与管理的不断探索与发展,逐渐出现了与我国国情相适应的水资源管理配置的相关模式。其中,以行政性配置模式与市场性配置模式在我国的应用最为广泛。

4.2.3.1　行政性配置模式

基于我国历史、政府政策和水资源作为生产与生活必需品等因素,政府的行政性配置模式长期以来都是我国水资源配置的主要手段。行政性配置模式指的是政府部门利用行政管理职能与法律约束机制,直接通过行政手段进行水资源配置,对各种用途的水资源进行调配,调节各地区及各部门之间的用水关系。例如,进行大规模的农田灌溉时,政府需要统筹整体,对相关流域的各个部门进行分工;在城镇生活、市政环卫、农村卫生等各个方面都体现出政府行政式调节的影响。在工业领域,政府利用取水许可证等手段,对于工业污水和废物的排放量进行调节和控制;在生产用水方面,政府对国内大多数工业企业采取行政管理手段。水电厂的运作虽然不直接消耗水资源,但是仍然需要政府行政部门确定建设选址,对相关流域河水的调度方法做出调整。此外,现在杭州、苏州等一批城市在大规模建设人工湿地公园,这都处于政府关于社会水资源的行政约束机制的范围中,需要政府相关部门的积极协调和科学配置。行政配置模式下,政府水资源主管部门的管辖范围包含所有用水,它的跨部门、跨流域的水资源分配方式在国内有很强的影响。

政府现在的管理重点在于区域、流域的统一管理。根据我国目前的《水法》规定,国家、省、县三级的水资源管理机构分别侧重宏观、中观、微观角度的水资源管理。流域管理更多着眼于整个流域统一管理,重点是平衡整个流域的水资源供给和需求。主要包括整个流域的水资源环境、生态保护、水资源设施建设的布局及取水许可证核准等。行政区域管理主要是多部门管理,涉及水利、环保、国土、建设等多个部门。

行政配置模式的显著特点是其行政决策可以完全反映政府的宏观管理意志。通过政府机构在管理方式、手段和制度上的实施,可以促使农业、工业和服务业所必需的用水量得到充分保障,确保国家绝大多数水资源消费者的利益,并且减少微观层面个体行为的影响,有利于实现社会的水资源利用效率达到最优。政府部门的行政配置模式主要作用如下:确保未来用水的可持续性,构造和谐的生态环境,稳定水价,减少用水户对水资源的不利消耗,以及缓解用水户之间因水资源问题而产生的摩擦。

行政配置模式需要一定的环境和条件来保证其稳定实施。有学者提出,行政配置模式实施的条件是：用水户的实际函数必须是公共的信息（胡鞍钢和王亚华，2000）。在这种模式下，供水决策的正确与否完全依赖于政府部门单方面决策的正确与否，政府部门承担了水资源调度分配和用水户的双重角色，但是在这个调度过程中，每个独立用水户的决策，往往是被动的，政府完全替代了每个用水户行使了其对水的调配和使用权利。这是一种虚拟的假设。在实际环境中，政府部门不可能掌握全部水资源信息，或者需要为此付出高昂的信息成本。主要原因在于：其一，用水户完全没有责任提供自己的水资源调配及使用信息；其二，用水户即使在提供相关信息的情况下，也往往会夸大自己合理用水的相关函数，从而使自己掌握更多的水资源使用权利，获得更多的可用水量。另外，该模式还需要政府部门掌握更多的函数信息，如对未来人口的准确预测和分析，以便制定相配套的、可行的供水计划，但想要做到这点相当困难。例如，根据上海市 2010 年第六次全国人口普查结果，上海市常住人口数量超过了2300 万人，而在 2009 年末，上海市常住人口统计数据是 1921.32 万人，短短时间内人口数量增加了将近 400 万人，说明现在政府部门对人口预测的难度在不断增大。

由前文可知，行政性配置模式有可能会导致水资源的浪费和水资源配置不当两种不利情况的发生。通常，在行政配置模式下，用水户主要依靠政府的奖惩来约束和控制自身的行为，但是用水户数量庞大，政府无法全面地监测和制约其违规行为，水资源的管理部门也没有更多的精力去主动统筹考虑水资源的合理用途。由此导致了水资源行政管理的不可持续，分管城市供水系统的公共部门对工业企业的偏见和污染控制不当，还有可能导致许多的政府寻租行为。水资源的行政配置模式难以调动用水户的积极性去主动节约用水。

4.2.3.2　市场性配置模式

为了避免行政性配置模式产生的弊端，我国应大力促进和支持以市场机制为基础的水资源配置模式。市场性的配置模式就是以市场为主导，使配置模式与市场经济的要求相适应，通过水资源使用权的合理分配和水产权的有效转移，为水资源的配置利用建立供需平衡的市场定价机制。利用市场机制进行配置，实现水资源利用效率的提高，实现水资源配置模式从粗放型向集约型、低效益向高效益的转变。市场性配置模式的基本思路就是水资源的商品化，通过清晰界定产权，并制定合理的市场规则实现水资源的合理再配置。基于市场经济的市场配置模式的显著特点是利用市场的供需机制对商品价格的影响对水资源进行合理的定价。从理论上来说，在相对自由的市场经济中，水资源配置的公平性和效率性得到了最好的体现。从西方经济学的角度来看，如果水资源变得越来越稀缺，那么水资源的价值也会随之提升。这个价值一般是通过市场机制的作用，以市场价格的形式表现出来的。例如，沙漠中的一瓶水的价格肯定会远远高于城市中的一瓶水的价格。然而，通过市场机制实现水资源的有效分配，也应符合下列条件：在市场中存在交换行为与动机；市场处于充分竞争的环境；尽可能地减小外部性的影响；水资源不单是公共产品，产权清晰明确；市场参与者都寻求自身利益最大化、效益最大化；市场参与者信息条件对等；零交易费用等。

在水权理论的指导下，东阳和义乌于 2000 年进行了我国首次水交易活动，标志着我国水资源市场化实践进程的开始。东阳—义乌水交易中，义乌市一次性出资 2 亿元购买东阳横锦水库每年 5000 万 m^3 水的永久性使用权。这次水交易基本解决了义乌市长期以来的缺水危机。

在东阳—义乌水交易后，各地关于水资源市场化的实践和探索也日益增多。其中，最具有代表性的是张掖市的洪水河灌区用水户间的水交易、温州市永嘉县的中国包江第一案和上海市的排污权交易。

现实情况下，水资源与普通的商品存在很大的区别和差异，具有准公共物品的特性，上述的七个条件中有很多都无法得到满足。因此，水资源市场不能算一个完全的市场体系，在某种程度上只能称得上是一个"准市场"。由于水资源的特殊性，以市场为导向的水资源配置模式主要存在以下几方面的问题。

（1）水利设施的专用性导致的垄断。农业灌溉和城市供水设施系统设施的建设需要非常大的固定资产投入，而存储和分配水的设施建设的边际成本则相对较小，具有典型的自然垄断的特征。政府通过拍卖取水许可证或者直接分配到一些大的企业或者部门，同时也在创造垄断。

（2）有可能导致水资源的过度开发和利用。依据水资源市场"价格"的指挥棒，极易引导用水户凭借手中的资源条件，过度消耗水资源，未把在特定时间的用水户的行业特性、消耗行为作为重要的考虑因素，如大型沿海城市的钢铁与化工企业。同时，水资源价格也有可能不能充分反映水资源的稀缺性和水质与水环境的要求。

（3）很难保证公平，难以保证所有家庭用水户的基本生活用水。家庭用水户的用水价格弹性相对较小，市场相应采取低价，但价格太低又使用水户感觉不到水资源的稀缺性，难以充分反映水资源的真实价值；但若市场统一采取较高价格，又给城市和农村大量的低保用水户带来过重的生活成本。

（4）水权的分配和交易问题。水权交易在交易过程中很有可能遭遇外部性问题的干扰。

（5）由于水资源具有准公共物品的特征，仅采用市场化的手段进行调节和配置，可能会影响公共用水的配置。

4.2.4　我国现行水资源配置管理制度存在的问题

我国水资源配置与管理经过多年的发展与完善，对我国水资源管理工作有重大的贡献。但也存在着一些问题，阻挠着我国水资源配置与管理的进一步优化。

第一，水资源计划配置体制失效，市场配置机制缺失，水资源价值不能充分实现。

我国现行主要的水资源配置模式是计划经济体制下集中管理模式的产物，政府税务主管部门既是所有者又是经营者，在水资源配置方面以行政命令统一调配为主，事实上否认了水的商品属性，常常是国家养水，福利供水。其结果必然是水资源价格的严重扭曲，造成"市场失灵"和"政府失效"。所谓"市场失灵"，是指水价大大低于水资源的生产成本，价格起不到调节供求关系的杠杆作用，过低的水价还极易造成生态环境的破坏，进一步加剧水资源供需矛盾。而水资源兼具的公共物品性质，使用水户在水资源的开发和利用时争相"搭便车"，区域、局部和微观的用水主体在水资源开发利用中只重视短期利益，从而使水资源开发的低效问题变得异常凸出。市场配置机制缺失，水资源价值得不到充分的体现。例如，黄河到了几乎年年断流的地步，但引黄水价每 t 仍为几分钱，甚至几厘钱；城市地下水超采现象已十分严重，但许多城市的企业和单位仍然无偿开采、取用地下水；城市工业和生活用水水价较低，自来水厂难以维持自身的良性运转；水污染已经十分严重，但已建成的污水处理厂却因运行费用不足等原因无法发挥作用；因为没有合理的价格，以致处理污水回用等有力措施难以执行，污水再生利用得不到有效推广；灌溉用水价格较低，国家也未制定明确的补贴政策，使得灌溉工程难以维持简单的再生产，灌区渠系无法得到有效维护与更新改造。目前，城市工业用水费用仅占其成本的 0.1%～1%，居民生活用水费仅占其生活费用的0.5%～l%，农业用水的水费更低。政府通过控制在行业和地区间的水量或水价进行水资源的配置，决策方式自上而下，用水户参与程度较低，极易造成政策的短视，对水资源的可持续利用考虑得比较少，对水资源的高效利用难以起到实质性作用（王彬，2004）。水资源集中计划配置要想实现对水资源高效利用的目的，达到资源配置的帕累托最优，必须建立在监督能力强、信息准确、制约措施可靠有效及行政费用为零的条件之上（徐晓鹏，2003）。这需要政府充分掌握关于各用水户的用水量、用水效率及用水户的边际效益等信息，但是水资源使用者众多、用途多样，获取这些信息成本太高，并且要建立完备的监督制约机制，监督各用水户的用水行为，导致了计划配置体制的运行成本越来越高。而建立在信息不对称条件下的水资源配置计划无法实现水资源价值的最大化，最终可能导致计划配置机制失效。同时，政府作为资源的分配者，容易导致寻租腐败现象。

随着我国市场化程度的逐渐提高，运用市场机制配置稀缺资源的实践应用范围越来越广。但是，从现实情况来看，水资源的市场配置机制并未完全建立起来，我国的法律法规也并没有给予水资源市场配置机制明确的界定。国务院制定的《取水许可制度实施办法》第二十六条规定："取水许可证不得转让。取水期满，取水许可证自行失效。"第三十条规定："转让取水许可证的，由水行政主管部门或者其授权发放取水许可证的部门吊销取水许可证，没收非法所得。"浙江省东阳—义乌的水权转让实践，开创了我国局部地区运用市场机制解决区域水资源危机问题的先河。但从实施情况来看，仍然是政府主导推动的结果，严格来讲并不是真正意义上的水权交易，尽管通过水权交易的形式实现了水资源高效配置的目标，但是并未实现总量控制目标。因此，要实现水资源的可持续利用，必须建立政府宏观总量控制下的市场配置机制。

第二，各部门职能分割与交叉，缺乏协调机构。

水资源在社会经济发展、生态环境保护中具有多功能性的特点，使其与国民经济发展的诸多产业间存在着或多或少的关系，而水资源的管理部门也就无可避免地与许多政府相关部门存在一定的联系。因此，实际上我国目前的水资源实行的是水资源统一管理与分行政区域、分部门管理共存的双重管理形式，仍未能消除长期以来存在的"多龙管水"的现象。

出现上述情况的原因主要有以下两点。

（1）国家各相关部门职能划分与交叉严重，最为明显的是国家环保总局与水利部。水量和水质作为水资源不可分割的两个要素，在我国的水资源管理中分别交由不同的部门进行管理。水利部负责水量，水质则由水利部和国家环保总局共同管理。传统上规定水利部的水管理"不上岸"，环保部门的污染管理"不下水"。但在实际工作中，水域的纳污能力、水体的自净能力与流域污染防治指标都与流域下泄水量、水体更替周期及水流流速密切相关，无法将其分开看待。目前的职能分工使得环保部门在实施水污染预防与控制工作中与水利部门的水资源开发利用管理工作产生了交叉与影响。从"三定"方案的角度来看，它们在污染物排放控制、饮用水源保护、水质监测、水资源和水环境保护规划及水环境功能区划等职能方面都存在着交叉。此外，这两个部门都同时具有水资源相关法规的制定、执法和监督的职能，而任何一个部门同时拥有制定法规、执法和监督三项职能都是不科学与不合理的，容易助长部门利益与部门权力的扩大化。近年来，国家环保总局与水利部在水资源管理上的争权现象一直存在。除此之外，许多资源开发与管理部门不同程度地涉及了水资源管理的职能。虽然新《水法》明确了由水利部统一行使管理的权力，包括对水资源的保护与监督管理，但是我国法律中没有对"主管部门"与"相关部门"间的权责关系进行进一步的明确，因此，在相关的资源管理部门实践中难以有效地配合协作。

（2）从机构设置的内部协调性来看，缺乏国家一级的协调机构，导致各部门长期各自为政。立法的原意是要明确各部门的权责范围，使其密切配合，相互支持，共同做好水资源的管理工作。但实际上由于相关部门众多，各部门之间缺乏有效的协调措施，各部门基本上是各自为政，不仅发挥不出整体效益，还因部门利益的存在产生了各种形式的部门保护主义。这种部门保护主义导致行政管理实践中出现了一系列的管理异化现象，管理部门职权的行使偏离了行政目标，反而对水资源的管理工作起到了阻碍的效果。

由于缺乏一个权威部门进行统一管理和协调，水资源的配置工作难以真正实现统一的管理，发挥整体效益。例如，我国目前水资源管理存在的一个严重问题是缺乏全面系统的水环境规划。又如，林业规划由林业局制定和实施，由于自然环境要素的相关性与整体性，林业规划对水环境也会产生一定的影响，水土流失的变化也可能导致水环境的变化，涵养水源、净化水质都会在不同程度对水环境造成影响；农业发展规划的制定以农业部为主导，但化肥的使用、农药的喷洒、农业产业结构的变化对水环境的影响也是非常明显的。然而，由于部门职权的分割，缺乏统一协调的规划，水规划侧重水资源合理供给和污染控制的规划，尽管国家投入了大量的人力、物力，但实施效果却不甚理想。部门之间协调机构的缺乏使得各部门难以统一行动，一些重大建设项目因没有环境论证，在建成后反而对环境造成了极大破坏，而消除污染和修复环境花费巨大，有时甚至在相当长的时间内是无法做到的。

第三，流域管理机构难以发挥应有作用。

按照我国的管理体制，各个行政区域内都设有相应的水资源管理部门，分管水资源开发与管理事务，受地方政府的直接领导。各个行政区域间的行政管理决策权都是相对独立的，因而在实际上切断了流域水资源间的相互关联性，打破了流域管理的统一性与完整性。这种水资源的分散管理，导致流域范围内各地区均从本地区利益出发，最大限度地利用区域内的水资源，难以发挥水资源配置与使用的整体效益。我国虽然已经建立流域管理机构，并在新《水法》中明确了流域管理机构的法律地位，但实际情况是，由于流域水管理权力几乎已被区域管理机构分割完毕，流域管理机构不得不在区域和行业的夹缝中求生存。我国的流域管理机构目前的工作主要集中于一些研究与规划，管理工作仅体现在江河防洪体系建设与管理及一些流域内重大工程的管理上，对流域水资源开发利用和管理的调控无法起到实质性作用。

流域综合管理是跨行政区域的管理，涉及流域内众多的产业和利益群体，如何统一和协调流域内各个行政区域之间的水资源开发利用、管理与保护，是保证流域良性管理的关键。流域管理机构要实现对流域内的水资源进行统一综合规划，对不同地区的水资源使用权益进行合理分配，必须要具备调度流域内各地方政府及相关部门的权限，以确保其职能的实现。而目前我国流域水资源管理机构难以真正实现设立的目的。

（1）从机构性质和法律地位来看，流域水资源管理机构作为水利部的直接派出机构，虽然拥有一定的行政职能，但仍然是一个事业单位，缺乏相对独立的自主管理权，难以直接介入地方水资源开发利用与保护的管理。流域机构虽然名为委员会，但是流域内各行政区域的有关部门并未参与流域的管理，与水资源相关的利益相关者没有参与到决策中来，公众的参与权与知情权没有得到应有的体现，也没有正式且稳定的信息沟通渠道，各流域管理机构难以发挥其应有的协调作用。水资源分配的实质是一种利益分配，流域管理机构作为国家水行政主管部门的派出机构，被授权在本流域内行使水行政主管部门职责的权利，从体制构建的角度考虑，流域管理机构应是流域综合管理的主体，具有国家水资源主管机关授予的管理权力。但是，由于缺乏地方政府和用水户代表参与管理，涉及各个行政区域和用水户的相关水资源信息不畅通，决策的交流不够，得不到流域水资源管理对象的主动服从，难以建立起流域管理机构的权威。若要使流域管理机构运作有效，就必须由一定的组织来代表用水户的利益，在流域上下游之间建立起有效的协商机制。

（2）从管理权限来看，缺乏宏观层面的管理权。在流域水资源综合管理中，流域水资源管理机构仅有有限的监控权和执行权，控制流域水资源分配的权力也十分有限，很难直接介入地方水资源的开发利用与保护。例如，新《水法》17 条规定，"国家确定的重要江河、湖泊的流域综合规划，由国务院水行政主管部门会同国务院有关部门和有关省、自治区、直辖市人民政府编制，报国务院批准"。这说明，流域管理机构无权参与国家指定的重要江河、湖泊的水资源的宏观管理，只能参与次等流域的水资源综合规划和水功能区域划分，但次等流域并未明确规定设立流域管理机构。水资源的中长期供求规划更是与流域管理机构无关，只在跨省、自治区、直辖市的水量分配方案和旱情紧急情况下，才允许流域管理机构去同有关省、自治区、直辖市人民政府协商制定水量调度预案，可见，在我国流域水资源整体性宏观管理中，流域管理机构几乎不能发挥其法定作用。

（3）缺少履行职能的必要条件。流域管理机构缺少履行职能必备的财政权力，目前，流域管理机构的全部经费都来自国家财政，且极其有限，难以有效促进水资源管理及政策的实施。此外，缺乏必要的行政强制性手段以保证政策的推行，使得水资源的流域综合管理流于形式。

综上所述，目前我国的流域管理机构难以履行统一管理流域水资源的职能，难以真正实现流域统一管理的立法目的。我国目前水资源管理的制度性障碍给流域水资源开发、利用、保护等方面带来诸多负面效应。首先，它不利于水资源的可持续利用。现行的管理体制难以有效顾及与水资源相关的各个方面，且违背了水的自然属性及规律，水资源的保护、水污染的防治、水土保持及防洪减灾、城乡供水未能有机结合起来，导致效益低下，不利于水资源综合效益的发挥。其次，降低了行政管理效能。现行管理体制下，涉及水资源管理的行政部门众多，且职责交叉不清，造成有利的事争权，无利的事推诿，致使管理效率低下，增加了管理的难度与成本。最后，这种管理体制还会造成投资分散，难以发挥水资源的综合效益。水资源建设是一项投入大、涉及面广的基础设施工程，由于区域和流域的条块分割，各地区、各职能部门都从各自管理角度争项目、各自筹资，急功近利的短视行为较为普遍。有限的投入被分散使用，难以形成全局的建设合力，降低了投资的综合效益。由于部门利益的影响，一些本应取之于水、用之于水的收费被挤占挪用，进一步加大了水资源建设的经费缺口。

第四，水资源法律法规不健全，管理意识淡薄。

我国于 1988 年颁布的《水法》虽然明确规定了水资源归国家所有，对水资源的开发利用、用水管理、水域和水工程保护等方面做了许多规定，但在社会主义市场经济环境下，对于许多水资源管理问题并没有明确的规定，如水资源费用的计收原则和管理使用办法、生态环境用水、水资源使用权和排污权的转让等。2002年，全国人大常委会对《水法》进行了修订，并从 2002 年 10 月 1 日起开始实施，但尚有一些深层次问题没有得到解决。例如，流域机构的作用与地位问题，还有相关的配套法律的制订问题、流域统一管理与行政区域管理的结合问题等，都没有得到落实。再者，《水法》及现行的相关水资源法律法规的执行情况也不容乐观，缺乏强有力的监督机构监督其实施，有法不依、执法不严的情况屡见不鲜。

5　水资源产权交易市场模式与运营体制研究

5.1　国内外水权市场概况

5.1.1　国外水权市场的发展

　　国外水权市场主要分为正规水权市场与非正规水权市场两类。通过建立相对应的可交易水权制度，按照严谨的行政与司法方式规范水市场运作的市场被称为正规的水权市场。由于水权交易范围不受限制，在服从法律法规、防止权利滥用方面更为完善，并能从国家水资源系统整体利益出发，最大限度地保证水资源的可持续利用，保护生态环境，所以正规水权市场便于进行更好的监控，并对第三方产生最小的副作用。

　　非正规水权市场一般指没有政府参与，自发形成的水市场。与正规水权市场相比较，非正规水权市场完全依靠用水户个人的信誉或名声保证交易的进行，主要依据信用交易，一般范围较小，地域局限性较大。由于不依靠法律或行政手段，非正规水权市场往往难以明晰界定水权，所以交易成本较高，往往难以顺利进行，并且容易影响到第三方利益。目前，世界上建立有国家层面正式可交易水权市场的国家还非常少，有智利和墨西哥等国家。智利的水权交易市场相对较为成熟，不仅存在水权交易市场，还存在水权金融市场。美国水权交易发展比较晚，但目前水资源相对比较贫乏的西部的几个州都建立了水权交易制度。例如，加利福尼亚州通过立法，规定了水权转让的程序、方式和范围，交易机制的安排是通过中介机构"水银行"进行的。澳大利亚也有一些州建立了水权交易市场。而非正规水权交易市场则在世界范围内大量存在，尤其是在南非的一些国家，墨西哥在引入正规水权交易制度之前，非正规水权的交易市场也在国内各地普遍存在。

　　当前，世界各国水权交易的主要发展主要表现在全面建立正规的水权交易市场，但建立这个市场的必要前提是建立并完善相关的机制、确定相应的法律法规、建立交易体系、监督交易程序、建立相关的管理与实施机构等。相对于非正规水权交易市场，完成这些工作会花费较高的交易成本，因此，非正规的水权交易市场在现阶段仍是主要的交易形式。但有一点是相通的，不管各个国家水权交易的市场交易现状和政策法律环境如何，建立有效的水权交易市场都是为了保护和实现水资源的可持续利用，提高水资源的使用效率，强化国家的水资源政策及增强资源分配的灵活性和反应能力。

5.1.2 我国水权市场的特点

由于我国的社会主义公有制性质，在我国水资源所有权归国家所有，这一所有制属性是国家对水资源统一配置的基础，也是政府实施宏观调控的基础。立足于国情，我国目前正在建设的水权交易市场是一个"准市场"。"准市场"区别于正常意义的市场，并不是所有水资源都可以进场交易，只有低效率或者闲置的水权才能进入水权市场。因此，我国的水权交易市场不包括防洪、航运、发电、生态等方面及各地区生产、生活基本用水需要的水资源。同时，水资源交换受时空等条件的限制，在政府的宏观调控下，水权交易往往存在于流域上下游省份之间、地区间、流域或区域不同部门之间。这种"准市场"中来自不同地区用水户存在种种差异，因此交易难以完全由市场竞争来决定，需要政府通过宏观调控，在确保公平的基础上，建立起辅助的利益补偿与协商机制，以实现水资源在全国范围内的合理配置。

5.2 我国水权市场的构建与运行

我国水权交易市场的"准市场"特性，使得我国水权市场的制度安排一定是政府宏观调控和市场交易的结合。这在我国水权交易市场尚未成熟的阶段，让水资源的分配和管理从单纯的政府调控向以政府调控和市场调节相结合的方式转型过渡，是符合我国现状的较为合理的水权交易市场模式。

在构建我国水权市场时，国内许多学者都参考了土地储备交易市场的构架，将水权市场分为一级水权市场和二级水权市场。一级水权市场是水权分配的初级市场，国家或地方政府作为水资源的拥有者，通过行政许可、招标、拍卖等方式来进行水权出让方及相关事项，将水权让渡给用水户和使用方。在一级水权市场中，起主导作用的是国家和地方政府，所进行的是国家或地方政府与用水户间的初次水权交易。二级水权市场则是通过市场机制调节的水权再分配市场，发生在平等的市场主体之间，是双方在市场价值的基础上，通过有偿转让资源水的使用权所形成的交易市场。在二级水权市场中，起主导作用的是市场机制。

但也有不少学者持不同意见，提出所谓的一级水权市场实际上大多是国家或地方政府对水资源使用权的初始分配和界定，依靠政府权力和行政划拨实现，这个过程根本不存在"交易"，所以不是一级水权市场，真正意义上的水权市场是建立在初始水权分配完成的基础之上的按照市场机制进行的水权流转或交易，即所谓的二级水权市场（图5.1）。

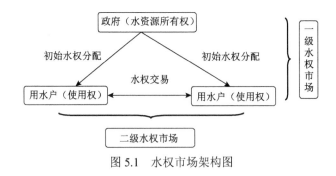

图 5.1　水权市场架构图

5.2.1　一级水权市场——水权分配市场

一级水权市场实质是国家或地方政府对水权的初始分配,分配的主体是政府,核心是初始水权的配置。政府在兼顾各方利益的基础上,统筹全流域、各区域和各部门的用水需求量,按照公平原则,将工业用水、农业用水、基本生活用水、生态用水及其他产业用水最初的使用量进行明确界定,并对各地初始水权和行业定额、用水户定额进行科学合理的公平分派,再颁发取水许可证或者水权证。初始水权除了涵盖使用权,还包括衍生权利。例如,水资源产权权利束中的受益权、支配权、处置权等,由于我国水资源所有权归属于国家,所以一级水权市场分配主要是对使用权的初次分配。在分配中,首先要保证基本生活用水,必要的生活用水权利是任何一国政府都应首先予以保证的,这是人的生存权的基本构成部分。同时,在生态环境日益恶化的情况下,还要保障生态用水,如黄河冲沙用水等。由于一级水权市场的政府垄断性,唯有国家水行政主管部门或其授权的机关或职能部门才能依法实施水权的出让。出让程序由相关职能机关与受让者之间签订水权出让合同,职能部门以水资源所有者的身份发放取水许可证,将水资源的使用权让渡给用水者,受让者依据获得的取水许可证可以进行水权登记。

我国《取水许可制度实施办法》规定,利用水工程或者机械设备直接从江河、湖泊或地下取水的所有单位和个人,除法律规定的人、畜用水等情况以外,都应当申请取水许可证。国家水行政主管部门以水资源所有者的身份给水源的开发者发放的取水许可证,是国家对其取水权的认可证明,同时也蕴含了部分水权转移的意义。依据马克思主义产权理论,国家对水资源的所有权应予以经济上的体现,伴随水权的转移,国家可以获得水权转让费用。但是,水权费的收取务必在相关法律规定的基础上进行,这需要政府建立起一套行之有效的水权费的收取、管理和监督的规章制度与执行体系,对不同行业区别对待,确定水权费是否计收与计收多少,同时,收取的水权费应主要用于水资源的开发利用和保护,服务于水资源的可持续利用。

为使一级水权市场的分配和交易按照市场机制运作,减少行政分配干预,可参照期货市场的模式，由流域水资源管理机构建立水资源竞拍市场，实行定期开盘和法定代表人制度，按照各个流域不同区段确定代表人席位及准入标准，由各省（自治区、直辖市）政府、经济集团、民间团体等有准入资格的代表参加年度、季度性的竞价买卖，从而实现根据不同区域、不同需求层次对水资源使用份额进行统筹调剂，达到对水资源优化配置的目的。

5.2.1.1 水权初始分配的重要意义

取水权是指人们从水资源径流中取水的权利，在水资源使用权权利束中，是针对水资源总量规定的权利。取水权是我国水权体系中最重要的规定之一，主要是取水权与其他水权存在明显差异，取水权用水户的取水行为一经使用就消耗掉了水资源。目前，从人们对水资源的需求来看，取水量是第一位的需求，因此，水权分配主要是对取水权，尤其是取水量的分配。由于取水会使河道断流、湿地退化、灌区萎缩、城镇缺水等，也会使河流的其他功能受到影响，所以河流取水权在区域间的初始分配具有重要的意义，具体表现在以下三点。

（1）水权交易的前提条件是水权的初始分配。

由于水资源总量短缺和日益增加的用水需求之间的矛盾，水资源分配问题，尤其是干旱、半干旱地区的水资源分配问题已经引起广泛关注。对各用水主体最初的取水权进行清晰界定后，在产权明晰的基础上才能够遵循市场机制，依照国家制定的水权交易规则，通过水权市场进行水资源的优化配置，因此对取水权进行初始分配是水权交易的前提。

（2）水权的初始分配是相关参与方的利益分配。

水权初始配置是隐性利益的显化或者重新分配，对地方经济发展等方面起重要作用，因此，水权的分配会对各利益方产生重要的影响。对于既得利益者，利益的流出将使他们充满抵触，严重者甚至会使政治稳定性受到影响。因此，关于水权的初始分配，既要充分体现政治公平，分配的原则应该通过各利益方充分协商确定；又要由具有国家强制力的政府相关部门出面主持，总体协调。

（3）水权初始分配决定水资源市场配置效率。

根据现代产权理论，市场机制所具有的缺陷根源在于产权界定不明晰，由此造成了市场交易的瓶颈，使资源配置效果无法达到最大化。因此，在水权初始分配时，必须以产权经济分析为基础，明晰各利益主体的初始水权，以防止在二级水权市场交易成本过高。

5.2.1.2 水权初始分配的基本原则

1）可持续发展原则

既能满足当代人的需要，又不危害后代人满足其正常需要的权利的发展就被称为可持续发展。坚持实施可持续发展的水权分配原则，需要以水资源的保护为前提，具体应包括水质保护、水体保护、水量保护、水土保持、水生生物保护及对水的生态价值的保护。在进行水权的初始配置时，必须对水资源在自然界的全部循环过程予以重视，以水资源保护为基础，进行水资源配置时应努力避免配置过度与配置不当，以保证自然环境对当代人和后代人生存和发展的支持。国家在对水权进行初始分配时，一定要坚持可持续发展原则，通盘考虑经济效益、社会效益和环境效益，将公共利益与个人利益、长期利益与短期利益及当代人的利益与后代人的利益统筹平衡，综合考虑水资源与水环境承载能力，努力实现社会经济与水资源、水环境的和谐共同发展。

2）公平优先兼顾效率原则

水资源对于人类的生存不可或缺，因此在其配置过程中也必须首先考虑公平性，尤其是要保证落后地区和贫困人口获取生存发展所必需的水资源。要实现水资源最大化的利用效率，就必须在公平优先的原则下，兼顾分配效率，以最小的不公平代价换取最大的利用效率，从而达到水权分配的公共性目标。

3）适当留余原则

在进行初始水权分配的过程中，应适当留有余量，以应对由地区经济发展的不平衡，人口的出生、死亡与迁徙，降水的季节性与不稳定性，需水发生时间不同，以及特殊的不可抗力事件发生等因素带来的新的用水需求。适当留有余量地分配水资源，就给水资源的使用加上了"安全库存"。

5.2.1.3 水权分配的模式

在水资源配置的过程中，不同的分配模式对经济影响不同，与之对应的成本效益也不尽相同。在竞争性水权制度下，由于水资源的自身状况不同、地域不同、行业不同，水权分配的模式也会有所差异。在操作实践中，目前主要的水权分配主要分为按人口进行分配、按面积进行分配、按产值进行分配、混合分配、现状分配及行政分配等不同模式。

1）人口分配模式

人口分配模式是依照人口分配水资源的办法，位于同一水源区域的所有居民都具备平等享有水资源的权利。采用这一办法，在进行水资源权利分配时，应当将可分配水量按用水户的人数进行分配。各用水户的水权计算公式如下。

$$\text{WR}_i = \text{WR} \times (P_i / P), \quad i = 1, 2, \cdots, n$$

式中，P 为该水源地辖区总人口数；P_i 为该用水户的总人数；WR 为该水源区域可分配水权总量；WR_i 为该用水户所分得的水权量。

这种按人口分派水权的模式强调了辖区内的所有居民享有同等的用水权，体现了资源分配的公平性。这一模式在智利的部分地区得到了广泛使用，但在我国，由于忽略了不同行业对水资源的需求差异，在使用中可能存在巨大的问题。城镇居民与农村居民对水资源的需求差别较大：对城镇居民而言，水资源仅是重要的生活资料；而对农村居民来说，水资源既是生活资料，还是非常重要的生产资料，因此需要更多的水资源使用量。按照人口分配水权看似公平，但由于没有考虑人口类别和使用用途差别，在操作中就会有失公允。而且，在不同性质的用水企业间分配水资源时，仅依据人口分配，会使高新技术产业相对于劳动密集型产业获得更少的水权指标，这就会产生水权分配政策事实上鼓励企业向劳动力密集型发展的错误倾向，因此在现实使用中不作为主流模式。

2）面积分配模式

面积分配模式是按照水源地辖区内用水方周围地区总面积进行分配的，用水户占地面积越多，所分配到的水权使用量也越多。用水户分配的水权量计算公式为

$$WR_i = WR \times (M_i / M), \quad i = 1, 2, \cdots, n$$

式中，M 为该水源地辖区的面积总和；M_i 为各用水户各自所占有的区域面积。面积分配模式与沿岸所有权存在类似之处。沿岸所有权规定，水权属于沿岸的土地所有者，这是在土地开发早期自然出现并发展的一种水权形式，有其合理性，在美国的东部和英国丰水地区都有广泛的应用。这一模式也有其局限性，因为水资源的流域面积与耕地面积及其他生产要素的分布并不呈现简单的线性关系。例如，河流的上游地区流域面积普遍较大，但往往是山区，所以需水量相对较少，如果完全按照面积分配模式，将会导致河流下游在枯水年份无水可用。因此，面积分配模式在我国也不具备大面积推广的可行性。但在专门对农用水权进行分配时，如将用水户所占的区域面积换成耕地面积的话，则具有较好的可行性。

3）产值分配模式

一般来说，一个地区的一般用水水平与其经济发展状况是成正比的，而 GDP 则是直接反映这个区域经济发展现状的最为重要和直观的指标。因此，按照地区 GDP 水平来分配水权，相较于上述两种模式，更具有现实可行性。按产值进行分配水权的计算公式为

$$WR_i = WR \times (GDP_i / GDP_{辖区}), \quad i = 1, 2, \cdots, n$$

式中，$GDP_{辖区}$ 表示整个水资源辖区的国内生产总值；GDP_i 为各用水户的 GDP，其他指标与前述模式相同。从发展经济角度看，依照 $GDP_{辖区}$ 进行水权分配的模式更能体现资源配置效率，水资源的配置会优先向经济发达地区和经营较好的用水户倾斜，这对于提高整个区域经济的发展水平更为有利，但却与水权分配的公平

性原则背道而驰。水资源属于公共资源，是人类的共同遗产，所有人对于该类资源拥有平等的权力。不但如此，对于不发达或欠发达地区，在资源的分配和使用上需要给予更多的倾斜，这才符合水权分配的公平性原则。例如，对于黄河流域而言，上游省份经济欠发达，需要在水权分配上给予更多的照顾，鼓励地方经济发展，如果按照$GDP_{辖区}$进行分配，将会导致上下游两极分化的加剧，长此以往，对于区域经济间的发展不平衡会产生不良影响。从产业角度看，依照$GDP_{辖区}$分拨水权可能会致使像农业等低产值的行业无法获得的充足水权量，长此以往，将导致低产值行业的退化萎缩，造成产业结构失衡，使高产值的第二、第三产业缺乏发展的基础。但按$GDP_{辖区}$分配水权对于行业内的水权再分配，具有较好的参考价值。

4）混合分配模式

以上三种水权分配模式由于分配的依据不同，配置的结果也存在较为明显的差异。一般而言，不同的地区、不同的行业和不同的社会群体对水权的分配模式也存在不同的需求。例如，在黄河流域，青海、甘肃、内蒙古等上游地广人稀地区更偏好于流域面积分配模式，而陕西、山西、河南等中游人口密集地区则乐于选择人口分配模式，而黄河下游山东等省由于经济发展较好，则更倾向于支持产值分配模式。每个地区的具体情况不同，众口难调，因此上述任何一种单一的模式在现实中都难以广泛推行。在实践中，我们一般是选择一种折中的、为上中下游各方共同接受的分配模式，最为简单的折中方式就是对上述三种分配模式进行加权求和来计算用水户应予以分配的水权量，计算公式为

$$WR_i = [W_1 \times (P_i / P) + W_2 \times (M_i / M) + W_3 \times (GDP_i / GDP_{辖区})] \times WR, \quad i = 1, 2, \cdots, n$$

式中，W_1、W_2、W_3为上述三种模式的加权值。

权重的确定是混合分配模式的关键，很多时候权重的确定并不完全依据科学的计算，而是由各利益方的谈判能力与决策者的偏好确定的。水资源主管部门或其授权的管理机构在综合各方意见的基础上确定权重，决定各用水户的初始水权分配额度。由于综合考虑了人口、面积和经济发展状况，所以该分配模式更易为利益各方主体接受。

5）现状分配模式

现状分配模式的基本思路是，以当下实际的用水量或近几年用水量的加权平均值为基础参照，并依据历史用水量进行水权的分配。"存在即是合理。"当下各用水户的用水状况在某种程度上真实地反映了该地区经济发展水平和对水资源的需求数量，是以，以此为依据的这种分配模式具有相当的合理性。从本质上来讲，现状分配模式是对现有的水权进行确认和重新登记的过程，并没有对用水权进行分配，因此对各用水户造成的影响最小。从操作性来看，由于用水户的历史

用水量可以被准确查询，所以确定各用水户应予分配的水权使用量也较容易。该种分配模式最大限度地保证了既得利益者的权益，使得执行阻力大减，但对于产业结构的宏观调控及潜在用水户的进入都十分不利，可能会使水资源的使用缺乏公平和效率。在实践中，在还没有建立水权市场或水权市场不完善的条件下，采用按人口、面积或经济发展水平分配水权使用量往往不可行，会对流域内的工农业生产造成混乱，生产力布局失衡，在这种情况下，为了避免产生这些后果，采用承认现状的分配模式是比较现实的选择。

6）行政分配模式

行政分配模式由政府提供水利设施建设经费，负责管理和监控水资源的开采与建设，统一筹划和分配水权，并保留对水权进行回收再分配的权利，以保证政府计划调控的延续性，所以也被称作行政管制分配模式。这种分配模式是典型的计划经济产物，由于所有制形式安排，水资源的所有权归国家所有，所以政府可根据各地水资源先赋条件差异，结合各流域不同的实际情况，分别采取沿岸、向落后地区倾斜、合理使用等原则分配水权，还可采取行业优先、区域优先、保障粮食安全、公平分配、环境保护等原则分配水权、水资源。特别需要指出的是，行政分配模式禁止水权的移转与交易。这种分配方式的优点是能避免"公地悲剧"的出现和引导外部效应内部化，但缺点同样明显，往往缺乏效率，管理粗放。

7）民主协商分配模式

民主协商分配模式是指由利益共同体各方自发建立的水利灌溉组织、流域用水组织及用水者协会组织等非营利性组织进行自我管理，独立核算，并且通过内部协商机制管理与分配水权的分派方式。该模式以 Buchanan（1965）提出的"俱乐部资源"为起点，将水资源视作一种流域用水户成员之间使用的非对抗性和排他性的资本，由用水户按行业、部门构成代表不同用水户意愿的相应决策组织团体，制定符合各方利益的用水计划与灌溉制度，以协商的方式进行水权分配，并承担相关职责与义务。该模式的首要前提是所有制形式安排，水资源所有权应为国家、集体、地方或区域所有，并将分配权力下放给地方或流域用水户组织。这种方式提供了流域内成员充分磋商和协调机制，因此可以很好地解决"公地悲剧"、"搭便车"及外部性问题。

8）市场分配模式

市场分配模式通过公开拍卖的方式对水权进行分配，由于采用拍卖机制，具有显著的竞争意味，水权的交易价格一般会高于前面几种分配模式。参与的竞争者一般是经济效益较好，或有较高预期效益的用水户，如高新产业或高效农业等。与以上几种分配模式相比较，市场分配模式完全由市场这只"看不见的手"分配水权，只要支付足够的资金，即可获得水资源，可以使水资源流向效益高的产业或部门，提高了水资源的利用效率和转让价格。但需要注意的是，如果水权单纯通过市场竞争机制进行分配，可能导致全部水权被部分参与者买断，形成垄断，谋取高额利润的情况出现，这反而会使水资源的分配走向"资源配置无效率"的反面，影响水权转让市场的正常交易秩序和普通用水户的基本水权保障的公平性。

综合以上八种主要的水权分配模式而言，各有利弊和适用的环境。行政分配模式的效能损失较大，容易出现水资源的浪费现象，加剧水资源的过度使用，不利于解决我国水资源短缺的问题；市场分配模式可以使水权的初始分配更为有效，杜绝了由于信息不对称而造成的过度需求和浪费行为，但完全的市场化运作，又会导致无力支付水费的用水户无法保证基本的用水权利和生存权利。

我国作为社会主义国家，水资源归国家与全民所有，每个合法公民都享有平等使用水资源并从中获利的权利。因此，我国的一级水权市场必须采用行政分配与市场交易相结合的方式，在政府宏观调控的基础上保证居民的基本用水需求，对超额部分的初始水权可以采取市场分配的办法。这样一方面兼顾了水权分配的公平和效率，另一方面又保障了全社会福利，使有限的水资源产生了最大的社会经济效益，这是由我国国情决定的必然选择。

5.2.2　二级水权市场——水权转让市场

二级水权市场是水权的再转让市场，获得分配水权的用水单位或组织有权在水资源主管部门，也就是出让方批准后进行水权转让，转让的形式可以是协议、招标、拍卖等方式，达成一致意见后签订水权转让合同，变更取水许可证，并进行水权的变更登记，完成全部转让过程。水权转让要符合法定程序必须满足以下四个条件。

（1）水权所有人必须向水行政主管部门或其授权的机构、组织提出水权转让申请。

（2）主管部门或机构对拟转让的水权进行资产评估。

（3）转让双方签订水权转让标准合同。

（4）进行水权变更登记，转让方变更或注销取水许可证，购买方办理取水许可证。

二级水权市场的水权交易按时效性划分，包括临时水权交易和长期水权交易等；按地域性则可被分为同流域行政区水权交易和不同流域行政区水权交易等。水权交易十分复杂，对于临时性的水权交易，相关各方交易前只需在水行政主管部门进行备案即可；对于长期水权交易，则必须经过专家论证，水行政主管部门审核同意并进行公告后才能进行；对于永久水权交易，则转让双方需变更原水权主体，以新颁发的用水许可证代替原有的用水许可证；对不同流域和行政区的水权交易，由于各地地方法规和水资源管理办法可能存在差异，还必须通过流域管理部门与地区行政管理部门的协调和相互配合完成交易。

目前，我国水权交易市场还只是"准市场"，初始水权的获取基本由分配获取，并未付出相应代价，因此二级水权市场必须符合以下原则。

（1）水权转让者必须在确保自身所需的基本生活和生产用水的前提下才能进行转让，避免为了利益驱动不顾本区域的基本用水需求，过度追求利益。

（2）购买方必须保证水资源的合理使用。水资源属于公共资源，即使通过二级水权市场购得了水资源的使用权，购买者也必须在国家的监督下合理使用水资源，国家有权对水资源的利用和处理方式进行限制和监督。

（3）实行有偿使用与限期使用。有偿使用以市场的方式督促水权购买方秉着节约用水的理念合理利用水资源；限期使用则保障了国家根据经济发展状况在一定时间段后重新对水资源进行统筹分配的权利。

水权在二级水权市场的流通，有利于促进水资源的高效利用和优化配置，但由于我国的水权转让交易制度还不健全，缺乏固定的交易场所与交易中介机构。目前，我国的水权交易多为区域之间或部门之间的转让，直接的用水户之间的交易还很少。因此，二级水权交易的推广还有较长的路要走。

5.2.2.1　水权交易市场的运行机制

我国水权交易市场的运行机制主要包括供求机制、价格机制和管理协调机制，这是行政管理与市场行为相融合的产物。

1）供求机制

水权交易市场的供给是指拥有水权并有意出让全部或部分用水权的用水户拟出让的水权总量，需求则是指有意并且有能力购买水权的用水户拟购买的水权总量。市场经济的基本规律便是供求机制，只有具备充足的水权供给和对水权的需求，水权交易市场才能正常运行。因此，水权的供给和需求是水权交易市场的基础与前提条件，而水权的供求状况和变动影响水权的交易价格。

在水权交易市场中，供求双方之间的关系，主要表现为时空关系、结构关系和数量关系。从时空关系看，水权的供给和需求在时间上不可能完全吻合，这就需要建设相应水利工程来调节两者之间存在的差异，同时，水资源分布存在地域性，与经济、人口、耕地的分布不完全匹配，使得供求双方之间存在空间距离，这也需要借助于引水、输水等水利工程来调节两者之间的差异；从结构上看，市场机制将促使水权逐步由低效率的地区、行业、用途、用水户转到高效率的使用方向上去；从数量关系看，可用的水资源状况、节水设施投入的多少、生产规模、价格及水资源的回收和再利用会引起水权供给量的变化，而用水户的用水行为与习惯的改变、生产规模变化、天然降水的增减及人口数量的变化则会引起水权需求量的变动。

2）价格机制

价格由市场上的供给和需求综合决定，围绕价值上下波动，价格机制则反映出市场的运行状况。在水权交易市场中，好的价格机制应该正确地反映了水权的供给和需求状况，反映了买卖双方对水资源的边际价值的评价。由于水资源需要输送的特点，水权交易过程中水资源的流转使用在许多情况下对水利工程具有较强的依赖性。而水利工程通常前期投资巨大、周期较长、用途单一，具有自然垄断性，所以在水权交易中，水利工程所有人容易垄断水权交易市场，从而影响市场中价格机制的正常运行。所以，在水权交易市场的运行中，应特别注意将用水权与水利工程产权相分离。

3）管理协调机制

由于水权交易的特殊性，水权交易市场还需要管理与协调机制，具体而言包括两个方面，分别是政府层面的管理协调机制和水权交易协会等机构之间的协调机制。

从政府角度来说，应该为水权交易市场的运行提供明晰有效的法律保障，尤其是在水权的界定与保护方面。此外，由于水资源利用的外部性原因，且水权交易的安排多为取水许可证的交易形式或者签订协议等形式，而不是直接的水资源交易，所以政府在履行相应的监管职能时，应对供需双方相关资格进行审核，确保供给者交易水权的合法性和需求者目的的非投机性及确保水权交易与协议内容的一致性就显得至关重要（图 5.2）。

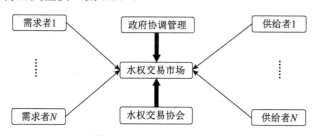

图 5.2　水权市场运行机制

并非所有的水权交易市场都存在水权交易协会之类的机构，但这类机构的存在，却对水权交易的进行有着重大的推动作用。水权交易协会由买卖双方选出的代表构成，使双方可以在一定程度上获得管理的自主权，能够搜寻、集中与推广水权的供需信息，积极寻求解决水权使用和水权交易中的矛盾的方法，从而节约交易成本，保证交易的顺利进行。例如，我国张掖市洪水河灌区用水者协会就属于这类交易协会，专门负责协调水权纠纷与水权交易。

总之，水权交易市场的运行需要依赖供需机制、价格机制和管理协调机制形成的合力与制约，以此保证市场运行的有效性。水权的供给和需求决定了水权的价格,而水权的价格也一定程度上反映了水权供求机制的有理性与有效性及完备性。管理协调机制则作为第三方,通过自身的合理运作确保供求机制和价格的正常与有效,并促进交易的达成。水权交易市场就是在上述三种市场机制的交互作用下,逐步形成的市场均衡,使水资源配置达到最优。

5.2.2.2　两级市场划分的补充

一方面,国内外学者的很多研究指出,二级水权交易市场还可以被分为地区间水权交易市场、部门间水权转换市场和农户间水权交易市场三类。

我国的二级水权市场又有一定特殊性,基于其"准市场"的特质,它与一级水权市场紧密相连。水资源自身是一种共有资源,水权交易不得不顾全生态用水、农业用水和水环境保护等因素,所以三类水权市场发育受制于一级水权市场。三类水权市场从属于二级水权交易市场,它主要是利用市场机制,通过市场手段进行调节,以节约、高效为目标,实现水资源在初始分配后的进一步优化配置。三类水权市场包含地区间水权交易市场、部门间水权交易市场与农户间水权交易市场,这其中任何一类市场的形成都离不开政府和市场这两者的推动和牵引。从目前业已形成的完备市场来看,张掖市农户间水权交易市场是政府主导推动运作的典型实例,它依照黑河分水的指令界定水权,从而形成农户间水权交易市场。与此相对的是部门间水权交易市场,它受市场收益诱导因素的影响较大;而地区间水权交易市场则通常是政府意志与市场行为合力运作的产物,两种力量难分伯仲。

(1)地区间水权交易市场。地区间水权市场通常是由地方政府发起交易,签订水权交易协议,然后以执行者的身份建设有关工程设施,并制订有关交易与管理细则,进而形成的水权交易市场。该市场按地区地理位置划分,可被分为地理上相邻或者接壤区域的水权交易、不接壤区域的水权交易;同流域或跨流域地区间的水权交易等。我国地区间水权交易市场目前大多存在于同一流域的不同区域之间的交易,而未来的趋势则是不同流域的地区之间的水权交易,其运行的平台就是跨流域调水工程。

地区间水权交易市场的一个非常重要的特征就是政府的大力推动,或者被称为政府积极引导。2000年,义乌斥资2亿元购买水资源使用权,其中一个非常重要的原因就是建设国际性小商品城这一目标的要求,依照国际性商贸城的规划,义乌的人口将进一步扩张到200万人以上。经义乌市水务局初步测算,2010年义乌总缺水2000万~3000万 m³,到2020年,义乌预计将缺水8000万~15 000万 m³。显而易见,购买水权是义乌市政府为了实现构建国际性商贸城目标的必要手段。

构建地区间水权交易市场首先需要解决两大棘手问题:一是避免政府意愿过强地影响交易市场的正常运行,要切实确保水权交易操作程序的严谨性,需要加倍重视科学论证与经济核算;二是尽量减少地区间水权交易市场中的短期行为,目前，地区间水权交易的主体多为政府，而且大多是具体人员负责下的政府相关部门，再加上目前缺少严谨、明晰的法律法规来保障水权交易市场，使政府任期有限性和水权交易的长期性之间的冲突更加凸出。

（2）部门间水权交易市场。部门间水权交易市场是指那些无法获得现有水资源配置额度的部门或者项目，通过投资农业节水而获得新增水权的市场，以工业和农业部门之间的水权交易转换为主要交易形式。我国用水结构严重失衡，其中农业用水占较大比重。例如，宁夏农业用水占总用水量的95%以上，工业用水仅占总用水量的3%，低于全国平均水平的20%，与此同时，农业用水的利用效率很低，有较大的节水潜力。宁夏的煤炭资源储藏丰富，要加快宁夏社会的发展，必定要以工业，尤其是能源重化工业为先，然而，这一发展路径目前面临的最大挑战之一就是工业用水问题。这样，水权的交易与转换就形成了工业项目投资、实施节水、新增水权作为投资回报给工业项目的重要交易平台。

部门间水权转换市场的本质是在现有水资源初始分配权的基础上实现部门间的互补，具体来说，就是工业投入资本改进农业节水设施，农业部门以因此节约出的用水来支持工业项目的运行。市场的主推力量源自企业，尤其是来自工业企业的相关项目的盈利驱动。所以，该市场核算的科学程度将要远高于地区间水权交易市场，而政府引导是部门间进行水权转换的主要推动力。宁夏的水权转换就采取政府、企业分别投入1/3和2/3资金的方式，对灌区节水配套设施进行改造。

建立和运行部门间水权交易市场时需要务必关注以下几点。第一，理顺部门间水权交易市场中各参与者的利益关系。例如，工业投资项目的相关效益、农业部门的利益主张及生态效益等相关方的需求，都需要进行梳理。这些因素中，工业投资项目具有企业收益的明确性与时效性，而农业部门也具有特定的垄断性，生态效应具有一定的迟滞性，所以根本问题就是三种利益关系的处理。要处理好这种利益关系，保证三方沟通渠道的畅通便是首要任务，尤其在确定价格构成及标准时，要做到兼顾三方利益，保持三方之间利益关系的和谐。第二，部门间水权流转项目的确立不能超过河流水资源的综合承载能力，否则会产生新的问题。因此，流转项目需要经过筛选与控制。第三，被投资方在解决水渠渗漏、输水蒸发等问题的同时，应重视分渠、支渠、斗渠等相关的节水改造。另外，常规的节水手段可能会导致水位上升。例如，渠系衬砌后，下渗水减少，长此以往，可能会引发渠道两岸土壤质变，以及其他生态问题，因此在水权交易流转的过程中，应积极寻求和论证相应的解决办法，如收取一定的费用作为生态补偿费以进行生态修复工作等。第四，杜绝不经投资、没有正常地获取水权的工业项目进行非法引水，以及工业项目投资方的公平竞争问题。第五，如何使部门间水权交易市场上的资本问题得到有效解决。据粗略估算，要对148 km的宁夏黄河南岸干渠进行全线节水改造升级，至少需要 4.8 亿元，然而筹措这样一笔大额资金难度较大。

（3）用水户水权交易市场。用水户水权交易市场从理论上讲，是水权交易市场中自由度最大的一种分配形式。这种水权交易市场在通常情况下将节余的水权进行转让，范围较小，相应的影响也较小，因此部分学者认为，应该在此市场中采用完全市场机制进行调节。但为了避免出现"市场失灵"，国家仍需要对交易的形式、价格、甚至场所等具体交易内容做明确规定，以便于政府监管。但用水户间水权交易市场建立与运行中也存在问题。

首先，交易的频率较低，交易量较小，货币交易少。市场配置水资源的高效性未能得以体现，对当地的产业结构调整、新型产业培育的引导与助推作用和部门间水权交易市场相比，存在明显差距。

其次，环保压力大，相关制度安排缺失。进入 21 世纪以来，随着人口的增加与气候的变化，黑河流域出现了水资源紧缺与生态环境失衡的危机，引起了国务院、党中央的高度重视，于是分水方案应运而生，但这种按硬性指标分水的方式暗中催生了存在缺陷的农户水权交易市场，这种市场的水供给总量面临政策额压缩。所以，在先存的河流径流量与气候条件下，该水权市场将在小量、低频的水平上平稳运行。

再次，技术投入的持续性问题，先进的用水户之间交易收益不足以带动必要设施和设备的再投入。因此，就张掖市农户水权交易市场而言，前期交易过程中修葺的毛渠、斗渠、支渠、段面及测水仪等工程和设备的投入与后期维护上均存在不同程度的问题，会影响水权市场的正常运行。

最后，水价市场化决定机制不够成熟，水环境保护责任划分和资金投入体制尚不明晰，用水者协会如何有效发挥其应有功能的问题也亟待解决。

另一方面，水权交易除了可被分为较为普遍的两级市场外，有学者认为，也可以将其按照层次性分为一级水权交易、二级水权交易、三级水权交易等。

（1）一级水权交易即为区域水权的初始分配。这种交易虽是区域政府之间、区域政府与上级政府之间利益协商的过程，但一般以上级政府为主导。有些时候，直属上级政府为中央政府。例如，黄河水利委员会作为中央政府的直接代表，行使黄河水的初始分配权，这就是一级水权交易。有时，上级政府为地方政府。例如，浙江省水利厅，其上级为浙江省地方政府，代表地方政府对钱塘江的一个支流——梓溪流域的水权进行初始分配，这同样属于一级水权交易。这里所说的交易指广义的交易。由于该市场交易的确定多是以地方政府与中央政府的利益协商为基本的，所以我们也可以将这种水权交易称为上级政府主导下的"限额的交易"。在这种交易市场中，上级政府带有明显的水权管理者和"裁判员"的意味。它是过渡性的水权交易市场。随着水权制度的建立和完善，水权大多已被分派给了各个区域政府，区域当局接受上级政府的委任，对自己管辖范围内的水权进行管理和分配，因而削弱了上级政府对水权的管理职能。

（2）二级水权交易指的是我国各区域政府之间进行的水权交易。在二级水权市场中，上级政府在了解、明确了各区域水权配额，充分考虑了区域水资源稀缺程度、区域用水效率和节水成本后，再在区域政府之间开展水权交易。黄河沿岸各省在目前既定的水权额度下，开展的各个政府间的水权交易就是典型案例。该市场的本质是以代表区域人民的政府为交易主体进行的市场化交易，目的是通过市场机制提高水资源配置效率，交易双方可能存在于省（区）际、地（市）际、县（市）际、乡（镇）际，有时也可能出现省政府与县政府之间或县政府与镇政府之间的交易等。地方政府作为交易主体，不单负责区域水权的再分配及本区域内的水权交易，还要肩负起协调与其他区域之间的水权关系及区域间的水权交易的重任。在二级水权市场中，地方政府表现出双重身份，它既是监督水权交易市场的"裁判员"（面对辖区内的下级政府或居民），同时又是进行水权交易的"运动员"（面对其他区域政府）。

（3）三级水权交易指的是用水户之间的水权交易。具体来说，就是在政府相关部门将水权分配给用水户后，用水户之间为了平衡彼此用水效率及节水成本的差异性而进行的水权交易，以期达到最优的水资源配置效率。上海市闵行区开展的企业间水污染权交易就是三级水权交易的实例。它完全靠市场机制运行，政府在其中只扮演管理者和监督者的角色，只需要完成把控水权总量、进行初始水权界定、制定交易规则与维持交易秩序等工作。地方政府所扮演的仅是亚当·斯密所说的"守夜人"这一角色。

5.3　水权交易的形式

（1）国家转让水资源使用权的形式。指水行政主管部门或其指定的流域管理机构通过审核、签发取水许可证的形式，将国有水资源使用权流转给水开发利用者，以此出让水资源使用权的形式。

（2）水工程管理单位转让水商品使用权的形式。这是指水工程管理单位将相关水工程控制领域内的部分用水指标转让给使用者使用。这种形式的水权转让与其他商品的买卖并无区别。2000 年，浙江省义乌市在水费之外出资 2 亿元购买东阳市近万立方米水库商品水的使用权，就属于这种形式的转让，在全国引起强烈的反响。

（3）直接从地下、江河或者湖泊取水的取水权交易。依法拥有取水许可的用水户，可以依据相关法律法规对自己所持有的取水权进行全部或部分的有偿转让。

（4）水资源开发利用权交易。水资源开发利用相关权益的转让，是指在已取得直接从地下、江河、湖泊取水的权利，但尚未动工建设水利工程时转让的取水权。水资源的开发利用权主要是指兴建水电站或供水相关工程的权利，这种水资源使用权的转让随着水利投资建设的多元化发展，出现了多种形式，如招标、议价、拍卖等。除此之外，水资源使用权的转让还包括已经建成的水工程和在建水工程的取水权，水工程可以同步转让。这种转让方式类似于矿产资源的采矿权和土地资源的使用权的转让。由于水资源本身还具有流动性的特点，国家应根据其丰枯变化进行有效的宏观调控与监督管理。

（5）取用水工程控制水域水的使用者转让水商品使用权的形式。这种流转形式是指拥有从水工程控制的水域取水权利的个人或企业，对自己全部或部分的可取用商品水的权利进行转让的行为，这同时也是一种水商品使用权的转让方式。

（6）各行政区域的水量转让的形式。水资源有其特殊性，由于其流动性的本质，它具有丰枯变化、时空分布不均等特点，不能完全等同于土地资源、矿产资源。水量初始分配完成后，有节余水资源的行政区域可以将富余水权转让给其他行政区域。水权的转让可以在不同流域、区域之间进行，也可以在不同部门、行业之间进行。

5.3.1 国外水权交易形式

5.3.1.1 澳大利亚水权交易的形式

20 世纪 80 年代，澳大利亚政府财政资金紧缩，政府部门难以提供足够的资金来缓解水资源短缺，解决水源的供需矛盾难题。在这种情境下，澳大利亚政府开始尝试实行水权交易。目前，当地许多州已形成了较为成熟、稳定的水权交易市场。在澳大利亚，用水户有权决定是否将节余的或不需要的可用水量在水权交易市场上进行出售。澳大利亚水市场根据水权转让的期限可划分为短期交易和永久交易。短期水权交易流程简练，影响较小，发展也较快。而相对地，长期水权交易市场的发育则比较迟缓。

按照交易涉及的地理范围不同，可将上述两种交易类型进一步细分为州内水权交易与州际水权交易。其中，以州内临时交易为最主要的交易方式，实践中，不同用水主体之间用水量转移的期限大多在一年以内。州内永久交易需要将水权彻底转让，主要形式有出让者永久转让其全部或部分的水权或政府给购入者签发新的取水许可证。永久交易影响更大，因此法律程序也更为严苛。州际临时交易和州际永久交易均为不同州之间的水权交易。由于水资源分布不均，各区域用水和节水情况存在差异，有些州水资源短缺的情况日益加剧，所以州际水权交易更加频繁，澳大利亚各州政府根据实际相应地调整了地方有关法律法规。

5.3.1.2 美国水权交易的形式

美国水权交易制度的形成与发展较早，已达到高度的市场化，由于美国国土面积辽阔，各地区水环境不尽相同，所以美国各州所遵循的水权交易制度有所差异，且存在多样的水权交易方式，如水权转换、水银行租赁、用水置换、季节性水权、临时性再分配、永久水权转让、捆绑式买卖等。美国水权交易没有固定的模式，我们主要就其最具有代表性的水权转换模式进行介绍。水权转换指的是水权受让人以投入节水改造资本或其他等价物为交换条件，出让人接受后将自己的节余水量使用权转让给受让人。水银行租赁是另一种代表性模式。水银行是美国水权交易制度创新的产物，遵循调剂余缺的原理，在丰水期买入水权，而在枯水期卖出水权，这是解决因时间或空间分布不平衡而导致的水资源短缺难题的有效解决方案，水银行模式已在美国得到广泛应用。

美国西部地区干旱少雨，各州在确保水权私有制的基础上，认可水权属于财产权，且独立于土地权利之外。加利福尼亚州水法明确规定，水资源为州所有，是该州全体人民共同的财产。州政府依据公共信托理论对水资源进行管理。政府、企业等都可以参加水资源管理、开发和利用，并进行分工合作。取得水资源使用权应依法交纳水资源费，水费由州政府指定的部门或机构收取。水权交易主体交纳水费并按照要求办理相关手续，就可以进入水权交易市场，从事水权的买卖。加利福尼亚州依靠水银行完成水权交易，优化跨流域水资源的配置。水银行根据年度、季度来水状况制定对应水权交易策略，在充分把握用水量余缺信息的基础上，担任水权交易的媒介，将年度可用水量分为若干份额，以股份制方式加以管理。水权有节余的用水户可以出让水权，从中获得相应经济利益；缺水用水户可投资购买水权，获得可用水量。水银行促进了水权市场的运作，水权价格刺激了用水户的节水意识，促进了水权流转及水资源的合理再分配。在加利福尼亚州，"1991 年，水银行在45 天内买入了 10 亿的水，其买入价为 10 美分/米^3 而卖出价是 14 美分/米^3"。水银行是新的水权交易形式，创新的市场化水权管理具体方式。

5.3.1.3 智利水权交易的形式

智利是全世界范围内水权交易最发达的国家，它建立了世界上最古老的水贸易机制。在智利，水被规定为公共使用的国家资源，国家可按照法律规定向个人授予永久或可流转的水使用权，水董事会负责水市场的运作，各地区的水市场则由当地的用水户协会运营。智利政府管理水权的基本思路是鼓励发展、利用水市场，在一定情况下，水权可以通过自由谈判的方式转移给受让人，但必须符合相关法律法规的要求。根据智利水法，水权不仅可被作为买卖市场的直接客体，还可以被当作抵押物或者附属担保。智利水权交易的市场化程度较高，不仅建立了成熟的水权出让与转让市场,还形成了水权的金融市场,并且水权交易的方式多样灵活,可由交易双方依据自己意愿或需求签订合同。智利水权交易最常见的形式是相邻用水户之间的水"租借",这种形式涉及水量较小,时间也较短,因此大多不需要正式的协议与法律的约束。

5.3.2　我国水权交易的形式

我国现阶段的水权交易市场可被看作非正规的水权交易市场。在此阶段,水权交易的模式多数是在对各地实践经验总结的基础上形成的,在水权交易的初期,对我国水权配置科学合理的实现具有重大意义,但各地都缺乏成熟的经验,属于"摸着石头过河",水权交易难免存在种种问题。

从长远来看,我国必须进行相关的改革,建立正规的水权交易市场。在正规的水权交易市场建立过程中,其制度的核心就是依法选择水权交易的场所及交易模式。水资源自身的特有属性及外部交易环境的复杂性,都要求政府从严对水权交易市场进行监管。目前,政府通过把控市场准入制度、选择合适的交易模式、设置固定的交易场所等来实现其监管职能。

从目前我国水权交易模式来看,水权交易包含了水实体交易、水票交易、黄河水权流转制度等多种形式,但对水权交易场所的法律规定尚未得到明确,也缺乏统一的水权交易模式的相关法律规定。从我国各地水权交易的现实情况来看,要建立和完善水权市场,制定全国性的水权交易市场相关法律法规迫在眉睫。

就目前我国水权交易的实际情况来看,我国应采用水权证书与水权交易所相结合的模式。水权证书是水权所有人的证权证书,代表其拥有的水权资格,这也是水权交易市场上交易的凭证。就水权交易具体场所来说,应建立一个类似证券交易所形式的水权交易所,可借鉴美国的水银行制度和我国其他金融交易所类似的制度,对水权交易所的设置、运作流程及法律监管等方面进行规范。作为水权市场的交易平台,水权交易所还可以进行相关信息的收集,并切实保障信息公开。交易双方在水权交易所交易需要提交相关申请与证明材料,由水权交易所对其递交的资料做初步审查,上交给水权交易的行政管理部门(流域管理委员会或其他水行政主管部门),由此实现政府当局对水权交易的管控,保障水权交易的安全性与规范性。

5.3.3　我国水权交易实例

5.3.3.1　国内首例水权交易案例分析——东阳—义乌水权交易

浙江省金华地区的东阳市与义乌市于2000年11月24日签订了关于有偿转让横锦水库部分用水权的协议。

1）东阳和义乌两个城市水资源和经济发展概况

东阳和义乌是同属于浙江省金华地区相毗邻的两个城市，位于钱塘江流域，在钱塘江的重要支流——金华江一带。改革开放以前，两市经济发展在全省均处于下游水平。改革开放以来，两市的经济呈较快发展趋势。到现在，义乌小商品国际批发市场、东阳建筑业在全国享有盛名，带动两市经济强势发展，人民生活水平现已在全省处于领先地位。东阳市总面积 1739km²，人口 82.01 万，耕地 25 004hm²（1 hm²=10⁴ m²）。市内水资源总量 16.08 亿 m³，人均水资源量 2126m³。在金华江流域内，东阳市属于水资源相对丰富的地区，拥有横锦与南江两座大型水库，每年在满足东阳市正常用水需求的同时，还可向金华江弃水 3000 多万 t，供水潜力较大。义乌市总面积 1105.46km²，人口 123.4 万，耕地 22 912hm²；多年平均水资源总量 7.19 亿 m³，人均水资源量 1132m³，相比东阳市，义乌市水资源比较紧缺。义乌市现有供水能力约为 9 万 t/d，供水严重不足，主要靠远在 60km 外的八都水库进行城市供水，年供水量约为 2300 万 m³，水库供水潜力不足。水资源匮乏的问题若不解决，将来必定成为制约义乌市社会经济进一步发展的瓶颈，因此，义乌市亟须开辟新的水源。

2）两个城市水权交易原则和内容

以政府的宏观调控为指引，运用市场机制，由双方市水电局及其主管市长进行合作协商，政府办、司法局统筹，在一定范围内征求各方意见，最后由两市领导班子集体决策，最终达成合作共识。本着资源共享、优势互补、共同发展的基本理念，义乌市人民政府（乙方）向东阳市人民政府（甲方）提出了从所有权属甲方的横锦水库购买部分用水权的要求。甲乙双方达成如下协议。

（1）用水权——义乌市对东阳市投入 2 亿元水利建设资金，并以此价格购买横锦水库 5000 万 m³ 优质水资源的使用权。甲方同意以人民币 2 亿元的价格一次性把东阳横锦水库每年 5000 万 m³ 水资源永久用水权转让给乙方，水质达到国家现行一类饮用水标准。

（2）运行费用——水权转让前需投资并搭建必要的取水设施，因此，水价包括资源水价与工程水价两部分，水价结构依据有关法规的变动进行动态调整。义乌市从横锦水库一级电站尾水处接水计量，所使用的计量设备、计量室均由乙方投资并建设，两者联合管理。甲方承担横锦水库的日常运营管理、工程维护等职责。乙方有义务按当年实际供水量 0.1 元/m³ 的标准向供水方支付综合管理费（含水资源费、工程运行维护费、大修理费、折旧费、环保费、税收、利润等所有费用）。综合管理费中的水资源费按各省相关文件中规定的生活用水及其他用水的平均价为基准调整收费，其余费用一次商定并写入合同。协议执行过程中，如有省级以上规范性文件规定需新增的供水方面有上交要求的费用，供水方将按文件规定向乙方收取。

（3）付款方式——水权费用按约定分期支付。第一，用水权转让费用分五次结清。签订的供水合同生效后即付款项的 10%，动工建设供水管道等工程时支付 40%，工程开建一周年后支付 20%，工程全部完工验收通水后再支付 10%，剩下的 20% 在供水工程交付正常运行一年后结清。第二，综合管理费用按实际供水量收取，并于下季首月付清。

（4）管道工程——水利基础设施建设将拉动两市内需，根据经济学乘数原理带动当地经济额增长。总体管道工程由乙方投资，乙方对工程进行整体统一规划设计，并负责进行施工建设，工程中东阳地段的相关政策处理、调整由甲方负责，乙方承担相应费用，其政策处理的平均单价不应高于义乌市其他重点工程的标准。东阳段管道工程施工由甲方负责，其单价参照乙方段管道工程中标单价。工程监理、质监由乙方负责。工程验收由乙方负责，甲方参加。同时，甲方应积极协助乙方做好供水工程运行当中的相关政策处理等工作。乙方应在 2001 年 2 月底前确定管道工程走向，甲方负责、乙方协助在 2001 年 4 月底前完成东阳段工程相关政策处理工作。乙方应在 2001 年 6 月底前开工，2002 年 6 月底前完成引水管道工程。

（5）供水方式——取水计划需经两市上级水行政主管部门批准，并参与取水许可年度审验。除不可抗拒因素外，甲方应保证每年向乙方供应 5000 万 m^3 水量。甲方有按照乙方提供的具体供水计划的要求进行供水的义务，乙方在设定供水计划时，要注意保持每月供水基本平衡，供水量高峰最多是低峰的 2 倍左右。双方应积极协助对方做好停供检修等工作。

（6）违约责任——定量的罚则将约束合同双方履行承诺。甲方应按第五款的供水方式保证供水。如因甲方原因未能按第五款的要求供水，则每少供水 1 万 m^3，甲方向乙方赔偿 1 万元；如果出现甲方毁约的情况，违约方应以已支付水权转让费双倍的价格对乙方进行赔偿，同时双倍赔偿乙方为管道等工程所支付的费用及利息；若乙方未能按合同规定时间付款，甲方将向乙方按日收取千分之一的滞纳金，逾期一个月以上，甲方有权暂停供水，直至乙方付款或甲方停止供水。

合同未尽事宜由双方协商解决。

3）东阳和义乌水权交易案例分析

（1）东阳—义乌的水权转让是对现行水资源管理体制和法律法规的挑战与创新。《中华人民共和国民法通则》第八十一条规定："国家所有的矿藏、水流，国家所有的和法律规定属于集体所有的林地、山岭、草原、荒地、滩涂不得买卖、出租、抵押或者以其他形式非法转让。"1993 年 8 月 1 日，国务院第 119 号令发布的《取水许可制度实施办法》第二十六条规定："取水许可证不得转让。"东阳—义乌之间的水权转让向我国现行水资源管理体制与法律法规提出了挑战，它证明了市场在资源配置方面的巨大效率：义乌市出资 2 亿元为当地可持续发展永久消除了一大障碍；东阳市不仅解决了水利建设与持续发展的资金问题，还使每年白白流失的 3000 万 m³ 水转变为可利用财富。水资源作为具有商品属性的一种物质，在东阳和义乌这两市间率先走入市场进行交换，开了我国水权交易的先河，对于促进国内水资源配置与管理体制改革具有重大的积极作用。更为关键的是，东阳—义乌水权转让走出了明晰水资源产权就是私有化的误区，突破了现行水资源产权制度的桎梏。

（2）东阳—义乌水权转让这个案例中转让的是水资源的产权。产权通常又被称为财产权利，它不仅代表某项权利，还包括与所有权相关的一组权利束，即财产所有权及与相应财产的使用权、经营权等。在水资源开发利用中较为常见的产权关系是水资源的资源产权关系及水利工程投资形成的资产产权关系。在水的资源产权中，其核心内容是以水资源的国家所有权为基础，通过对水资源的有偿使用，实现水资源所有权与使用经营权的分离。《水法》第三条规定："水资源属于国家所有。"东阳—义乌水权转让这个案例中转让的是约 5000 万 m³ 水资源的永久使用权。无论使用权归属于东阳市还是义乌市，两者作为市场主体的地位是平等的，水资源所有权依旧无条件归属于国家，即在国家作为水资源所有者保留收益权、最终处置权的基础上，可以经由有关单位或法人依照法定程序享有水资源的使用权和经营权，以及由此而获得的部分收益权。

（3）水资源使用权的转让是在"准市场"中进行的。东阳—义乌水权转让是经两市共 10 套领导班子批准后进行的，相关取水计划需经两市上级水行政主管部门批准，并需参加取水许可年度审验，而非放任自流的纯市场行为。在国家监管和政府调控下的"准市场"中进行的水权流转，是政府通过宏观调控与微观管理相结合的手段优化水权市场配置的行为，它的出现是以经济高速发展中凸显的水资源供需矛盾为背景。水资源使用权的流转必须以流域与区域相关规划为基准，并与国家生产力布局及维护生态系统平衡的需要相符合。

（4）水资源产权转让急需配套执行的法律法规。在现行的《水法》和《取水许可制度实施办法》等政策法规基础上，建立了水资源有偿使用制度（如计收水资源费等）、取水许可年度审验制度等相关水资源权属管理制度，但对水资源产权优化配置的行为还缺乏明确的规定。尤其是关于初始水权配置和水权交易规则，亟待出台相关的法律法规进行规范。水权初始分配应以当下水资源的权属管理为蓝本，践行现有规划，遵守现行规范、制度及有关政策，然后在实践中进行总结改进，逐步加以完善。由于所有者通常是无偿取得的水权的初始分配权，所以转让时应先补交获取这部分初始水权的费用，然后再依法转让水权，而不转让水权就无需追缴这一费用。水权交易也可以被看作对原取水许可证上部分水量用途及供水目标发生变化的内容申请进行变更，纳入用水与退水管理环节。经水行政主管部门审核通过之后，受让方应重新将水量用途的变化、年内各月用水量的变化、用水保证率的变化及退水的变化等情况纳入取水许可制度管理范畴。水权交易除缴纳初始水权获取费用外，还要向国家交纳水资源出让金。获取水资源产权后，国家应向受让者颁发水资源产权使用证，由水务部门根据流域与区域水资源情况为地区、行业、部门或个人使用者颁发水权使用证。水权使用证需明确记载有效期、水价、水量、用水保证率与水质标准等内容，以此保证水资源产权受让者的合法权益。实现水权分解、落实到各个水资源的消费者，是解决水资源开采发掘问题、节水环保问题、水质污染问题、水价问题的有效途径。这将涉及较多行政、经济与法规问题，也存在中国的特殊国情等因素。浙江省东阳市和义乌市水资源使用权有偿转让为我们提供了很好的案例。此案例中，水资源所有权、使用权的产权归属十分明晰，供水、工程维护等责任分工明确。由于引进了市场机制，水资源浪费和水质污染问题将难以发生，水价问题也得以解决。

5.3.3.2 漳河流域跨省水权交易实践

漳河上游位于山西、河南、河北三省交界处，这一地带水土资源匮乏，水利、土地矛盾凸出，容易出现省际的水务纠纷。近年来，由于降水量的减少与上游的开发利用，水利部海河水利委员会上游管理局直管河段的来水量逐年减少。另外，全流域水资源缺乏统一调度管理，上游区域经常出现无水可分的情况，两岸村庄用水矛盾在灌溉季节用尤为凸显。面对这一严峻形势，上游绝不坐以待毙，而是积极调研，根据水权相关理论，联系实际，提出了通过市场机制解决水事矛盾的新思路，总的来说，就是"跨省有偿调水，优化资源配置，避免水事纠纷，保持稳定发展"。2001 年 4～5 月，河南省安阳县跃进渠灌区从山西省漳泽水库调水 1500 万 m^3，由此开始了跨省调水的初步尝试。同年 6 月，针对夏播季节灌溉用水需求量大、水事纠纷多发的情况，相关省份经过磋商协调，对上游山西省内的 5 座水库进行联合调度，有计划地向下游河南省红旗渠、跃进渠灌区及河南、河北两省沿河村庄调水 3000 万 m^3，有效避免和解决了夏播之际的争水纠纷。2002 年春灌时期，在总结之前经验的基础上，又向下游缺水的红旗渠、跃进渠灌区调入 3000 万 m^3 水资源。

上游局的这三次跨省水资源调度取得了显著成果和满意的社会经济效益。首先，在流域内对水资源进行有偿的合理再分配，实现了水权的优化配置，卓有成效地缓解了流域内的用水矛盾，保证了边界地区的团结发展。其次，三次调水灌溉耕地达 3.33 万 hm^2，解决了数十万人畜的用水问题，直接使农业收入增加 5000 余万元。另外，山西的水资源管单位和沿河电站也分别实现了 140 万元和 120 余万元的额外经济效益，达成了多方共赢的局面。再次，这次将水权市场理论与实际结合的实践，不但践行了优化配置水资源，还初步培育了漳河水权市场。最后，突破了传统的观念，探索了一条通过经济手段与市场机制解相结合来决水务纠纷的新路径。

5.3.3.3 甘肃省张掖市农民用水户水票转让

甘肃省张掖市是我国建设节水型社会的试点城市,该市在实行水权制度改革后,农民用水进入"水票制"时代。农民持有用水权证,并以此作为货币购置水票,用水时先交水票后供水。水票是进行水权交易的客观载体,同时,它能把控各用水户的年度用水总量,以达到节水的目的。如果超额用水,需根据相关规定通过市场交易从节余者手中购买水票,农户节余的水票可以在同一渠系水权市场中自由买卖。

张掖市民乐县洪水河灌区彭庄村农民朱宏一家有 4 口人,其 14 亩(1 亩约为 $666.67m^2$)耕地配置水权近 $4000m^3$。2003 年,朱宏种植了 3 亩小麦、4 亩啤酒大麦、3 亩中药材、2 亩土豆和 2 亩苜蓿。第一轮浇水时,他购买的水权是 $800m^3$,这部分水权定价为 0.1 元/m^3。由于苜蓿、土豆、板蓝根无需浇水,所以他灌溉 7 亩小麦和啤酒大麦只用了 $600m^3$ 的水,水资源节余 $200m^3$,与过去相比,每亩地节水 50%。对于节余下来的 $200m^3$ 水,他以 0.2 元/m^3 的价格卖给了同村的村民。第二轮浇水时,由于 14 亩地都需要浇水,他又缺了 $300m^3$ 水,于是,他又以 0.1 元/m^3 的价格从同为农户的弟弟手中购买了 $100m^3$ 水。这样,朱宏第一轮用水时购买水权花了 80 元,由于节余下了水,通过出卖水权收入 40 元,他实际只花了 40 元钱的水费就浇完了地。由于他在第二轮浇水时水量不足,他又多花了 10 元钱购买了 $100m^3$ 水权。这样,两轮灌溉下来他还是节省下了 30 元钱的水费。朱宏自己总结说,若从全年来看,他的水权几乎要被全部使用完,但有了水权交易,自己的耕地每一轮浇水都能得到充足保障,不会再出现每一轮 3~4 亩地无水可浇的情况。

对于水权制度的建立和水权交易的开展,张掖市当地农民认为,一是由于每户农民都清楚自己家的水权限额,在用水方面开始做出合理规划,有效提高了村民的节水意识;二是推动了经济结构的调整(朱宏家 14 亩地的 $4000m^3$ 水权实际用水量比以前大大减少,为了使所有的地都能浇上水,他 2003 年对种植结构进行了调整);三是改变了以前大锅饭式的集体用水方式,提高了水的使用效率。

5.3.3.4 宁蒙两区之间黄河水权转让实践

内蒙古与宁夏两个自治区自 2003 年起成为黄河水权转换的试点地区,首先开始了水权的探索实践,4 年多的摸索尝试工作最终取得了显著成果,达成了"农业支持工业,工业反哺农业"的双赢局面,促进了区域经济和社会持续、稳定、健康的发展。

(1)保障了新建工业项目用水,促进了区域经济快速发展。

2003 年 4 月至今,水利部黄河水利委员会先后审查通过了总计 18 个宁夏、内蒙古两个自治区内的水权转换项目,这些新批准的项目每年为区域新增了超过

1.8 亿 m³ 的取水量，新建设的相关节水工程每年节约了用水 2 亿多 m³。这其中，宁夏新建 4 个火电厂，每年增加 4997 万 m³ 的取水量，其相应节水项目的年节约水量达 5976 万 m³；内蒙古内新增 14 个项目，包括 3 个煤化工项目和 11 个火电厂，新增年取水量约 1.32 亿 m³，年平均节约用水约 1.5 亿 m³。

宁夏和内蒙古地区将黄河灌区的部分农业节余的水权转移给需水的工业领域，大幅提高了当地工业产值占生产总值的比例。根据《内蒙古黄河水权转换总体规划》，等黄河南岸灌区的节水工程全部完工后，鄂尔多斯市从农业部门流转出的用水量可弥补包括鄂尔多斯集团硅电联产项目等十几个工业重点项目用水缺口。这些规划项目全部正式投入使用后，年产值将达到 240 亿元以上，为当地政府增加 81.5 亿元税收收入。通过进行水权转换优化水权配置，鄂尔多斯市实现了工业经济每年 40% 的快速增长速度，现在已成为我国欠发达地区新型经济发展方式的一大亮点。截至 2010 年，鄂尔多斯市生产总值超过 1000 亿元，财政收入 100 多亿元，农牧民人均纯收入过万元，城镇居民人均可支配收入更达到 2 万多元。宁夏马莲台电厂的统计资料显示，该厂以 3839 万元换取了 2415 万 m³ 的黄河取水权，2005 年 12 月，该电厂一期工程 2×300MW 机组安装完成投入使用，2006 年全年总发电 39.5 亿 kW·h，创造净产值 4792 万元，同时多提供了近 300 个就业岗位，履行了企业的社会责任。

在宁夏、内蒙古自治区进行的黄河水权转换的摸索、实践，是在控制取水权总量的前提条件下，引入市场的调节机制，实现水权的有偿流转，让工业企业自愿投资建设节水改造项目，然后将节水工程节余的水量再补给给工业企业，体现了水资源配置由低附加值行业向高附加值行业转移的过程，一定程度上突破了制约严重缺水地区社会经济发展的瓶颈，为区域社会经济的加速发展奠定了基础。

（2）农民合法用水权益得到保障。

在计划经济体制下，通常由政府出面以行政手段将农业部门的用水权无偿划拨给需要用水的工业企业，这种做法不利于工业企业建立节水观念，还无端损害了农民的正当权益，不利于社会和谐，不能体现市场对资源的调配作用。社会主义市场经济条件下，责、权、利得以进一步明晰，工业企业的用水只能在政府宏观调控的基础上，通过市场调节获得。黄河水权转换摒弃了旧的用行政手段调拨农业用水补给工业企业的做法，将引黄灌区未衬砌的渠系进行衬砌后节约下来的水，通过有偿的水权转换促进地区工业经济的发展，而付款方式即由工业企业负责引黄灌区节水改造项目的投资及其他补偿费用。这种以农业节水支持工业生产用水，以工业发展反哺农业的做法，充分体现了市场的调节作用。由于是将通过降低灌区在输水环节中损失的水量用来为工业项目提供供水量，所以灌区田间实际供水量并未被减少，保护了农民和农业企业的合法用水权益。

（3）灌区节水改造工程建设的融资渠道得到有效拓展。

由于宁夏、内蒙古引黄灌区历史悠久，早期建设标准较低，所以灌区渠道工程现在多出现了年久失修的现象，灌区供水过程中漏水、跑水现象严重，造成很大的渠系渗漏损失。1998 年，国家开始每年投入大量资金进行大型灌区续建配套与节水改造工程的建设，但因灌区数量多、工程大的特点，政府所投入的资金远远不够，所以灌区节水改造的步伐被严重拖后。据测算，2015 年内蒙古黄河南岸灌区和宁夏青铜峡灌区的节水改造计划要达到目标所需的资金分别为 12.87 亿元和 36 亿元，而在黄河水权转换实施前实际到账的投资分别为 0.59 亿元和 3.6 亿元，仅占应投资额的 4.6% 和 10.0%。因此，必须探索拓宽融资渠道，按照投资主体多元化、投资层次多重化、融资结构多样化模式下的投融资新路子，坚持"谁受益，谁投资"的原则，采取多方通融资的方式，加快灌区节水改造的步伐。

随着黄河水权转换试点工作的推广，节水改造工程的融资渠道得到了拓展，水权受让方的投资有力地推动了宁夏、内蒙古两地灌区节水工程的改造进程。截至 2006 年底，内蒙古鄂尔多斯市水权流转项目节水工程资金已到位 2.95 亿元，达到了预计投资的 72.8%；水权受让方向鄂尔多斯黄河南岸灌区的节水工程投入资金 2.43 亿元，这是国家成立 50 多年来在该灌区所投入节水资金总和的 9.8 倍；宁夏水权转换项目的节水工程获得投资 7240 万元。宁夏、内蒙古通过将引黄灌区的部分农业水权有偿转让的方式补给给工业领域，使出让方因此筹集了大量节水改造基金，改变了我国长期以来依靠政府出资建设改造灌区节水工程的传统做法，开辟了一条水利基础设施建设融资的新途径，落实了地区节水工程改革升级的深入开展。

（4）提高了水资源的利用效率和效益。

由于形成历史时间长、建设标准低、资金不足、灌区相关工程老化失修等原因，宁夏、内蒙古引黄灌区的水资源利用效率较低，灌溉水利用系数平均在 0.4 左右。且宁夏、内蒙古两个自治区自古以灌溉农业为主，农业用水量比重很大，均在 93% 以上，而工业用水比重则偏低。目前，宁夏、内蒙古自治区工业用水单方水效益是农业用水的 60～110 倍。

根据《内蒙古自治区黄河水权转换总体规划报告》与《宁夏回族自治区黄河水权转换总体规划报告》分析，以近期可转换水量向工业项目进行的水权转换，宁夏、内蒙古两地用于工业的单方黄河水效益分别为 57.9 亿元和 83.8 亿元，水资源利用毛利增加 140.27 亿元，扣除相应灌区节水工程成本后，黄河水资源利用的净收益增加 131.52 亿元。

通过渠道衬砌，可有效减少渠道渗漏所产生的损失水量，增大水流速度，减小渠道糙率，缩短灌溉周期，优化渠道过水断面，抬高渠系水利用系数与水资源利用效率。据初步测算，黄河南岸灌区的节水改造项目全部完工并投入使用后，能将渠系水利用系数由 0.348 提高至 0.636；青铜峡河西灌区节水改造工程也会将惠农渠渠系水利用系数由 0.514 提高至 0.565，唐徕渠渠系水利用系数将由现在的 0.487 提高至 0.548，大清渠渠系水利用系数也将由原来的 0.455 提高到 0.516。其他灌区渠系水利用系数及渠道衬砌后灌溉水利用系数也都有明显提高。

（5）水费支出下降，减轻了农民负担。

水权转换让灌区节水工程得到大幅的改善和升级，使得农业灌溉的供水损失大大降低，提高了渠系水的利用系数。这就意味着，在相同灌溉条件下，灌溉所需的用水量并不减少，但由于损耗的降低，农民从渠首引水的量减少了，实际需要支付的用水费也就相应降低，减轻了经济负担。宁夏新增实行水权转换的 4 个工业项目每年需从农业部门流转黄河水 4997 万 m³，共需灌区工程节水 5976 万 m³；内蒙古 14 个试行水权转换的工程每年需流转黄河水量约 1.3 亿 m³，共需灌区工程节水约 1.5 亿 m³。鉴于这 18 个工业项目获得的供水量均来自对灌区未衬砌的渠系进行衬砌后所减少的渠系供水损失，这意味着，在同等灌溉条件下，由于节水改造工程的建成使用，灌区供水系统的损失水量将减少 2 亿多 m³，而这部分损失水量的费用原来也是要由农民承担的。依据现行的农业用水价格（宁夏自流灌区 1.2 分/m³，内蒙古自流灌区 5.3 分/m³，扬水灌区 5.4 分/m³）宁夏 4 个水权转换项目建成后，农民将节约水费支出 71.71 万元；内蒙古 14 个节水改造工程投入使用后，农民将少交水费 773.15 万元。根据内蒙古黄河南岸灌区管理局的数据，该灌区农民 2006 年较前一年亩均水费支出减少了 10.69 元，亩均水费支出减少了约 60%。

在实际的水权转让中，以上这些转让形式通常是混合、交织运用的。从目前我国水权转让的实践来看，我国的水权转让大多还是流域内的水权转让，主要采取直接转换交易的形式。具体到我国水权转让典型实例，宁夏与内蒙古的水权转让主要是黄河流域内、工业与农业之间的水权转让；甘肃省张掖市的水权转让试点则较多地采用了临时性、行业内的转让，其中，农户间节余水权的转让较为常见；浙江东阳—义乌、余姚—慈溪水权转让都是县级区域间的水权转让，属于区域政府间的水权转让，不同的是，前者是永久使用权的转换交易，后者则有 15 年的期限。

从东阳—义乌水权交易到甘肃、宁夏与内蒙古等地区开展的均是因地制宜的水权转让，我国的水权转让在实践中不断前行。作为我国首例水权交易案，东阳、义乌两市的地方政府承担了水权流转主体的角色，其实质更倾向于是关于水权的行政性契约；宁夏与内蒙古地区的跨行业水权转让凸出了企业投资、灌区供水的流转形式，地方政府充当了其中的主要推动者；张掖地区的水权转让灵活地运用了水票的形式，促进了农户之间水权转换的实现，并在不断探索中促成了用水者协会的建立，使水权市场的调节作用得到了更为有效的发挥；而漳河上游跨省区的调水则着重凸出了地方政府相关部门对水资源的配置。从这些实践案例中，我们不难看出，水权转让在一些地方取得了一定的成就，但是，在实践中加强利用水权市场的力量以推动水权转让的意识却未得到充分体现。总体而言，我国的水权转让实践工作仍处于试点的初级阶段。实践中，水权转让体系的构建仍在不断地被完善，相关的转让规则、程序设定也都在不断地被探索，可以说，我国水权转让的实践道路前景仍较为广阔。但是与发达国家相比，我国还没有形成真正意义上的水权转让市场，水权转让主要还是靠政策的推动和政府的参与，这只能被称作在政府管制下的一个"准水权市场"。要想建立真正意义上的水权市场，促进水资源使用权的市场化流转，我国仍需要进行长期的探索与尝试，可谓任重而道远。

6 流域水资源配置利用现状分析——以河南省为例

6.1 河南省水资源概况

河南省地处中原，是全国水资源比较贫乏的地区之一，分属黄河、淮河、海河及长江四大流域，地域分布不均匀，多年平均水资源量为 413 亿 m³，人均 437m³，位居全国第 23 位；亩均 403m³，位居全国第 22 位，远低于全国平均水平。全省多年平均地表水资源量 312.7 亿 m³，地表径流的年际变化较降水量更为凸出，降水量各年之间很不稳定，变化幅度较大，往往造成大水年洪涝成灾，危及人民生命、财产安全，枯水年份的干旱则会造成农作物减产，甚至绝收。而且，河南省地势基本上是西高东低，地表形态复杂，山地、丘陵、平原、盆地等地貌类型兼有，处于温带和亚热带气候交错的边缘区及山丘到平原过渡区，因此四季气候变化明显，季节温差大，冬、春干旱少雨，夏季炎热多雨；降雨年际变化较大，且时空分布不均匀，自南而北呈递减，南部达 1000～1200mm，北部仅 600mm 左右，年内 6～9 月降雨占全年降雨量的 60%以上，年际变化明显，多雨年与少雨年的年降雨量比值达 3～5，并经常出现连旱和连涝年份。河南省由于所处地理位置、水文地质条件和气候特征等因素的影响，自然条件比较恶劣，水资源开发利用难度大。个别地区由于地球原生形成砷矿，饮水水源中砷含量超标；局部地区富集盐矿，苦咸水呈点状和带状分布，黄、淮、海冲积平原地区苦咸水呈面状分布，数量比较大。近年来，随着社会经济的迅速发展和人口的不断增长，废、污水排放量越来越大，生活污水、垃圾、工业废水的有机污染及农田施用化肥、农药的污染越来越严重，超过了环境容量，致使地表水和地下水受到不同程度的污染，从而又产生了许多新的饮水不安全因素。综上所述，河南省目前正面临着严峻的水资源分布不平衡和农村饮用水安全问题，对农业生产极为不利。

目前，河南省地表水设计供水能力总计 237.7 亿 m³，其中，蓄水工程 91.2 亿 m³，引提水工程 146.5 亿 m³；地表水现状供水能力总计 119.8 亿 m³，其中，蓄水工程 61.9 亿 m³，引提水工程 57.9 亿 m³。全省地下水现状供水能力总计 121.4 亿 m³，其中，浅井现状供水能力 100.2 亿 m³，中深井现状供水能力 21.2 亿 m³。具体情况如后文。

6.1.1 蓄水工程

（1）水库。大型水库 21 座，控制面积 2.7 万多 km^2，总库容 222.1 亿 m^3，兴利库容 60.2 亿 m^3，设计供水能力 51.5 亿 m^3，现状供水能力 33.1 亿 m^3；中型水库 103 座，控制面积 1.3 万多 km^2，总库容 28.7 亿 m^3，兴利库容 14.3 亿 m^3，设计供水能力 20.0 亿 m^3，现状供水能力 16.0 亿 m^3；小型水库 2223 座，总库容 19.2 亿 m^3，兴利库容 10.7 亿 m^3，现状供水能力 6.8 亿 m^3；塘坝 28 万多座，总容积 26.6 亿 m^3，现状供水能力 6.0 亿 m^3。

（2）水闸。在平原地区的河道上，修建有许多水闸，具有灌溉、城市供水、补充地下水源和排洪的作用。截至 2002 年，全省共有大型水闸 22 座，蓄水量 2.4 亿 m^3，大型拦河橡胶坝 7 座，蓄水量 0.18 亿 m^3。此外，还有中型水闸 218 座，蓄水量 2.34 亿 m^3，小型水闸 1794 座。

6.1.2 引提水工程

河南省为灌溉、城镇供水修建了大批引提水工程。其中，引水工程设计供水能力为 123.2 亿 m^3，现状供水能力为 46.3 亿 m^3；机电提灌工程 1.1 万多处，总装机容量 1140×10^3 kW，现状供水能力 11.7 亿 m^3。

6.1.3 机电井

广大平原地区农田灌溉以井灌为主，全省已配套农灌机、电井 111 万眼，其中，机井 59 万眼，装机容量 5294×10^3 kW；电井 52 万眼，装机容量 2902×10^3 kW，现状供水能力 100.2 亿 m^3。城市、县城、县级市多以抽取地下水供工业和生活用水，共有中深井 1.1 万多眼。

6.1.4 城市供水

省辖市、县级市共有自来水厂 106 个，综合生产能力 572.24 万 t/d，其中，地下水 278.34 万 t/d；自备供水综合生产能力 386.55 万 t/d，其中地下水 313.84 万 t/d。县城自来水厂 107 个，综合生产能力 95.49 万 t/d，其中地下水 68.17 万 t/d；自备水综合生产能力 96.35 万 t/d，其中地下水 90.1 万 t/d。

6.1.5 乡村供水

平原地区主要结合水利工程，从河道、渠道、坑塘取水或打井抽取浅层地下水。山区因地制宜，采取蓄、引、截、挖、提等方法从水库、河道、渠道取水或打井抽取深层地下水。目前，已建成引山泉、提水站、深井等供水工程及引坡水或屋顶集雨的水池、水窖 35.5 万处，初步解决了 1416 万人和近 200 万头牲畜的饮水困难。

6.1.6　灌区

河南省 30 万亩以上灌区 38 处，10 万～30 万亩灌区 24 处，1 万～10 万亩灌区 181 处，另外，还有万亩以下的小型灌区和井灌区，共计有效灌溉面积达到 7188 万亩。

6.2　河南省水利工程现状

水利工程是保障社会经济发展的基础设施，在抗御水旱灾害、改善农民生产和生活条件、保障水资源的配置、促进各项事业发展等方面发挥着重要作用。通过对全省灌区灌排工程、机电井灌溉工程、安全饮水工程和河道堤防工程产权和管理运行情况进行调研，当前还存在着权责不明、投入不足、发展滞后、管理不善、效益衰减等问题，影响了工程长期运行和效益的发挥。为了充分发挥水利工程效益，保证长期良性运行，选择 6 个县（管理单位）作为改革试点，并对此分类进行了调研，通过总结改革试点的成功经验，推动全省水利工程产权制度和管理制度改革。

（1）基本状况。小型农田水利设施主要包括机电井、集雨水窖、坑塘、堰坝、提灌站和排灌站等。2007 年，河南省机电井将近 116 万个；集雨水窖 16 万个，蓄水量达到 5614 万 m^3；坑塘 28 万个，蓄水量达到 119 万 m^3；堰坝 5.4 万个，蓄水量达到 6.2 万 m^3；提灌站装机容量为 46 万 kW，实灌面积 848 万亩；排灌站装机容量 44 万 kW，控制面积达到 179 万亩。但是河南省小型农田水利设施建设的地区分布差异很大例如，周口市和商丘市的机电井约有 20 万个，而济源市和三门峡市却不足 3000 个；信阳市的提灌站装机容量达到 9.6 万 kW，而商丘市、开封市等地区不足 1 万 kW；南阳市的堰坝达到 1.1 万个，蓄水量达到 1.9 亿 m^3，而濮阳市、开封市、周口市等地区基本上没有堰坝蓄水。这种分布不均，特别是解决灌溉问题的排灌站建设严重分布不均问题，使得有限的水利资源没能充分发挥灌溉作用。

（2）建设投资。投资是小型农田水利设施建设的最基本要素。2007 年 9 月至 2008 年 4 月，河南省农田水利基本建设共完成投资 52.41 亿元，投入劳动工日 2.28 亿个，完成土石方 4.63 亿 m^3；共修复水毁工程 23 212 处，加高加固堤防 837km，疏浚河道 5732 km，清淤渠道 24 427 km，加固大中小型水库 158 座，新建小型水库 1 座、塘坝 4623 处、水池水窖 25 744 个、机井 33 607 眼，新增蓄水能力 5170 万 m^3；新增、恢复和改善灌溉面积 198 万亩，新增除涝面积 175 万亩，发展节水灌溉面积 140 万亩,改造中低产田面积 144 万亩,治理水土流失面积 1093 km²;兴建村镇供水工程 1617 处。近两年来,随着粮价的上涨,河南省的农田水利设施建设投资有了明显的增长。2007 年 9 月至 2008 年 4 月,河南省投资、工程量、完成土石方量都比上年有所增加,投资比上年同期增加 15.54 亿元,投入工日增加了 4762.60 万个,分别增长了 42.21% 和 26.30%。

(3)效益状况。由于难以获得历年的统计资料,本书仅以 2007 年、2008 年两年的投资与收益情况的比较来探讨河南省农田水利设施建设投资的收益情况。与 2007 年相比,2008 年河南省各地农田水利基本建设投资与上年同期相比增加幅度比较大。全省 18 个地级市中,有 15 个市投资增加,占 83.33%;3 个与上年基本持平,占 16.67%。主要是水库除险加固、饮水、土地整治等项目的投资增加幅度比较大。投资的增长使得该省的各类主要小型农田水利设施状况得到改善,各种主要的小型农田水利设施的数量有了较为明显的增长,其对农业灌溉和农田改造的作用已经明显显现。对粮食生产具有重要作用的干支道、田间渠道、水池水窖、灌溉机井和蓄水能力的绝对数量增长。随着小型农田水利设施建设投入力度的加大,与粮食生产和增收具有直接作用的灌溉面积、除涝面积、中低产田改造面积和年新增节水能力也同样有了明显的增长。与小型农田水利设施建设投入加大相对应的是粮食产量的增长。统计资料显示,2008 年河南省粮食产量较 2007 年增长了 62.5 亿 kg。这固然与粮食直接补贴政策的推行有关,但在自然条件不断恶化的情况下,小型农田水利设施建设投入加大的作用不可忽视。除此之外,村镇供水工程和新增受益人口明显增加,对建设社会主义新农村、改善农民生活条件也同样具有重要意义。

6.2.1 灌区工程

新中国成立以来,河南省共建成 251 处大中型灌区,其中,大型灌区 40 处,中型灌区 211 处。现有干渠总长 8777km,支渠总长 13 287km,支渠以上建筑物 86 126 座,斗农渠建筑物 183 366 座。全省大中型灌区设计灌溉面积 4552 万亩,有效灌溉面积 2607 万亩,其中,大型灌区设计灌溉面积 3714 万亩,有效灌溉面积 2091 万亩。灌区的建设与发展为保障国家粮食战略安全和实现河南省粮食连年丰收做出了重大贡献。在 2008 年冬季至 2009 年春季河南省遭遇重大旱情的关键时期,全省灌区发挥了至关重要的作用,为实现河南省夏粮产量达 306.5 亿 kg、连续 6 年夏粮大丰收做出了积极贡献。

灌区灌溉工程实行专管与群管相结合的管理模式,一般干渠或较大的支渠(如跨县、乡)由专管组织管理,支渠以下工程主要由以村集体及农民用水协会为主的群管组织管理。

随着水利工程管理体制改革实施方案的落实，全省 251 处大中型灌区的水资源管理体制改革已取得阶段性成果，人员支出经费已基本落实，为灌区的建设管理工作奠定了重要基础。

目前，河南省农业用水价格仍按照省物价局、水利厅《关于加强我省水利工程水费计收和管理工作的通知》（豫价费字〔1997〕第 091 号）文件规定执行，其标准为：以总干渠渠首进水闸为计量点，按用水量计收的，水费为 0.04 元/m³；按基本水费加用水量计收的，基本水费为 4.5 元/（亩·年）、计量水费为 0.026 元/m³。乡（镇）、村水利工程群管组织收取的斗农渠管理费，原则上由乡（镇）水利站按上述水费的 20%计收，专款用于斗农渠的维护管理费用支出。由于灌区计量设施不完善，多数灌区只能根据支渠进水口计量的水量及支渠以上（不含支渠）的输水损失确定农业供水量，并以渠首进水口的价格及灌溉面积确定各用水户的农业水费收缴额度。

农业水费的收取方式主要有直接收取和委托收取两种，以委托村级组织和农民用水者协会为主。补源灌区的补源水费主要依靠县、乡有关部门收取。农业水费一般按照"一水一清"收取或按照季节收取。

6.2.2 机电井

6.2.2.1 机井现状

多年以来，机井灌溉始终是河南省农田灌溉中最基本、最普遍的灌溉方式之一，对改善河南省农业生产条件，提高抗御旱灾能力，保障农业增产丰收，确保河南省粮食安全发挥了重要作用。同时，机井的灌排双重功能，也对降低地下水位、防止土壤次生盐碱化起到了重要的调控作用。截至 2009 年底，全省农业灌溉机井 122 万眼，已配套机井 114.9 万眼。全省机井有效灌溉面积 5179 万亩（含井渠复灌面积），占全省有效灌溉面积的 69.2%；纯井灌区面积占全省有效灌溉面积的 59.2%。全省 18 个省辖市中，有 12 个市井灌面积占有效灌溉面积的 70%以上。豫东地区如开封、商丘、周口等市，井灌面积占有效灌溉面积的 90%以上。全省 158 个县（市、区）中，有 114 个县（市、区）井灌面积占有效灌溉面积的 70%以上，其中 49 个县（市、区）达 90%以上。井灌区已成为河南省重要的粮油生产基地。

6.2.2.2 机电井工程运行现状

（1）配套情况。目前，河南省灌溉机井已配套 114.9 万眼，分机配和电配两类。由于电配需要地方有完善的电力配套基础，早期配套以机配为主。自 1998 年省电力公司实施"农田机井通电"示范工程以来，新建机井配套中电力配套增加较快。与机配相比，电配亩均灌溉成本较低，农民使用方便，提水灌溉时对机井损坏较小，同时有效促进了节能减排。但目前电配机井中已配套灌溉机井总数的比例还较低。

（2）运行费收取情况。根据初步调研，目前河南省基本未收取地下水灌溉水资源费。机井运行费用主要指提水所用电费或柴油费，收费没有统一标准，根据各市、县机井深度、电路情况等因素，平均浇地费用为5～25元/（亩·次）。大部分机井灌溉水费计收仅用于所耗电费缴纳和少量管理费，不包含水费和维修费。在调研中，仅发现焦作沁阳市机井灌溉水费收取中每kW·h电加0.4元作为灌溉管理服务费，中牟县每kW·h电加收0.1元作为灌溉管理服务费。只有在少部分采取低压灌溉、喷灌等先进灌溉技术的地区的灌溉水费中包含了水费、人工费和维修费，保证了机井设备及管道的正常维护。

6.2.2.3 机电井工程管理现状

目前，河南省机井管理从产权上分国家或集体所有和个人或联户所有两种形式。

（1）机井产权归国家或集体所有，主要指各级财政投入所打机井，大部分机井产权明确移交给村集体所有；但仍有部分机井因各种原因产权未明确，名义上归国家所有。

（2）机井产权归农户个人或联户所有，主要包括农户自建自有的、农户通过拍卖取得机井所有权的、农户自建时政府补贴部分资金所有权归农户的。

机电井工程主要管理形式有以下几种。

（1）由村集体或村民小组直接管理。其中，村组经济条件较好的乡村机井管理较好。有些乡村的机井管理、维护、灌溉由村集体或村组统一负责，有些乡村集体只负责机井管理维护，群众负担灌溉费用。村组经济条件较差的乡村机井管理也较差。有些乡村集体或村组只负责用水秩序安排，有些乡村集体或村组在机井管理上则基本不作为，群众自配机泵进行灌溉。

（2）井长负责制。以村为单位推选或指定干部或群众为井长，负责水泵的安装、保管，将水送到地头。灌溉费用按用电时间收取电费和管理费。大部分井长报酬从管理费中抽取，仍有少部分乡村实行"井田制"，即受益村组划给每个管井人员0.5～1亩养井护井田作为管理和维护的报酬。

（3）农民用水合作组织管理。村集体或村民小组将管理权移交给农民用水协会，由受益农户自主管理。

（4）联户管理。受益群众兑钱购置水泵和其他配套设施，轮流进行灌溉。灌溉费用按用电时间交纳电费，井、泵损毁由几家合资进行维修。

（5）农户自主管理。机井由专业户（人）承包或农户自有，承包或自有农户自主管理、使用和维修，提供灌溉服务时收取一定费用。

6.2.3　农村饮水安全工程

6.2.3.1　已建成的农村饮水安全工程基本情况

省委、省政府高度重视农村饮水安全工作，20 世纪 90 年代初就把解决山丘区农村吃水困难列入政府重要议程，安排专项补助资金，为全面解决河南省农村饮水困难问题奠定了良好基础。进入第十个五年计划时期，尤其是 2004 年河南省率先在全国启动农村饮水安全工程以来，坚持以人为本，全面贯彻落实科学发展观，把保障农村饮水安全放在水利工作的凸出位置，2005～2009 年，连续五年把解决农村饮水安全工程建设列为省委、省政府为民要办好的十大实事的重要内容之一，2009 年列为全省十项民生工程的重要内容之一，集中资金，强化措施，扎实推进。全省各级各部门形成合力，省发改委、财政厅、水利厅、卫生厅等部门密切配合，大幅度增加了农村饮水工程建设的投入。各级地方政府重视民生民心，加强领导，科学规划，精心组织，认真抓好配套资金和群众自筹，促进河南省农村饮水安全工程建设取得重大进展。截至 2009 年底，河南省已完成投资 53.08 亿元，其中，中央投资 29.89 亿元，省级配套资金 7.79 亿元，市级配套 4.36 亿元，县级配套 1.76 亿元，群众筹资投劳 9.28 亿元；兴建各类供水工程 6725 处，解决了 9789 个行政村、1223.69 万人的饮水不安全问题。农村饮水安全工程建设的实施，减少了疾病的发生，提高了农民健康水平，减轻了农民取水的劳动强度，解放了一大批农村劳动力，促进了农村社会经济的发展，使农民真正得到了实惠，深受农民的欢迎，被农民誉为"德政工程""民心工程"，是科学发展观在农村工作中的具体体现。

6.2.3.2　已建成的饮水工程管理模式及成效

河南省农村饮水安全工程多种管理模式并存，各地结合实际，大力开展农村饮水管理体制改革，明晰所有权，放开使用权，搞活经营权。通过实施"产权明晰、市场运作、竞争承包、股份经营、公司经营、协会监督、确保供水"等多种管理措施，根据供水规模、投资来源、社会经济发展水平和地理地形条件，因地制宜，初步探索出了以下几种管理模式。

1) 公司化管理模式

主要适用于供水规模较大的集中供水工程，公司按照企业化运作模式对饮水安全工程实行统一管理，实行定岗定员，设置养护维修、计量收费、保管、财务等岗位，制定养护、维修、财务管理等各项规章制度，进行公司化运作，保障供水工程长期运行。这种管理模式责、权、利明确，责任落实，运行成本低。目前，河南省这种管理模式占工程总数的 4%左右，且主要有两种运作模式，第一种形式是在工程建设前或建成后，由县水利局指导组建供水公司，这种形式在西华、项城、长葛等县（市）的供水厂运用较好。这些供水厂的水价由物价部门核准，在县水务局和农民用水户协会的共同监督指导下，实行市场化运作，企业化管理，自主经营，独立核算，自负盈亏。每季度要向县水利局和农民用水户协会报告供水工程运行管理和财务状况，并自觉接受用水户的监督。第二种形式是股份制工程建成后，组建股份制公司，负责工程的经营、管理、维护。这种股份公司管理的模式最大优势是管理主体明确，经营权落实，没有争议，受外界因素影响小，工程建成后能够真正按企业化的要求运作，工程运行具有强大的生命力。同时，这类工程管理模式大大减轻了政府投资压力，群众集资投劳也多由公司与农户协商解决，减少了政府和农民之间的矛盾。例如，中牟县白沙集中供水厂建设吸收社会各界资金 400 万元，水利部门受政府委托代表受益农民以项目资金投资入股，以大股东身份和用水户协会共同对水厂进行管理。水价由物价、水利部门核准。对项目受益群众实行成本价供水，对企事业单位按核准的市场价供水。目前，已有 20 个企业、3 个村庄用上了自来水，既解决了农村群众的饮水不安全问题，也解决了当地企业的生产、生活用水，取得了较好效果。

2）用水者协会管理模式

这种模式多以县或乡（镇）、村为单位组建用水协会，对单村或小规模联村供水工程进行比较专业的管理。协会内部各个供水工程实行单独核算，专账管理，协会成员的工资从所收水费中解决。这种模式主要适应条件如下：一是供水工程规模比较小、供水人口少、用水量少的工程；二是县乡政府对农村供水认识到位，工程基础比较好，没有更新任务。这种管理模式的优势在于，将单村工程交由协会管理，可以避免村与村之间管理水平参差不齐的弊端，特别是可以规范水费的计收和支出，增加财务透明度。劣势在于，由于协会内仍然实行单村核算，单村工程从经济学上难以维持良性运行。河南省有 14% 左右的工程是这种管理模式。其中，通许县这种管理模式制度比较完善，经验较丰富。该县成立了县、乡、村三级用水者协会及县级农民用水者协会，负责议定供水价格，因地制宜选择管理模式，制定了《通许县农民用水者协会章程》《村级用水户协会管理办法》《饮水安全工程水费收缴和管理办法》，用制度约束人，用制度管理工作。例如，对于单村供水工程，水利部门充分发扬民主，组织在群众中选出有威信、会管理、责任心强的人组成村级农民用水者协会。具体运作中，实行一户一表，计量收费，农户有卡片，协会有账册，收支情况每月有公示，每季有报表，年终进行审核。各村将每季度收缴水费情况上报县农民用水者协会，县农民用水者协会不定期对村级协会运行情况进行检查，发放调查表，归纳总结经验，及时解决问题。年终时，县农民用水者协会对全县村级协会运行管理情况进行统一审核，对管理好的村进行表彰，对管理不善的村级协会组织进行调整，确保管理人员的稳定。

3）村组集体管理模式

这种模式主要适用于单村供水工程，河南省有 51%左右的工程实行这种管理模式。工程验收合格后，工程所有权和经营管理权都移交给村集体，由村集体负责管理。对于领导班子能力强、集体经济比较好的村，工程的日常运行和维护费用由村集体负担，管理也比较到位，如果领导班子出现问题，供水工程可能会运行困难。对于许多没有经济收入的村，无力对供水设施进行维修改造，加上水费计收较难，甚至由于村无力承担维修设施而出现停供、断水现象，无法确保农村饮水工程的长期良性运行。济源市平原镇村经济基础较好，将供水工程作为村内公益事业之一，统一组织管理。供水工程建成后，以行政村为单位，由村党支部委员会及村民委员会负责组建供水小组。一般是按人口确定基本用水量，即每人每月用水 2～3t 的不收水费，超过标准的每 t 收取 1～2 元水费。设备维修或更新费用一般由村民委员会出资，也有由企业资助的。济源市的这种集体管理模式具有较长历史，从 20 世纪 90 年代以来所建的"以工代赈"项目、"饮水解困"项目和其他村自建项目中的单村工程均采取该种模式。从运行效果看，目前尚未出现因管理不善或缺乏维修资金出现的工程报废问题，特别是近年新建的饮水安全工程，运行情况良好。

4）个体管理模式

个体管理模式比较适用于单村或小规模联村供水工程，河南省有 31%左右的饮水安全工程的产权归乡（镇）或村政府所有，将经营权承包、租赁、拍卖给个人进行管理经营，供水工程运行情况良好。个体管理模式在不改变工程所有权属的前提下，通过合同契约的方式，由工程的所有者把经营管理权委托给承包租赁者，同时对双方权利、责任、义务给予明确，这种方法较好地解决了工程维护管理差、管理责任不落实的问题。经营者为了减少维修费用的支出，对工程的日常保养维护十分到位，服务水平也有所提高。虞城县站集乡水厂涉及 19 个行政村，控制人口 1.849 万人。2008 年，站集乡政府会同县水务局对该工程经营权进行了公开承包，承包金交与乡政府统一管理，用于承包期满后的工程维护和新建饮水安全工程。通过公开竞标，村民杨卓先最终获得工程承包权，签订了工程承包合同，承包期为 20 年，承包金为 35 万元。在承包期间实行市场化运作、企业化管理，统一核定水价，独立核算，自主经营，自负盈亏，同时接受乡政府和县水务局的监督。目前，该工程既能保证用水户的用水问题，每月还能实现供水净收入1500 元左右，实现了经济效益和社会效益的双赢。

6.2.3.3　已建成的饮水工程水价核定、水费收取情况

目前，河南省农村饮水安全工程水费基本上是按除水资源费外的运行成本进行核算和收取的，还没有执行真正意义上的全成本收费。供水水价是根据河南省

《关于加强农村饮水安全工程建设管理工作的意见》（豫政办〔2006〕74 号），以保证工程良性运行为目的，按照"保本微利、公平负担"的原则，充分考虑用水户的承受能力而科学核定的。规模较大的供水工程推广了水价听证制度。跨村兴建的集中饮水安全工程，水价由县级价格主管部门和水行政主管部门按有关政策合理核定；单村使用的饮水安全工程，水价由村民委员会和农民用水户协会在广泛征求群众意见的基础上自主核定。各地按照要求，集中饮水工程供水水价由饮水工程管理单位根据国家有关政策和规定，通过核算合理确定，经县级水行政主管部门审核，报县级物价部门批准后执行；自主管理的单村饮水工程的水费标准及收取办法原则上由村民委员会确定，并报县级水行政主管部门、价格行政主管部门备案。并且，河南省在《河南省农村饮水工程管理办法》（豫水农〔2004〕8 号）文件中明确规定，饮水工程的水价由成本和合理利润构成，水价中的合理利润按"生活用水保本微利、生产经营用水合理计价"的原则确定。

由于河南省农村饮水安全工程缺少明确的水价形成机制规定，基本上没有全成本计收水费。目前，河南省农村饮水安全工程水费主要是按包括电费、管理人员工资、药剂费、日常管理费、维护费等进行核算的，对于集中供水工程，是按包括水质检测费和折旧费等进行核算的。由于工程形式、规模、受益人口等各不相同，农村饮水工程水价收取标准也不相同，大型集中供水工程的水价由物价部门批准后执行；小型联村和单村供水工程由村民委员会和用水户协会商定，水费标准偏低，主要包含电费和人员工资，维修费等主要由村集体解决，目前基本上能保持工程正常运行。

从目前全省总的情况来看，打井、建提水站等形式的工程水价较高，大都在 1~2.8 元/m^3 左右，自流引水工程水价较低，一般在 1 元/m^3 以下。全省集中供水工程平均供水成本为 1.34 元/m^3，工程年运行费中，电费占 43.6%，管理人员工资占 25.6%，维护费占 14.5%，水质检测费占 2.7%，药剂费占 2.7%，日常管理费占 10.9%。折旧费占供水成本的 17.9%。水费收取方式均为户户装表，按表计量，专人定期抄表收费，并进行公示，接受群众监督。水费实收率达 80%以上。受益区经济条件差别较大，农民人均纯收入也不一致。受益区农民年人均纯收入为 2000~6000 元，平均 3852 元。人均年用水量为 6~12t，水费支出不超过 20 元，占人均纯收入的 0.3%~0.5%，受益区群众基本有能力负担，个别特困户支付水费有一些困难。

河南省项城、西华等市（县）在供水水价管理上做得较好。项城市在水价核定方式上，下发了《关于项城市农村饮水安全工程供水价格的批复》（项价字〔2007〕9 号）文件，对农村饮水安全工程供水价格做了规定，供水价格为 1.5 元/m^3。在水费的收缴过程中，严格按照物价部门核定的标准执行，严格程序管理，实行抄表到户，按表计费，推行"水价、水量、水费"三公开，接受群众监督，具体操作由各供水厂负责，每 t 提取 0.2～0.3 元作为抄表人员待遇。西华县通过由供水范围内乡（镇）村干部及用水户代表认真讨论供水厂提交的水价构成，结合物价部门意见，最后由农民用水户协会确认较为合理的水价标准，目前各供水厂执行水价均为 1.5 元 / t。在水费计收上，由供水厂和用水户签订供水协议，明确双方责任，实行"一户一表"，按计量收费。在水费计收人员聘用上，按供水区域划分，原则上每 500～800 个用水户聘用 1 名收水费人员，签订用工合同，对收水费人员按用水量实行效益工资（每 t 水提取 0.2 元）。在折旧费和大修理费的管理和使用上，各供水厂提取的折旧费和大修理费一律上缴到县农村饮水安全管理站财务专户储存，专款专用。

目前，河南省大部分农村饮水安全工程运行电价都按省政府规定执行，每 kW·h 电 0.56 元左右。据统计，在工程年运行费中，电费占 43.6%，管理人员工资占 25.6%，因此电价、人员工资是水价构成的主要部分，对水价的形成有着较大的影响。全省饮水工程大多是保本微利运行，基本没有交纳税金。

县级农村饮水安全工程维修基金情况如下。2009 年 12 月 24 日，河南省在平顶山的舞钢市召开了全省农村饮水工程管理现场会，会上听取了舞钢市设立维修基金的经验和做法，现场考查了供水厂维修基金使用规程和效果，明确做出了大力推广舞钢经验，抓住从 2008 年起取消县级配套资金的机遇，不失时机地设立饮水安全维修基金的决定。这项决定取得了各级政府的积极响应，各县（市、区）纷纷将维修基金列入财政预算，设立专账进行管理，到现在，全省 150 多个项目县（市、区）中已有 147 个县建立起了农村饮水安全维修基金，建立率达 98%，以资金拨付凭证为依据，全省维修基金总金额已达到 3388 万元。农村饮水安全维修基金的建立，一是有效地缓解了饮水工程大修资金不足的局面，政府能够以较少的投入，保证几千万甚至上亿元的农村饮水安全工程正常实施，实现政府、供水厂站、群众"三赢"的良好局面。二是提高了县级水利部门对农村饮水安全工程的调控能力，大大缩短了工程大修时间。例如，西华县聂堆水厂于 2005 年建成，2009 年 3 月份水源井变频设备损坏，该县供水总站接到水厂申请后，立即组织技术人员现场查勘，确定维修方案后，立即进行抢修，在不到 1d 的时间内完成维修，极大地缩短了工程维修时间，保证了群众正常用水。此次维修共动用维修基金 2.3 万元，其中县财政维修基金 1.44 万元，供水站维修积累金 0.86 万元。如果按照以前由群众开展"一事一议"集资维修的方法，需要 5～10d 的时间才能够筹集到足够的维修资金进行工程的维修。三是带动了县级应急维护机制的建立。通过基金的调控，工程日常维修和大修资金得到保证，为建立以县为单位的应急维护队伍和工作机制打下了基础，提高了全县农村饮水安全工程，特别是小型工程抗御风险的能力，做到农村饮水安全工程管理责、权的统一。

6.2.4 河道堤防工程

6.2.4.1 主要河道情况

河南省地处中原，跨长江、淮河、黄河、海河四大流域，位于南北气候和山区平原两个过渡带，水旱灾害发生频繁。省内河流众多，全省共有流域面积在 100km² 以上的河道 493 条。其中，流域面积在 1000～5000 km² 的有 43 条，流域面积在 5000～10 000 km² 的有 8 条，流域面积在 10 000 km² 以上的有 9 条。为防御洪涝灾害，历届省委、省政府把水利建设作为重要施政纲领，带领全省人民开展了大规模的水利建设，至 2009 年，已初步治理河道 300 条，修筑堤防总长为 14 980km，治理总长度为 12 626km。其中，淮河流域河道 271 条，已初步治理 196 条，堤防总长 9881km；长江流域河道 75 条，已初步治理 32 条，堤防总长 1196km；黄河流域河道 93 条，已初步治理 36 条，堤防总长 2660km；海河流域河道 54 条，已初步治理 36 条，堤防总长 1243km。堤防主要分布在河道的中下游。已治理的干支流河段大多数达到了防洪 10～20 年一遇、除涝 3～5 年一遇的标准。为了保护城市安全，局部河段治理标准达到防洪 50～100 年一遇的标准。黄河河南段的大堤设防标准为 60 年一遇，小浪底水库建成运行后，河南段堤防防洪标准达到了 1000 年一遇。河道堤防工程与水库、蓄滞洪区等水利工程联合运用，为保障社会经济安全、抗御水旱灾害、促进工农业生产持续稳定发展和改善生态环境发挥了重要作用。

河南省主要防洪河道淮河流域有淮河干流及其支流史灌河、白露河、沙颍河、洪汝河、贾鲁河、涡河、惠济河等；长江流域有唐白河、湍河、老灌河等；黄河流域有黄河、伊河、洛河、沁河等；海河流域有卫河、共产主义渠、洹河、淇河等。

6.2.4.2 河道堤防及护堤地确权划界情况

为保证河道堤防的管理，河南省出台了《河南省〈河道管理条例〉实施办法》，对重要的大型防洪河道堤防护堤地范围进行了明确的规定，淮河干流、洪汝河、唐白河、沙颍河、北汝河、澧河、伊洛河、卫河、共产主义渠等河道的重要防洪堤段护堤地临河堤脚外 5 米，背河堤脚外 8 米，一般堤段和惠济河、涡河、汾泉河等河道的护堤地临河堤脚外 3 米，背河堤脚外 5 米。上述河道的大部分县段都进行了确权划界，个别地方护堤地的宽度没达到要求。中小河道堤防及护堤地范围由所在县人民政府划定，据调查，全省还有 85%的中小河道堤防及护堤地没有确权划界。在堤身及护堤地内不准放牧、挖掘草皮和任意砍伐、毁坏树木，堤坡不准种植农作物；禁止在堤防及规定范围内进行取土、挖洞、开沟、挖渠、打井、建房、爆破、埋葬、堆放杂物及其他危害堤防完整和安全的活动；严禁破堤开口；严格限制堤顶交通；禁止毁坏堤防设施；严格控制修建穿堤建筑物。

6.2.4.3　河道堤防管理情况

河南省河道管理分两种类型，一种是水利流域机构直接管理的河道。例如，黄河、沁河由黄河水利委员会河南黄河河务局直接管理，淇门以下卫河、刘庄闸及其以下共产主义渠由海河水利委员会漳卫南运河管理局直接管理。另一种是由省市县水行政主管部门管理的河道。全省有大中型河道的市县均设立了河道管理机构，负责本行政区域内河道堤防管理，通过日常管理和养护，确保堤防工程的安全完整，充分发挥工程效益，保证防洪安全。河南省各类堤防的管理是按统一领导、分级管理的原则进行的。

（1）设立专管机构。2008 年水资源管理体制改革前，全省共有河道管理单位156 个，职工总数 8524 人，其中在职职工 7318 人，人员经费大部分为差额供给或自收自支，人员工资没有保障，管理队伍不稳定。改革后，批复机构总数 161个，批复总编制 6463 人，其中事业编制财政全供 6390 人，财政差供 73 人，并将人员经费列入了市县财政供给。

（2）管理经费投入情况。按照分级管理、分级负责的原则，在水资源管理体制改革前，堤防管理经费主要由河道所在地政府财政安排，省级财政每年安排的防洪整治经费 1300 万元，骨干河道工程维修费 900 万元，用于省大型骨干河道堤防工程维护费补助。由于河南省市县级财政困难，大部分地方投入很少，部分地方为零预算，仅靠省财政安排的维护经费在支撑，工程维护经费严重不足。

2008 年河南省水资源管理体制改革以来，堤防工程维修养护经费参照水利部、财政部出台的《水利工程维修养护定额标准》进行了测算及核定。核定全省河道堤防工程维修养护经费 16 294 万元，2009 年各市县纳入财政预算 12 624 万元，而年底全省实际到位数额不足 2000 万元，到位率低，很多县虽然名义上列入财政预算，但没有落实到位。

目前，各级堤防管理单位正在按照水资源管理体制改革要求建立堤防管理运行机制和专业化的堤防工程维修养护体系，由于维修养护经费落实情况较差，各地进展情况不一。相对较好的是列入国家改革试点的漯河市郾城区沙河管理段，于 2006 年 10 月完成了单位定性、人员定编、定岗工作和定编 27 人的竞聘上岗工作，实行管养分离，于 2009 年完成了维修养护公司——漯河市佰利堤防维修养护有限责任公司的注册登记，进行专业养护，并实行管理"绩效考评"机制。2009年，该管理段落实养护经费 70 万元，占应落实经费 181 万元的 39%。

（3）河道堤防管理考核情况。为管好河道堤防，保证防洪安全，省水利厅从20 世纪 80 年代开始，制定了大型河道管理考核标准，对大型河道实行达标晋级管理考核活动，每两年进行一次，促进各县市管理机构的完善和河道管理水平的提高。在 2009 年的考核中，共有 36 个大型河道管理单位参加了考核，评出省一级管理单位 8 个，省二级管理单位 12 个，省三级管理单位 15 个，省合格单位 1 个。

目前，随着水资源管理体制改革的深入，国家对水利工程管理提出了更高的要求，水利部出台了新的工程管理考核标准，原来堤防的管理模式已不再适应当前形势的需要，亟待建立规范新的管理模式，确保堤防完整和河道防洪安全。

6.3 河南省水资源配置目前存在的问题

6.3.1 缺乏规划，管理不力

水资源是一种多功能的动态资源，往往是某一水体构成多地区多部门的共同水源。如此，就应该按流域对水资源进行统一规划，统一调度，统一管理，做到统筹兼顾，充分发挥水体的多种功能，最大限度地发挥水资源的利用效益。目前，河南省绝大部分地区未进行水资源开发利用规划方面的工作。应上级主管部门的要求，各地市县于 20 世纪 80 年代初期均编制了本行政区的水资源调查评价和水利区划。然而，这项工作的成果对水资源需求因素考虑得过多，对水资源的持续利用和保护措施考虑得过少，并且精度不高，缺少科学论证和切实可行的水资源开发利用方案，可操作性很差。同时，目前我国的水资源规划对水资源开发利用行为的约束力很弱，难以起到规范水资源开发利用行为的作用。水资源管理方面的问题也较多，较凸出的是水资源管理部门的关系没有理顺，除漯河、平顶山、三门峡、信阳、驻马店 5 座城市已经实行了水资源的统一管理外，其余地市对水资源的管理均是政出多门，相互牵制，不利于水资源管理工作的开展。目前，河南省尚未出台取水许可证制度和水资源费计收、管理办法，管理工作无据可依，难度很大。另外，为了多收取手续费，不按水资源开发利用规划的要求，滥发取水许可证的现象也时有发生。

6.3.2 超引超采，水源趋枯

管理的不善和地区、部门利益思想的严重，导致水资源开发利用中的短期行为普遍，对水资源乱采滥引，盲目开发，超引超采现象十分严重，造成水资源日益枯竭，并对生态环境造成不良影响。河南省内河流的径流量均有逐年减少的趋势，尤其是下游河段，由于上游地区的引水、蓄水量不断增加，水量锐减，经常干涸断流，沿岸地区旱灾频繁发生，并且河流污染程度不断加重。对地下水的过度开采，造成地下水位连年下降，形成了许多以城镇为中心的地下水降落"漏斗"，全省地下水降落"漏斗"面积已由 1982 年的 2230km^2 扩大到 1992 年的 7571km^2，平均每年增加 534.1km^2；"漏斗"中心地下水位最大埋深已由 1～15m

下降至 14～25m。以地下水为主要供水源的豫北地下水降落"漏斗"发展更为迅速，濮阳清丰南乐"漏斗"区已连成一片，面积从 1982 年的 405km² 扩大到 1992 年的 6130km²，中心地下水埋深由 9.2m 降至 17.4m。

6.3.3　重用轻省，浪费严重

各地区和各部门都十分重视对水资源的开发利用，不论是在工矿企业和城市的选址建设时，还是在农田开发建设时，都把水资源条件的优劣作为一项重要的决策内容。为了保证供水，不惜投入大量的人力和资金，修建各种水利工程。然而，对于日常的水资源节约却没有给予足够的重视，不肯下功夫抓，更不肯投入资金搞项目建设，水资源跑、冒、滴、漏现象普遍，浪费严重。目前，河南省的工业用水重复利用率很低，除电力工业外，其余的均低于 30%，不及全国先进水平的一半，濮阳、鹤壁二市只有 4%。工业万元产值用水量高达 400～1100m³，高于全国平均水平，乡镇企业的更多。农田灌溉工程配套程度较低，灌溉方式落后，水资源利用效率很低，全省多数灌区渠系水利用系数仅为 0.3～0.5，有的不足 0.3，每 hm² 耕地用水量高达 7500～9000m³，超过作物需水量的 2～5 倍。井灌区的水资源利用率也较低，平均单井效益仅为 3hm² 左右。

6.3.4　忽视治理，污染严重

新中国成立初期，河南省的水质状况良好，基本上无明显的污染。20 世纪 60 年代后期以来，随着工业和城市的迅猛发展及农业化肥、农药施用量的大幅增加，污废水量剧增，造成了严重的水体污染。1965 年，全省污废水量仅 5 亿 t，1988 年达到 17.5 亿 t，是 1965 年的 3.5 倍。这些污废水未经处理或仅做简单处理即排入水体，污染水质，流经城镇的河流污染程度较大，许多河流基本上已成了城市污废水的排放渠道，水体已失去原有功能，水质低于饮用水、工业用水的水质标准，甚至低于农田灌溉用水标准。地下水的污染也较普遍，城镇地区地下水的硬度、挥发性酚含量普遍超标，五项毒性物质的检出率达 24.8%，60%的井水不符合饮用水标准，城市浅层地下水普遍不能饮用。日益严重的水质污染使业已凸出的水资源紧缺问题更加严峻。

6.4　水利工程目前存在的问题

6.4.1　目前灌区工程管理存在的主要问题

河南省灌区存在的问题比较凸出，直接制约着灌区的发展与正常运行。

（1）由于投入不足，工程老化失修、配套率低，灌溉面积衰减严重。多数灌区建于 20 世纪五六十年代，由于建设时期投入不足，形成了"半拉子"工程，工程配套率低，工程质量较差。例如，薄山灌区始建于 1958 年，次年投入使用，是典型的边设计、边施工、边修改的"三边"工程。工程实际投资仅占原计划的11.3%，工程设计标准低、质量差，未进行全面系统的续建配套，五级灌排渠道及建筑物仅 7 万亩，占设计灌溉面积的 20%。灌区工程普遍超期服役，渠道淤积坍塌，建筑物老化失修，管理设施陈旧，灌溉面积严重衰减。全省 40 处大型灌区有效灌溉面积仅占设计灌溉面积的 56.3%，干支渠总长 16 898km，仅衬砌 2875km，占实际长度的 17%。宿鸭湖灌区 1959 年通水至今，灌溉工程经过 50 多年的运行，老化失修严重，灌溉面积由 63 万亩衰减为 19 万亩。赵口灌区除西干渠及东二干渠下段工程为 20 世纪 80 年代的工程、渠首闸和总干渠工程为 20 世纪 70 年代工程外，其余骨干工程均为 20 世纪 50 年代工程。1988 年以前，工程大多为放淤而建，渠道断面大，且为土渠，建筑物建设标准低，大多为砖木结构，支渠以下工程配套差，经过近半个世纪的使用，风化、侵蚀、年久失修，损坏严重，工程标准低，质量差，水资源浪费较大。

（2）灌区管理体制及运行机制不完善，田间工程管理主体缺位。随着近年来中央对农村管理体制的改革，尤其是税费改革和"两工"被取消以后，乡镇水利站被减员收编到农村发展服务中心，不再直接参与末级渠系的管理与维修。灌区水资源管理单位无人力和财力对田间工程进行管理和维修，而民间组织又没能完全发挥作用，这样就造成了末级渠系工程有人用、没人管、无人修的管理和维护主体缺位的状况。虽部分末级渠系用水组织起到一定作用，但缺乏规范和引导，加之乡（镇）、村两级组织对灌溉组织协调也趋于弱化、淡化，缺乏地方支持，所以难以真正承担田间工程建管、供水任务，造成灌区田间工程管理主体缺位问题凸出，直接导致灌区工程前建后毁，工程完好率低，灌溉面积严重衰减。此外，灌区管理单位没有执法权，人为损坏闸、涵，以及破堤取土、抢占渠堤、抢水、霸水、阻断渠道的事件时有发生，严重影响了灌区工程设施的管理和维护。

（3）支渠以下末级渠系配套极不完善，灌区整体效益差。末级渠系是灌区的毛细血管，是灌区发挥效益的终端网络。末级渠系工程配套及运行情况的好坏，对灌区整体效益的发挥起着至关重要的作用。目前，河南省灌区缺乏统一的规划、统一的组织实施，没有很好地发挥干、支、斗、农、毛五级渠系的整体灌溉作用。末级渠系建设资金不足，导致灌区配套工程实施缓慢，灌溉水利用率偏低。

（4）水价标准低，水费计收难，收取率低。由于受政策的限制，目前灌区水价按照豫价费字〔1997〕第 091 号文规定的农业用水水价以总干渠渠首进水闸为计量点、每 m³ 0.04 元的标准收取，而 2005 年核算的全省农业供水成本为每 m³ 0.16 元，水价标准为成本的四分之一。通常采用按用水量和按亩按量同时计收两种方式收缴水费。2004 年以来，河南省实际计收水费维持在 30 000 万元左右，实际计收率平均为 33%，由于种种原因，每年有近 70%的水费形成流失，水资源管理单位处于全行业亏损的局面。同时，水费负担以外的清淤维护费负担逐年上升，2006 年增长了 26.16%，2007 年增长了 37.65%。

近年来，多项惠农政策给水费计收带来了前所未有的困难。部分市农业水费计收处于停滞状态，直接影响到农业灌溉，灌区效益面积锐减，造成灌区工程得不到正常的管理和维护，直接影响到灌区粮食的增产。南阳市引丹灌区水资源管理体制改革后，明确不再计收水费。开封市近几年的引黄水费基本未收，不但造成灌区工程得不到正常的管理和维护及不少建筑物被毁坏，还直接影响了灌区效益发挥和农业生产。

（5）部分灌区水质得不到保证。一些工业企业和单位不经批准即向渠道中排放废水，影响了灌区的水质，污染严重，严重损害了灌区和广大农民的用水安全。例如，焦作市广利灌区总干渠沿线就有济源市、沁阳市的十多家重污染企业无节制地向广利总干渠中排放工业废水，严重威胁到了广利灌区的正常运行和灌区 50 多万农民的生产和生活用水安全。

6.4.2　机井建设管理存在的主要问题

（1）机井老化报废严重。近十几年来，河南省井灌区机井老化报废情况日渐严重。据统计，河南省 2006～2008 年机井数量基本维持在 120 万眼左右，但按照机井设计使用寿命 15～20 年计算，全省有 25 万多眼已超过使用期限，全省每年报废机井在 2 万～3 万眼。第九个五年计划期间，河南省利用银行贷款和财政资金在黄河以南 10 个市打配的 29.3 万眼机井，目前也已陆续进入更新改造期。在 2009 年特大旱灾中，发现许多机井急需维修，甚至不少在册机井也已经报废。周口市每年大约报废机井 6000～9000 眼，全市超期运行机井数占全市机井数量的三分之一，每年需更新改造数为 9000 眼左右。商丘市 2008 年机井普查显示，全市报废机井 23 458 眼，报废率为 14.79%，占机井数的 13.65%。南阳市现有机井中 70%是于平原井灌项目时期建设的，已陆续进入了更新改造期。

造成机井报废的主要原因如下。一是机井老化，超过使用年限。二是部分地区地下水超采造成地下水水位下降，导致机井报废。例如，旱时存在一井多泵现象。三是随着乡村城镇化进程，城镇住宅占地、乡镇企业发展、道路修建和拓宽等造成机井报废。四是其他因素造成机井报废，如人为管理和使用不当等。

（2）机井缺乏维修管理和维护。自 2000 年平原井灌项目结束后，河南省连续多年没有专项资金用于机井的建设及维修。因缺乏建设、维修、养护投资，造成机井灌溉效益逐年衰减。

目前，全省农用机井所收取的水费仅包括电费（油费）、管理费（服务费），不包括机井维修费，更没有折旧费。各级财政资金只负责机井工程建设资金，机井管理和维护资金严重缺乏。同时，由于机井工程使用分散，受益农户参与维修管理意识淡薄，工程"重建轻管"现象较为严重。再加上20世纪八九十年代建设的机井设备标准低，直接导致部分机井不能正常发挥效益。

（3）机井建设缺乏整体规划。近年来，农业综合开发、土地平整、标准粮田建设中及水资源工程建设中，有机井建设内容，但资金来源于农业、国土资源、财政等多个部门，缺乏联系和沟通。由于投资渠道分散、标准不一，无法按照机井建设整体规划进行更新改造，难以形成规模效益。这样，一是影响了水资源利用的合理性和计划性。一些地下水资源相对丰富的地区因资金缺乏而影响了井灌区的建设和发展。南阳市浅层水含水量丰富，引水补源条件较好，但宜井面积中，还有372万亩未发展井灌工程。二是部分地区机井布局不够合理。在调研中发现，部分县机井密度过大，单井控制面积只有20～30亩，容易造成地下水超采等问题。而有的地方如边远地区机井数量较少，有的甚至无井灌溉。三是在年报统计中，存在漏报或多报。调研中发现，部分县实有机井与水利年鉴统计中数字相差较大。

（4）仍需进一步探索机井长效管理体制和运行机制。河南省机井管理过去是以集体管理为主的，但实行土地家庭联产承包责任制后，农村生产经营方式发生了重大变化，虽然进行了小型产权制度改革，但在部分机井管理中仍存在"责、权、利"不明晰，"建、管、用"相脱节的现象，影响了机井灌溉效益的发挥。调研中发现了以下两点问题。

第一，"无主井"或"无人管理井"仍大量存在。一是多年来各级财政资金投入建设的机井，名义上归国家或村集体所有，实际还有相当一部分未进行改制，导致有人使用、无人管理；二是税费改革及"两工"取消后严重影响了村集体所有的机井管理和维护；三是在基层政府土地转包和土地流转过程中造成机井管理和维护责任人缺位，进而导致机井无人管理。

第二，部分已改制机井仍未形成长效运行机制。一是部分地区存在机井改制不深入的现象。不少地区试点改制效果较好，但未能大面积推广。有些地区只是在形式上进行了改制，没有真正落实管理责任。二是在机井改制中，有些地区存在着承包、租赁、拍卖等方面操作不规范，责、权、利不明确，承包者不按规定交纳承包费，承租者擅自转让、擅自改变经营范围和用途等情况。三是各级水利部门对已改制机井的后续管理缺乏业务指导和有效监督，已进行改制的部分机井由于效益逐年衰减无人管理和维护。四是总体上个人所有或联户所有机井占比例较低，大部分国有或集体所有机井由于主权不明晰、村组集体管理能力差等，其运行管理仍处于无序状态。

造成以上问题的原因有以下三点。

（1）由于机井产生的经济效益有限，不少地区群众承包、购买、租赁的积极性并不高。有些地区上报已改制机井数时存在虚报现象。

（2）机井在使用和管理上具有合作性，灌溉效益由众多农户共享，难以分割。

（3）建设标准低，造成管理难度较大。

6.4.3　目前饮水工程管理存在的主要问题

（1）河南省农村饮水安全涉及人数多，解决任务重。

经过五年农村饮水安全工程的实施，广大群众已充分认识饮用安全水对身体健康的重要性，广大农民群众对饮水安全的愿望十分强烈，饮水安全已成为广大农民群众最迫切、最现实和受益最直接的要求。由于自然地理因素的影响，河南省实际存在 4400 万人农村饮水不安全问题，但只有 2512 万人被纳入国家规划。所以，现有饮水安全规划指标与实际需求的差距，老百姓饮用安全水的迫切愿望和年度投资规模进度的差距，农村居民普遍希望吃上自来水的心情和投资渠道的差距，都是现实存在的需要被解决的矛盾。

（2）工程规模偏小，大部分工程标准不高。

虽然近几年全省大力推行规模化集中供水工程建设，且取得了一定的效果，但步伐还很慢。据统计，全省单个工程平均受益人口才 1500～3000 人，大部分县没有按照一个乡（镇）建设一处水厂的原则进行布局，也没有达到近期建设 2～3 处高标准的大型集中供水工程的目标，小型供水工程所占比例偏大，不仅无法发挥工程的规模效益和综合能力，而且使小型供水工程生存能力低下的弱点逐步累积，为工程的长效运行埋下致命的不安定因素。另外，工程建筑形式老旧，标识不明，管理房各类管线布置混乱，入户标准低，还远远不能适应当前农村社会的发展。

（3）工程资产权归属不明确。

目前，全省各地对于农村饮水安全工程资产的管理权，尚没有一个具有可操作性的规定，不利于工程长效运行机制的建立和资产的安全。

（4）水价形成机制不健全。

农村饮水安全的水价问题，是供水工程建立长效运行机制的基础，各地现行的水价核定形式和水价构成形式多样，山丘区水价普遍较高，一般在 2～5 元，平原区为 0.8～2 元，个别地方甚至在 0.5 元以下。因此，供水水价按照什么原则核定，考虑到群众的承受能力执行水价如何确定，供水厂（站）因让利农民如何寻求政府补贴，从而长期发挥效益等尚待进行深入研究。

（5）水厂（站）常规化验制度尚未建立起来。

供水厂（站）对于自己生产出来的产品，没有内部的检测手段，对生产出来的饮用水水质好坏心里没有底,无法理直气壮、有理有据地证明其生产出来的商品是合格的,就无法真正对供水厂(站)实施有效的监督,也无法提高供水厂(站)的管理水平。各地要按照供水厂(站)日常控制水质的 8 项指标,采取以县为单元建立中心化验室或依托大型供水工程连片化验的方法,积极实践,尽快建立常规化验制度。

(6)缺乏对管理人员系统化专业技术培训。近两年来,由于河南省兴建的规模化供水厂自动化程度逐渐增加,需要的专业技术人员也逐渐增加,但缺少培训经费,无法对管理人员进行系统化专业技术培训,工程运行中出现的部分技术问题得不到迅速解决,影响了供水质量。

6.4.4 河道堤防管理存在的问题

当前,河南省河道堤防工程管理正处于新旧体制的过渡时期,按照国家出台的管理标准,河南省还有很长的路要走,还面临着不少的困难和问题,凸出表现在以下几个方面。

(1)多数河道堤防工程没有确权定界。

对堤防工程管理范围确权定界是做好堤防工程管理的重要基础,《水法》《中华人民共和国防洪法》《中华人民共和国河道管理条例》对河道堤防工程划定管理范围均做了明确规定《河南省〈河道管理条例〉实施办法》对大型河道的管理范围进行了详细规定,对于中小河流的管理范围,确定由当地县级人民政府批准划定。为推进水利工程用地的确权和登记发证工作,水利部、原国家土地管理局于 1992 年联合下发了《关于水利工程用地确权有关问题的通知》(国土籍字〔1992〕第 11 号),要求依法确认水利工程用地的所有权、使用权,保障水利工程的正常运行和河道的行洪安全。河南省目前除沙颍河等大型河道的堤防工程及护堤地确权定界较好外,全省还有 85%的中小型河道堤防及护堤地没有进行确权,由于河道工程占地权属不明,乱占、乱挖护堤地,占堤建房,破坏堤防现象时有发生,严重影响了河道堤防的管理和堤防安全。

(2)没有征收河道工程修建维护费。

工程维护经费到位率低。根据水利部、财政部出台的《水利工程维修养护定额标准》,按河道堤防等级考虑适当的折减系数后,全省测算并核定的河道堤防工程维修养护经费为 16 294 万元,2009 年各市县纳入财政预算 12 624 万元,而年底全省实际到位数额不足 2000 万元,到位率低,很多县虽然名义上列入财政预算,但仅是空头支票。例如,河南省唯一列入国家改革试点单位的漯河市郾城区沙河管理段,核定工程维修养护经费为 181 万元,2009 年区财政实际拨付维护资金为 70 万元,到位率约为 39%;新乡市卫河共产主义渠管理处核定工程维修养护经费为 300 万元,2009 年市财政实际拨付维护资金为 50 万元,到位率约为 17%;驻马店市上蔡县洪河管理所核定工程维修养护经费为 330 万元,2009 年县财政实际没有拨付维护资金,到位率为 0%。其主要原因如下:一是各市县整体经济基础薄弱,财政收入状况差;二是河南省没有征收作为工程维护经费重要来源的河道工程修建维护费。根据《中华人民共和国防洪法》和《中华人民共和国河道管理条例》的有关规定,受洪水威胁的省(自治区、直辖市)为加强本行政区域内防洪工程设施的建设,提高防御洪水的能力,可在防洪保护区内征收河道工程修建维护管理费,收取对象为在河道堤防、护岸、水闸、圩垸和排涝工程设施保护范围内受益的工商企业等单位。自 20 世纪 90 年代初,全国陆续有 24 个省(自治区、直辖市)已出台了河道工程修建维护费征收使用办法,河南省从 80 年代末就着手出台征收使用管理办法,至今数易其稿,但省政府一直没批准出台,限制了河南省河道堤防的投入渠道。2002 年,国务院颁发的《水利工程管理体制改革实施意见》中,再次明确水利工程维修养护资金的来源主要是河道工程修建维护费,不足部分由地方财政给予安排。河南省《河道工程维护管理费征收使用管理办法》已到了非出台不可的地步。

(3)水政执法力度小,违法水事案件得不到及时处置。

水利派出所取消后,水政监察处理水事案件程序复杂,需要先下通知,不能及时限制当事人的违法行为,同时,当事人对处理、处罚不服的,还需要行政复议,时间长,往往错过最佳制止时机,导致河道堤防工程经常被损坏。

(4)亟待建立和完善新的管理体制。

水资源管理体制改革实施后,完成了机构定编、定员、定岗,专管队伍的工资列入了财政预算,但大部分县(市、区)的维修养护经费没有落实到位,新的管理机制建立滞后。实施管养分离后,运行养护单位的从业条件、资格认证等相关的运行管理机制有待建立和完善,运行养护市场有待进一步培育;堤防的日常巡查、养护、抢险运行核算机制和绩效考核机制有待建立。

对上述各个部分的问题进行总结,可得出以下结果。

(1)产权不明。小型农田水利基础设施的公有性质产权具体表现为水库、塘坝、排灌站、机井、渠道仍为政府或村组公共所有,这一产权制度安排表现出与其他制度的不匹配性,主要体现在两个方面。一是与土地制度不相匹配。随着土地分配到户,土地由农户自由经营,农民集体意识淡化。但是"投入大锅饭、使用大锅水"的情况并没有发生根本的变化,主要表现为农田水利工程归政府或集体所有。因此,从某种意义上看,"地"已经"私"有化了,精耕细作的动力系统基本形成,但"水利设施"却仍是"公"有的,水利设施的粗放经营反而加剧。所以,土地的私有性质产权与水利设施的公有性质产权不能对接,导致农民对水利建设没有积极性。二是与政府财政和集体经济投入能力等不相匹配。作为公有资产，政府或集体应该承担起小型农田水利基础设施建设和管理的责任，但在政府和集体财政资金不足的情况下，小型农田水利基础设施建设和维修难以进行。

（2）投资不足。首先，小型农田水利设施的准公共物品性质决定了其投资主要来自中央和各级地方政府，而国家的农田水利设施建设又主要集中于大中型水利基本建设工程上，这就决定了小型农田水利设施建设投资主要来自地方政府，特别是市、县、乡政府及农民自筹。在 2006 年 4 月至 2007 年 4 月与 2007 年 9 月至 2008 年 4 月两个阶段中，河南省小型农田水利设施建设的资金来源是中央财政和市、县、乡财政，以及农民自筹，呈三足鼎立格局。但对于河南省这样一个相对落后的地区而言，本身财政就存在很大的压力，在"乡财县管"和"县（市）财省管"的财政监管体制背景下，小型农田水利设施建设投资不足就具有必然性。因此，农民自身反而成了准公共物品建设的主要力量。由于小型农田水利设施建设关系国家粮食安全，所以农民相应地就成了保障粮食安全的主要力量。而河南省农民收入水平低下是不争的事实，所以由农民来承担小型农田水利设施建设投资是欠公平的。从这个意义上来说，基于小型农田水利设施的特性、粮食安全和财政体制的角度来统筹小型农田水利设施建设的资金投入是必须要正视的。其次，原有的水利投资政策没有得到很好落实，新的投资政策也未能奏效，主要是一些地方没有落实豫政〔1996〕16 号文件精神，财政向水利的投入没有达到本级财力的 5%～10%。中央明确了从预算内新增财政收入中安排一部分资金，用以设立小型农田水利设施建设补助专项资金，对农户投工、投劳开展小型农田水利设施建设予以支持，但即使中央、省、市都加大了投入，仍有相当大的资金缺口。

（3）管理不善。农村实行家庭联产承包责任制后，农村集体经济组织逐渐退出农田水利工程建设和管理的主体行列，加之农田水利工程，特别是小型农田水利设施的归属不明确，使其管理责任不落实，农民的分散经营和农田水利设施集体收益之间的矛盾日渐加剧。所以，小型农田水利工程整体上处于吃老本状况。近十年来，尽管各地开展了小型农田水利设施管理体制改革，但已改制的工程仅占工程总数的 60% 左右，大量以公益性、准公益性为主的小型灌溉排水渠道因本身经济效益低下，农民缺乏参与建设和管理的积极性，运行管理和维护责任难以落实，老化失修的趋势没有得到遏制。

（4）治理落后。由于小型农田水利设施建设发展不平衡，所以其治理问题就存在诸多矛盾。以商丘市睢阳区为例，全区控制流域面积 100km^2 以上的河道有 8 条，30～100 km^2 的河道有 14 条，是全区排灌体系的骨架依托。自 1996 年以来，全区先后投资 4500 余万元对区内的小白河、运河、古宋河、清水河部分河段进行了治理，使全区骨干河道的治理完善率达到了 40%。税费改革前，全区每年投入治河方面的资金都达 600 万元以上，河道治理资金除水费支出一部分和区财力少量扶持外，主要是依托"两工"转化形成的以资代劳来聚拢治河资金。税费改革后，每年投入治河资金仅为 100 万元左右，导致治河的步伐放慢和河道毁损程度加剧。例如，大沙河于 1968 年治理以来，又在 2000 年、2001 年、2002 年分段对上游段进行了治理，2000 年利用全区群众以资代劳集资 396 万元，治理长度为 12km，土方共 88 万 m^3；2001 年利用全区以资代劳集资 504 万元，治理长度为 14km，土方共 112 万 m^3；2002 年利用区财政贷款投资 144 万元，治理长度为 3km，土方共 32 万 m^3。目前，还有 16.9 km 没有得到治理，河槽淤积严重，顶托上游水位，积水不能及时排除，影响除涝和防洪效益的发挥；要实现大沙河全部治理，还需完成土方 195 万 m^3，需投资 975 万元。

7 水资源配置中的产权管理改革方法研究
——以河南省为例

水利工程是保障社会经济发展的基础设施，在抗御水旱灾害、改善农民生产和生活条件、促进各项事业发展等方面发挥着重要作用。随着国民经济的发展和各项改革的不断深入，水利工程管理中存在的权责不明、投入不足、发展滞后、管理不善、效益衰减等问题日趋突出，影响了工程长期运行和效益的发挥。

7.1 近年河南省水利工程产权制度改革规划

为进一步规范水利工程产权制度改革，推动社会办水利，增强水利活力，提高水利设施效益，近年河南省水利厅应重点抓好以下工作。

（1）加强领导，建立组织。水利厅成立以分管副厅长为组长，农村水利处、省防汛抗旱指挥部办公室、水土保持处、人事处、财务处等有关处室参加的领导小组；各级水利部门和厅直属水利工程管理单位切实加强领导，精心组织，搞好协调，及时解决改革中出现的新情况和新问题。抽调工作能力强、熟悉该项业务的同志组成调研组，集中时间，专门从事本辖区的该项工作，同时积极配合水利厅调研组的工作。

（2）突出重点，以点代面。在对全省水利工程进行全面普查的基础上，重点对灌区灌排工程、机电井灌溉工程、安全饮水工程和河道堤防产权制度进行调研。在对灌区灌排工程、机电井灌溉工程、安全饮水工程和河道堤防产权制度进行试点改革的基础上，基本摸清产权所有者和管理现状，并在全省率先试点改革。总结改革试点的成功经验，出台相关政策性文件，指导全省水利工程产权制度改革。

（3）量化指标，强化考核。水利厅制定水利工程产权制度改革考核办法，把有关指标细化、量化，并把该项工作纳入河南省"红旗渠精神杯"竞赛主要内容，责任到人，保证水利工程产权制度改革工作顺利进行。

7.1.1 水利工程产权制度改革的步骤

（1）查清现状，提出对策。主要查清产权归属、设施完好程度、管理形式、灌溉效益和经营状况等，并逐步进行调查摸底，造册建档、划分类型。根据设施情况和群众意愿，初步拟定出对水利工程进行规范化承包、租赁、股份合作经营、拍卖等产权改革模式。

（2）清产核资，界定产权。在调查摸底的基础上，开展水利工程的清产核资工作。对水利工程的建设资金来源、投资数额区分国家补助、集体投入、群众自筹、投劳折资几部分，用来界定国家和集体所占有的产权比例。对现有的设施和设备按统一标准进行价值评估，并对每个水利工程核定固定资产总值，为产权改革提供依据。

（3）确定形式，分类实施。根据水利工程的性质、规模、年限等条件，确定不同工程采用的产权改革形式。然后把水利工程设施的有关情况公布于众，并向社会公开招标或作价出售。按照自愿、公开、平等、竞争的原则，组织广大群众积极参与产权改革。

（4）签订合同，加强管理。在水利设施进行了拍卖、承包、租赁后，必须依法签订合同，并进行司法公证。合同必须明确双方应该履行的权利和义务，以及违约后的责任。同时，水利行政主管部门要按照分级管理的原则，定期对合同双方的履行情况进行检查，以确保水利工程作用的充分发挥。

（5）加强资金管理。水利工程改造后的回笼资金，要按照分级管理、分级使用的原则，继续用于修建水利工程，保证专款专用，并定期公布资金的使用情况，接受审计部门的审计管理。

7.1.2 水利工程产权制度改革的形式

7.1.2.1 产权出售

对资产大于或等于负债的企业，如机械处、供水处，实行净资产出售，出售对象为企业全体职工。职工将企业全部资产买去后改为股份制企业，职工购买企业的出资额，作为入股本额。这种"先卖后股"的做法，既转换了企业的经营机制，也较好地安置了企业的全部职工。

7.1.2.2 股份制

对于基础较好、规模较大且符合我国建立股份制企业条件的水利企业而言，是可以被改组为股份有限企业的。例如，已改革为股份制的有三峡水利电力（集团）股份有限公司、新疆汇通水利股份有限公司、湖北省清江水电开发总公司等。当然，中小型水利工程在适当的条件下也可以被改组为股份制公司。股份制是一种很好的融资方式，其最大特点是所有权与经营权更为彻底地分离，它较为彻底地解决了企业产权关系不明确的弊端。对于投资存在较大不确定性或者以经济效益为主、承担社会效益不多的水利工程，实行股份制是较为恰当的。

7.1.2.3 资产重组，剥离经营

对于包袱沉重、整体启动困难的物资公司、渔需站等，选择其中生存与发展得最佳的部分剥离出来，并成立新企业。新企业为独立法人，与原企业兼存，承担原企业退休职工的开支、福利与养老保险，原企业承担所有债权、债务，使新企业轻装上阵。

7.1.2.4 委托经营

对大中型水库等不宜实行产权出售与股份制的经营项目，采取以企业班子或个人为主进行委托经营。委托经营的期限为1~3年，经营期内要确保国有资产增值率不低于5%。无法达到增值率要求的，要用经营者的抵押金抵补。例如，水库养鱼时，职工要先交抵押金，再由单位提供鱼池和设备，实行个人经营，既包盈又包亏。

7.1.2.5 拍卖

即对水源工程及配套设施等集体所有水利工程的所有权和使用权进行拍卖，一次性买断，全部归个人（或联户）所有。所有权与使用权分为30年和永久性两种。该形式一般适用于含水沙层较厚、机井出水量较好的平原井灌区和村集体连年投资、灌溉条件较好的村庄。

7.1.2.6 承包、租赁

水利水电工程的承包指的是在水利水电工程所有权不变的情况下，水利工程主管部门与承包（租）人通过签订合同，明确双方的责任、权利和利益关系，在一定时间内取得水利水电工程或相关资源的使用权、经营权和收益权。这两种形式在中小型水利工程产权改革中被运用得最为普遍。两种形式都是有限期地出让水利工程的经营权，所有权仍然归国家，没有变更所有权的归属，但实现了所有权和经营权的分离。

由于所有权与使用管理权分离，承包者对工程只有使用权，不拥有所有权。具体有以下两种方式。

（1）根据现有水利工程发挥效益情况，对使用管理权公开招标，实行租赁、承包。承包、租赁者负责设施配套及水源工程的维修管理，在规定的承包期内，按照村民委员会的规定独立进行经营。

（2）原水源工程村集体已进行了设施配套，由承包者负责使用管理，使用管理年限长短不等。承包期间，承包者按照村民委员会的规定，按顺序浇地，按用水的时间或用电数量收费，从收费中拿出一定数额作为承包费和机泵、水源工程

维修费；一定数额上交村民委员会，用于上交镇电费和村集体投资兴建新的水源工程。

7.1.2.7　集体经营，专人（或专业队伍）管理，责任包干

水源工程及配套设施全部由村集体出资兴建和购买，村民委员会抽调专人负责浇地时安装水泵、灌溉顺序排列、灌溉收费，以及节水管道维护等。灌溉期间电泵出现事故，其损失由造成事故的责任人承担。

7.1.2.8　股份合作制

利用股份合作制方式对水利水电工程进行改制，一般是水利工程所有者以水利工程固定资产为基础，吸引社会或个人资金入股（可以以资金、土地、劳务、技术、设备等作为股份入股），从而引进新的管理机制，做到产权明晰、利益共享、风险共担，使企业成为市场主体，实现水利工程、水库周边水土资源、资金和人力资源的合理配置，促使水资源开发利用不断巩固与发展。对中小型水利工程而言，股份合作制是加快其改革"放小"的较好选择，而且非常有益于吸收个人零散资金用于水利建设及改制，缓解水利资金短缺的矛盾，拓宽水利工程投资渠道，完善水利投入机制。

7.1.2.9　责任制

我国传统水利工程企业体制的弊端受到抨击，国家意识到应把水利企业从政府的附属物改变为有自主权的经济单位，所以在这一时期，应推行责任制，将企业责任落实到企业领导者和管理者身上，并赋予领导管理者一部分经营自主权。责任制不改变水利工程国家所有的产权性质，仅明确管理人员的责任及相应奖惩方法，目的在于促进国有企业经营效率的提高，产权的单一所有制基本没有改变。

7.1.2.10　"五自"工程

"五自"工程实际上是放开了水利工程的建设权，以"自行筹资、自行建设、自行收费、自行还贷、自行管理"为特点。这种水利工程建设模式实现了水利多元化投入机制，并且把水利投资融资体制改革与水利产权制度改革有机结合起来，同时使水利工程建立起市场经济企业运行机制，找到了水利建设和市场经济的结合点。"五自"工程可以使工程所有者实现所有权、使用权、经营权和收益权的统一，有利于调动经营者的积极性。

7.1.2.11　转让

转让是水利部门将一些本可以赢利，但因经营不当、经济寿命较短的已建水

利工程的所有权转让给个人或企业，使工程所有者能实现对水利工程所有权、使用权、经营权和收益权的统一。水利部门则将转让所得的置换资金再用于水利建设上，这也是为了水利事业的良性发展，而且可以解决一些小水电站因一些外部原因及发电上网困难造成原本可赢利，但现今却连年亏损的问题。

7.1.3　水利工程产权改革的难点

（1）水利工程的国有产权性质或者说公共产权性质使得完全私有化地管理、使用水利工程不可行。因为完全私有化是无法保障社会公共利益的，而且私有化也会影响水资源配置效率。

（2）水利企业和一般的工商企业不同，水利企业的"产品"——水是带有一定的公益性质的（如饮用水），还有些用水是没有经济收益的（如生态环境用水），因此不宜全部按成本-效益原则收取费用，特别是对于农业灌溉用水。在我国农业是一弱势行业的现实条件下，更不宜按成本加利润的方式收取农户灌溉水费。这样，在国家政府对现有水利工程投入有限的情况下，水利工程正常运转、更新改造的资金又不能按成本加利润的方式从农业灌溉用水中收取，这是水利工程产权改革的一大难点。

（3）水利工程产权改革所牵涉的利益方不是仅一方，而是涉及国家、水利部门、经营者、农民等各方的利益，而兼顾各利益相关体是水利工程产权改革的另一大难点。

7.2　河南省水利工程产权和管理制度改革的措施

为了全面、深入地推进水利工程产权制度改革，河南省在各类调研活动中针对性地采取了不同的措施，但水利工程产权制度改革是一个系统的、复杂的课题，整个项目的推进与完成必须形成一套相互促进、相互制约的措施体系。

（1）解放思想，更新观念，积极推行产权制度改革。

十几年来，水利系统进行过一系列目标管理、承包等经营责任制的改革，在一些方面也取得了较好的效益。但整个系统内各地区的经济发展还很不平衡，有些问题并没有得到根本解决。多数企业积极开展综合经营，自身经济得到较快发展；也有的企业由于经营管理不善，损失浪费严重，所以经济发展很不景气；还有的企业由于产权关系不明晰，缺钱靠贷款，贷款靠主管局担保，亏损靠主管局负担，生产是虚盈实亏。现有的企业经营模式由于没有明确产权关系，已无法适应市场经济发展的需要。要彻底改变这种状况，就必须下决心推行产权制度改革，使企业真正成为产权明晰、责权明确、政企分开、管理科学的新型企业，这是水利系统各企业摆脱困境、求生存、图发展的最佳选择和有效途径。

为了进一步统一思想，更新观念，我们需要澄清三个模糊认识。一是搞产权制度改革不是权宜之计，而是为了搞活企业。搞改革是使各企业的产权法人化、责任化，真正做到依法自主经营，自负盈亏，自我发展，自我完善，能够按照市场需求去组织生产，在竞争中多创效益。这样做不是"败家"行为，更不是权宜之计，而是通过改革使各企业的国有资产不再流失，生产能顺应市场经济的变化，职工能真正脱贫致富。二是搞产权制度改革不是为了甩包袱，而是为了求发展。多年来，水利企业对主管局依赖得过多，主管局对企业管得过死，水利企业捧"铁饭碗"、吃"大锅饭"，经营机制僵化，自身缺乏活力。只有搞改革，才能使企业减少行政干预，扩大自主权。搞改革不是把企业当包袱甩掉，更不是想把企业搞没，而是要通过改革提高职工的思想意识和业务素质，提高企业的经济效益。三是搞产权制度改革不是回避困难，而是为了使企业尽快摆脱困境。近几年来，有的企业由于人员增多，活儿源减少，经营无方，已陷入进退两难的困境。只有通过改革，才能促进企业转换经营机制，从根本上把生产者和经营者的积极性调动起来，使企业摆脱困境，走向新生。

（2）产权制度改革必须加强领导，真心真意走群众路线。

水利产权制度的改革涉及广大农民的切身利益，决不能一哄而上，各级领导必须深入基层，加强宣传，正确引导，使群众真正了解、熟悉、掌握政策，并在自愿、平等、公开、竞争的原则下进行，实事求是地进行产权制度改革。

（3）要加强管理和监督。

在推进产权制度改革的过程中，应制定健全的配套制度作保证，政府部门不能一"改"了之，撒手不管，仍需加强监督和管理（如规划、设计、施工等），提供全方位、规范化的服务。

（4）解决"三怕"和"三防"问题。

群众一怕政策不稳定，三天两头修改，要防止挫伤群众积极性；二怕资金管理不到位，不能做到专款专用，要防止固定资产流失；三怕用不上水，要防止业主垄断。

（5）兼顾效率与公平。

在水利工程产权改革过程中，效率是水利工程产权改革的主要目标，但是如果盲目追求改革的经济效益而漠视对社会成员（如农民）的公平，这必然是行不通的。大多数水利工程都是在新中国成立初期由国家、集体投资及农民投劳兴建的，不管其产权怎样规定，农民对水资源及水利工程，特别是中小型水利工程至少是具有初始使用权的。现在对这些水利工程进行产权制度改革，当然会涉及使用权这个问题，因此改革过程中一定要注意不能无条件剥夺农民的权利，也就是说要重视公平性。

（6）产权改革与管理创新并举。

目前也可以看到，进行了产权改革的水利工程并不一定就扭转了亏损或效率低的局面，提高了多少效率，现实中也不乏水利工程产权改革失败的例子。有很大一部分原因就在于，水利工程改革目前似乎一直只注重产权重组，即进行产权改革，而忽略了其他方面的改进，特别是企业治理结构和管理创新等。水利工程管理体制改革应该跟上水利工程产权改革的步伐，管理体制应朝各方利益、相关体利益相融合的方向改革，而激励约束机制应该由以行政手段为主转为以经济、合同（法律）约束为主。因此，必须加强水利工程管理体制的改革。

（7）寻找合理的议价方法。

在各种不同的改革措施中，水利部门和经营者之间会发生很多交易，在产权出让所有权或建设权、承包或租赁经营权时，都需要确定一个价格，如何来确定权利的市场价格呢？所以，选择合理与否的产权议价方法也是关系到水利工程改革是否成功的一个关键因素。在水利工程经营权、使用权、建设权等各种权利的合理价格并无一个确定的交易市场时，拍卖（竞价）应该说是最能得到一个逼近市场出清价位的方法，买卖双方都能得到合理的收入。因此，拍卖（竞价）是产权议价方式中值得借鉴的方式，在实践中也运用颇多。

（8）重视政府的作用。

国家和政府要在产权改革过程要发挥主导作用。应该说，在我国现行的经济管理体制下，政府对产权变革的介入是非常必要的，只要不取代产权改革中企业的主体地位就可以。在推动水利工程产权改革的过程中，政府具有较之在成熟的市场经济中更多的职能，它可以协助减小水利工程产权改革的阻力、创造相对公平的竞争环境、培育产权市场、防止水利工程国有资产的流失。

（9）在指导思想上，要正确把握四个原则。

第一，形式多样化的原则。要立足水情、工情和各自实际，因地制宜，"一井多制"、"一企多策"、分块搞活、综合发展，选择比较适应的改革形式，多种形式并举，宜股则股、宜租则租、宜售则售，不搞"一刀切"。

第二，群众自愿的原则。要更多地采取市场机制和利益驱动的办法，积极发动，政策引导，鼓励和吸引群众积极参与，不搞强制推行、"捆绑上市"。看重群众的首创精神和探索实践，保护群众的积极性和创造性。

第三，国家、集体和个人三者利益相结合的原则。国家、集体和个人利益，长远利益和近期利益，社会效益、生态效益和经济效益必须相互兼顾，体现公平、公正和效率的准则。

第四，量力而行、尽力而为的原则。从实际出发，能快则快，能稳则稳，量力而行，尽力而为，比先进而不搞攀比，求实效而不搞浮夸。

（10）在工作目标中，主攻"四个突破"。①总量突破。不限制发展数量与改革范围，要全面出击、适量发展，力争适宜地进行产权制度改革，水利工程和水利企事业单位都要推动，特别是中型水利工程的改革步子要加快，在国家政策规定允许范围内，中型放活、小型放开。②质量突破。水利工程产权制度改革要注重运行质量和效益，成熟一批、改革一批、见成效一批。改革不能只改形式，不改内容，要真正盘活存量、放大增量、搞活运行机制，从整体上搞活、发展水利。③结构突破。要有效促进水利资产合理流动，鼓励各种所有制形式公平竞争和共同发展。要注意引导股份合作、股份制、出售、拍卖、转让等较能彻底改变产权关系结构的改革形式。④制度突破。水利工程产权制度改革的目的是建立与社会主义市场经济体制相适应、"责、权、利"相统一的建设和管理运行机制；产权制度改革的最终目的是促进产权明晰、责权明确、政企分开、管理科学。

（11）切实解决"四个难题"。

第一，认真解决改革后水利管理难题。

主要是"三个不能变"，即水行政主管部门对水资源统一管理的权属不能变；原有水利的社会功能和发挥的工程效益不能变；防汛抗旱行政首长负责制、统一调度不能变。经营者要加强工程的维护和安全监测，注意汛期防守检查，工程防汛抢险的责任制和措施要落实到人。

第二，有效解决人员安置难题。

主要有三条基本途径：通过制定优惠政策，鼓励职工公开、公平、公正参与产权制度改革，推动一批；通过发展第三产业，发展多种经营，拓宽再就业，安置一批；通过规范下岗、市场安置、宏观调节，体系保障、减员增效，分流一批。切实考虑职工的承受力，给予妥善安置，稳定人心。

第三，有效解决水利资产流失难题。

关键是"三个确保"：确保国有、集体资产保值增值；确保水利置换的资金取之于水、用之于水；确保建立健全国家集体资产管理、营运、考核、监督等一整套运作制度。

第四，正确对待水利行业管理难题。

坚持分级管理、分类指导，重点抓好"两手"。一手抓好服务：在指导、组织、协调上服务；在规划、设计、施工、建设、质量、技术等方面把好关。一手抓管理监督：帮助解决资金使用管理、工程运行管理、工程维护保养、资源综合开发利用等方面出现的问题。管理监督要讲秩序、讲法制，保驾护航，服务大局。

（12）推进水利产权制度改革要积极稳妥。

首先，宣传发动要鼓实劲。

一要鲜明。通过宣传发动，着重解决干部存在的"改革怕失权、资产怕流失、工作怕出错"的思想障碍；消除群众和经营投资者对水利产权制度改革存在"怕变政策、怕担风险、怕花投资"的认识误区。二要深入。要把改革的指导思想、思路、政策向党委、政府、人大和部门宣传，争取支持，达成共识；要把宣传工作做到千家万户、田间地头，使改革深入人心，形成合力。三要大造声势。要充分利用广播、电视、报刊等媒体，形成舆论攻势。

其次，政策推动要落到实处。

做到能用的老政策不停，该用活的政策不死，可用的新政策不等。要有针对性地制定和出台适应本行业、本地区特点的产权制度改革政策，并狠抓落实。

再次，规范操作要务求实在。

水利产权制度改革必须以发展为主题，逐步引导、规范。既不要违背群众意愿，又不能偏离改革的正确轨道；既不要一开始就要求规范、求全责备、缩手缩脚，又不能在发展中一放了之、放任自流、撒手不管。管理要"严"字当头，"边发展、边规范，边放开、边完善，先扶持、后收益，少干预、多支持"。

最后，实践探索要讲究实效。

一是态度要积极，二是步子要稳妥，三是工作要细致。要善于深入基层，深入实际，调查研究，发现问题，解决问题；要善于深入细致地做好群众的思想政治工作，及时化解矛盾，理顺群众情绪，确保每一项水利产权制度改革顺利推进；要善于引导典型，以点促面，推动全局。

7.3 关于水利工程产权制度改革的几点体会

（1）实行产权制度改革，增强了干部职工的向心力、主人翁责任感与参与意识。改革使职工成为企业的股东，企业的兴衰发展与职工的生存关系更密切。原来对企业漠不关心的职工，由于产权的转化和观念的改变，现在都能以全新的面貌投入企业的发展中来。他们关心企业就像关心自家的财产一样，有事大家互相帮助，有利大家共同分享，人人都关心企业的发展。

（2）产权制度改革使企业摆脱了行政干预，使职工真正成为经营主体、权利主体、利益主体。各企业可以根据自己的生产实际，在稳定工资总额的范围内，实行计件工资、提成工资、承包工资、浮动工资等多种切实可行的内部分配机制，极大地调动了职工的积极性。

（3）产权制度改革有利于企业筹措资金。新的经营机制促使企业董事会"眼睛向下"，从内部化解资金矛盾，带资上岗，筹资共渡难关，使企业解决了往年因从银行贷款而产生的一系列困扰。有的企业用自筹资金购置必需的设备、零件和生产资料，用于扩大再生产。

（4）通过产权制度改革，全系统基本消灭亏损。例如，星星哨水库在池塘养鱼这个项目上，每年都亏损20多万元。1995年，他们把鱼池全部包给职工个人经营，单位不再从银行贷款，资金全部由职工自己解决，盈亏自负。此项举措保证了星星哨水库1995年池塘养鱼再没有出现亏损现象。

（5）实行产权制度改革，使富余人员与离退休职工得到妥善安置。对于实行产权制度改革的企业，留给企业三分之一的评估资产，责成他们继续负担老职工的开支和养老保险。对于破产企业，将离退休职工统一分配到效益较好的单位，让他们开支有保障。对于其他职工和实行股份制分离出来的富余人员，给予相应的优惠政策，支持他们搞自谋，创办第三产业，并鼓励这些职工调出或一次性买断工龄，以达到精简人员的目的。通过这些不同的渠道对职工进行安置，职工们较为满意，直至目前，尚无一名职工提出不满意见。各县水利系统实行企业产权制度改革，虽然取得了一些成绩，但这只是刚刚起步，许多地方还有待进一步完善。

（6）明晰了产权，实现了责、权、利的统一，水利产权制度的改革实现了"谁投资、谁所有、谁受益"和"责、权、利"的高度统一，促使经营管理者加强了对水利工程的维护和管理，并把水利工程的运行同经济效益联系起来，使工程效益得到了较好发挥，促进了水利工程良性运行。

（7）盘活了存量资产，拓宽了投入渠道，形成国家、集体、社会和个人的多元化、多渠道、多层次的水利投入新机制，将出现"水利为社会，社会办水利"的良好局面。

（8）强化了工程管理，提高了工程质量和工程完好率，保证了水利设施的增值。水利工程成为农户发家致富的"命根子"，水利设施与农户连心，工程将得到良好的维护并充分发挥效益。

（9）实现了供水商品化，推进了水利产业化。改制前，水利工程被当作"福利工程"，灌溉不用交费，工程损坏无人管，水利工程效益难以发挥；改制后，水被当作商品推向市场，用水交费，无人非议，增强了农民的节水意识，减少了水资源的浪费。

7.4　水利工程产权改革取得的成效

根据水利部统计，全国1600多万处小型水利工程中，已有356多万处进行了以承包租赁为主要内容的改革。许多省份出台了规范性文件，如山东、山西、江苏、青海、安徽、湖南、黑龙江、浙江、陕西、天津、甘肃、河南、河北、江西等十几个省（直辖市）已相继出台了水利工程（设施）产权制度改革意见产权制度。创新主要包括承包、租赁、股份制、股份合作、拍卖和用水协会等多种形式。允许以资金、实物、土地、劳务、技术、设备等出资形式进行国家、集体、社会法人、个人之间的各种形式的股份联合。目前的水利工程制度改革已初步显现出效果，具体的成效主要体现在以下几个方面。

（1）盘活水利存量资产，增加水利建设资金。

通过水利工程产权制度改革，以经营权、所有权置换资金，投入水利再建设，盘活了水利存量资产，走出了一条以存量换增量、卖旧建新、良性运行滚动发展的水利发展途径。改制的好处是：一方面，减轻了政府的财政负担和水利部门的管理负担，结束了国家花了钱却管不好的局面；另一方面，又可以利用收回的出让金和腾出的人手进行其他工程的建设，同时又避免在解决水事纠纷上花费精力，把工程集中到懂技术、善管理的"能人"手里，优化了资源配置，提高了工程的整体效益。

（2）提高了经济效益和社会效益。

实施水利工程产权制度改革，不仅盘活了国有资产和集体财产，而且吸引了农村的闲散资金及外地资金投入水利工程建设中来，拓宽了水利融资渠道。改制后的回收资金专款专用，继续滚动用于水利建设，新建和改建水利工程，增加供水量，新增和改善灌溉面积。由于改制后的产权明确，经营者自主经营，严格管理，周到服务，使水利工程的效益得到充分发挥。产权明晰后，经营者的管理行为因"责、权、利"相一致，经济利益关系直接化，从根本上解决了长期存在的管理不善问题。经营管理者通过加强工程管理，工程设施的完好率得到进一步提高，节约了有限的水资源，增加了水利工程拦蓄水能力，同时灌溉保证率也得到提高，既方便了群众用水，又增加了自身收入。产权改革使工程效益与投资者的利益挂钩，也增加了经营管理者的责任感。

（3）管理效率得到提高。

第一，水费计收顺畅。小型水利工程过去大都是国家集体投资及群众投工、投劳建设起来的，水利资产因产权主体不明确而一直把这些资产作为公益资产看待，又缺乏稳定的补偿机制，以致不少工程难以为继。产权制度改革后，工程的经营者取得了对工程水的使用权与处置权，可以对这种工程水合理定价出售，用水户不再对工程的维护保养投工、投劳、投资，花钱买水理所当然。改革使农民认识到"水"也是商品，所以水费计收工作得以正常开展。

第二，节水意识增加。小型水利工程由个人或联户经营后，经营者的经营管理意识和服务意识得到加强，而被服务的群众也对水的商品属性有了进一步认识。工程按企业方式管理，实现按量计收水费，不仅解决了工程资金问题，更重要的是体现了水的商品价值。管理者节约和保护水资源，农民也处处想着节约用水，减少了农业成本。改制后，许多工程经营者分户计量收取水费，农民自觉因地制宜发展节水高效农业，促进了种植业结构的改变。

第三，水事纠纷减少。改制后，水利工程的使用权发生变化，关于水的商品意识在老百姓心中得到增强。改革和宣传还使他们认识到地表水、地下水都属于国家所有，任何个人和单位都不得无偿占有。用水必须购买，用水必须交费。厘清了人们的用水观念，增强了节水意识，减少了因产权不明、权属不清造成的用水、争水、交费等一系列矛盾和纠纷的发生。

第四，干群关系得到改善。过去，村干部要花大量精力和时间计收水费和调处水事纠纷，造成干群关系紧张。改革后，村干部不用收水费，仅当公证员，消除了以前因收费引起的矛盾，干群关系得到明显改善。

（4）加强了工程管理，提高了工程效益。

通过产权改革，明确了投资、建设、经营的主体，群众真正成为工程的主人，使责、权、利相统一，经营者管理精心，维护保养上心，为扩大效益操心，村集体和受益户省心，从而强化了管理，提高了效益。

（5）拓宽了水利建设的投资渠道。

"多元化"的投资水利建设的新机制正在形成，小型水利工程产权制度改革拓宽了水利建设的投资渠道，推动了社会闲散资金与水利工程建设的有机结合，既从根本上把"谁受益、谁负担"的政策落到实处，又调动了广大群众投资办水利的积极性。一批专业户、个体户投资水利建设的积极性空前高涨，股份制、股份合作制建设水利工程的规模越来越大。

（6）解决了大搞水利建设与减轻农民负担的矛盾。

放开建设权后，水作为商品进入市场，成为群众致富的一项产业。人们通过自建水利工程，卖水增加收入，取得了实实在在的效益，调动了群众搞水利的积极性，从根本上解决了建设与减负之间的矛盾。

（7）盘活了资产，实现了保值、增值，搞活了集体所有制实现形式。

产权改革改变了计划经济条件下"包办"水利的旧机制，与农村家庭联产承包责任制相挂钩，打破了过去"大市场、小水利，活市场、死水利"的旧格局，变"大锅水"为"商品水"。

（8）促进了节约用水、计划用水，实现了水资源的优化配置。

小型水利工程产权制度改革后，实行了用水收费制度改革，做到了"按表计量，按方收费"，提高了农民的水商品意识，促进了节约用水、计划用水，使有限的水资源得到了更为科学、合理的利用，实现了水资源的优化配置。

（9）通过改革产权，极大地调动了社会办水利的积极性，确立了以社会投入为主体的多元化、多层次、多渠道的水利投入机制。

改变了"国家出钱、农民种田"的观念，减轻了国家搞水利的负担，拓宽了投资渠道；明晰了水利设施的产权关系，实现了"谁投资、谁所有、谁受益"和"责、权、利"的统一；完善了水利设施的管理机制，促进了水利资产的保证值。

总之，通过水利工程产权制度改革，一方面对原有的水利工程实行所有权与经营权的分离，通过规范化承包、租赁、股份合作和拍卖等多样化的管理形式，重新明确了管理的主体，调动了管理者的积极性，提高了管理水平，最大限度地发挥了现有小型水利工程设施的效益；另一方面，通过股份制、股份合作制，建立起以受益者为投入主体的多元化、多层次、多渠道投入的新机制，实行"新工程、新水价、新效益"的"责、权、利"相统一的体制，以保证水利工程良性循环、可持续发展的势态。

8 流域水资源配置利用与管理的方法研究

8.1 水资源配置构成要素

8.1.1 区域水文地理特征

水资源配置主要取决于区域可利用水量，水量及其分布情况随着河流流动、降水、蒸发的循环过程不断重塑，因此，区域水资源配置与其水文地理特征密切相关。相关区域所处的纬度与地理环境的不同形成了差异化的气候特点，气候与日照影响时间的不同决定了区域水量蒸发能力的差异。同时，基于大气环流的作用，水汽凝结将对各区域产生不同影响，降水情况也会有所差异。作为区域可用水量的基础，降水的时段决定了区域水资源变化的主要规律。例如，当大量降水的区域中主要流域和湖泊处于较高水位，可用水的供应量大于需求量，此时，水资源配置过程的难度相对较低，而相应的防洪、防灾等管理工作则应得到更多重视；在冬季枯水期，降水量明显减少，水量匮乏，同时水循环减慢，河流的自净能力下降，水质恶化，这都提高了水资源的配置难度。

地表径流与湖泊是区域水资源的重要组成部分，地表河流的径流量是影响水量多寡的重要指标。由于地表水一般在区域水资源中占有较大比重，对于地表水资源的配置管理是水资源分配的重要组成部分。地表水量的变化受多方面的影响，包括其上游来水、区域降水、地表河网分布、水体蒸发强度、地表水与地下水互补能力等。地表水分布广泛，且取用方便，但容易受区域环境变化的影响，降水、水体流动的侵蚀作用、区域社会发展都会增加水体中的污染物含量。这些因素导致同一流域中不同河段的水质可能存在较大差异，因此在进行水资源配置前，应先进行检测以确定其可用级别。相比河流，湖泊中的水虽然流动性较弱，但由于其与河流或地下水源地相连，湖泊水体也在不断循环，且湖泊水量具有相对稳定性，其变化大多滞后于同水系中的河流水量，所以湖泊水在削减洪峰、应对干旱气候方面发挥着重要作用，但同时也应注意到湖泊水量恢复慢和水体自净速度低的特点。我国大部分湖泊目前都面临着湖水面积不断缩小的困境，主要是因为上游来水减少和过量采水。有些地区受工业污染的毒害，湖泊仅靠其自净能力无法消化沿湖地区企业不断排入的大量废水，导致水体质量大幅下降，严重影响沿湖地区居民的正常生活用水。这些问题极大地影响了区域生态环境，同时使当地水资源配置受到不少限制。

地下水在总水量中仅占较小比重，开采难度相对较大，但由于其供给水量、水质相对稳定的优点，其与区域供水能力也密切相关。区域地下水的水量由该区域地理特征决定，不同的地质构造形成了地表水下渗的程度与地下水的汇流、存蓄的条件的区别，从而形成了不同区域地下水量的差异。地下水受到地表水正常下渗雨水的影响，处于不断循环的过程中，其水位、水质、水温在一定时期会呈现出规律性变化，但基于其相对缓慢的循环速度，一旦出现"漏斗"区等问题，恢复极为困难。因此，对于地下水配置，应紧守限量开采的前提。

8.1.2 社会与经济发展需求

水资源配置目标是在对现有水资源科学合理利用的基础上，满足区域社会和谐与经济发展的需求。人口、城市化发展水平、环境保护程度、产业规模、产业结构等是影响区域需求的主要因素，区域用水总量是这些主要因素综合作用的结果。区域水资源配置优化过程也是对各主要因素之间的利益关系进行平衡的过程。《水法》规定了应首先满足居民生活用水需求的原则，因此，区域中人口总量是影响水资源配置的重要因素。不同地区人均水资源占有量也存在较大差异，由于气候条件、水资源使用习惯的差异，在相同人口总量条件下，水资源配置量会有较大差异。人口分布与水资源分布存在一定的关联，但其关联程度在不同区域有其独有特点，即使在水量富余区域也可能出现小范围的缺水地区，这要求水量配置要根据人口聚居情况进行灵活处理。城市化水平较高的地区，其人均生活用水量普遍高于农村地区，同时由于人口密集、需水总量较大，在水资源配置过程中可采用计划配置与水权交易相结合的方式，以满足居民用水需求；而对于人口密度较低、居民居住地较为分散的地区，定期进行水质监测，缩短供水距离或减少居民取水时间是水资源配置工作的主要方向。

产业发展对于水资源配置的影响是全方位的，产业规模与产业结构都会对区域水资源配置产生重大影响。农业作为用水大户，其产业规模在区域产业发展布局中所占的比重越大，该区域出现水资源短缺的可能性则越大。在农业中，不同产业对水资源配置影响也不尽相同，种植业与渔业对于水资源的约束最为敏感，而林业和畜牧业则相对较弱，但畜牧业对水质可能存在较大影响。目前，我国工业用水还存在不断增长的趋势，其主要原因是工业仍为各区域发展的主要经济支柱，在使用相同水量的情况下，其经济产出明显高于农业，但由于其产生的废水中污染物含量较高，是水质性缺水的重要诱因。在水资源配置中，应对火电、造纸等高污染行业实行严格控制，并且，适用于工业节水的技术较多，企业节水成本所占比例相对较低，强化工业企业的节水管理可取得较好配置效果。

水资源配置除与人口、产业发展密切相关外，区域生态环境的需水量也是保证可持续发展的重要条件。生态环境需水量与区域经济发展和该区域的水文地理特征都有一定关系，在配置过程中所占比例的确定方法目前仍在进一步探索中，但环境需水量在维护自然与社会系统平衡中发挥着重要作用，这是毋庸置疑的。然而，在日常水量配置过程中，生态环境水量却往往被忽视，其主要原因在于，生态环境水量的配置需要着眼于全流域角度，其管理过程难以协调。不同区域用水的利益冲突导致生态环境水量的作用难以在短时间、小范围内发挥作用，"搭便车"与"公地悲剧"的现象较为普遍，但随着我国对污染治理力度的加大，生态环境用水需求在配置计划中已成为一个重要组成部分，合理解决好生态水量与生活、生产用水间的矛盾，是保证水资源能被长期利用的基础。

8.1.3　水资源配置组织机构

在我国，主管水资源配置的行政组织机构主要是流域管理机构与县级以上人民政府，由他们来实现所在区域内水资源配置的统一管理与监督。由于水资源配置与生产、生活各个方面都密切相关，其配置管理过程与其他行政部门的权限存在一定交叉，主要包括水利部、国土资源部、环境保护部、农业部、卫生部、住房和城乡建设部、公检法相关部门等，对在配置过程中出现的水利工程建设、项目开发、卫生防疫、农业产业发展、土地使用规划、环境监测与保护、违法处罚等不同方面予以管理。相关供水企业、节水技术研发部门、废水回收利用部门、在水市场运行过程中涉及的相关中介组织、代表公众利益参与配置决策的环保组织等，均在水资源配置过程中发挥了重要作用。达到与实现行政命令的统一与高效、维护公平合理的竞争环境、提高配置经济组织效率、发挥民间组织的监督与宣传作用，是水资源配置组织的设立与管理的重要目标。

在水资源配置行政组织职能的统一与整合方面，我国现已进行了一定程度的探索，深圳、上海、北京、天津等大城市相继成立了统一的城乡水资源配置和以协调工程建设、供水、污染防治等职能为目的的水务管理局。随着流域水量分配总体原则的确立，流域统一管理在具体实施上也得到了进一步的优化。但在实际实施过程中，统一管理对组织运行效率提高的效果并不显著，水资源组织的变革过程仍存在一定的阻力，在不同管理环节，职能部门统一管理的进度存在偏差，致使有的管理方面存在多头管理或互相推诿的现象。即使在权责明确的情况下，也可能受到地方政府出于保护区域经济发展的考虑而制定的相关政策的影响，使得对流域水量和水质保护方面的统一配置与管理措施无法得到有效贯彻。协调好流域与区域、不同产业间、生活和生产之间、各部委与地方政府之间的权利与职责，是提高水资源行政管理组织效率的关键。

长期以来，中国供水企业的主要服务对象为"公共事业"，缺乏对其经营项目的经济效益的重视，导致了供水成本高、欠费严重、成本核算标准化程度低、技术设备陈旧、对地方政府依赖性强等一系列问题的产生。由于水资源本身自然与经济的双重属性，供水企业在保障区域生活及公共用水的需求的同时，应以市场经济的运营方式促进其效益的提高，提高供水企业组织形式的多样性，对企业决策与管理结构进行改革，使企业适应供水需求的变化，这是提高企业供水效益的关键。

民间环保组织在水资源配置决策过程中的积极参与是发达国家的成功经验。我国民间环保组织存在着数量较少、组织规模较小等问题，导致公众在水资源相关配置信息的获得、发表对水资源配置的观点、对配置方案的修正提出建议等环节缺乏与行政部门有效的协商和沟通机制。提高公众参与水资源配置的积极性与保护水资源的意识，扶持民间环保组织的建立与规范其管理程序是强化公众组织参与能力的关键。

8.1.4 水资源配置法律法规

要把依法治水落到实处，水相关法律法规体系的建设是必不可少的。在水资源流域规划制定、区域利益的划分、配置纠纷的处理、水权交易程序、水污染处罚等方面，必须依据现行的法律法规。法律法规能否涵盖实际配置管理中所涉及的工作范围、对配置管理的行政组织与管理程序予以明确、给出进行配置管理的相关细则，对相关违法行为的处罚是否合理，法律法规是否存在交叉和重复，对于实际管理中新出现的问题如何建立相应的解决程序与规则，以及相应法规制定与实施机构的确认等方面，都将严重影响法律在实施过程中的效率。

水资源配置过程是一个关乎社会发展与经济繁荣的系统性管理过程，其管理的基石是资源所有权及其他权属在实际社会经济活动中的相关实践，统一明确的法律概念能促进水资源配置行政管理与市场交易的规范化。由于目前其他权属概念较为模糊，各级水政管理部门和相关用水户可根据自己的理解对相关概念自行解读，所以同一问题不同地区处理方式、方法迥异的现象出现了，则区域或用水户利用其他权属概念界定不清的法律缺陷谋取私利的同时，损害国家利益的行为将不可避免地出现。基于水资源的双重属性，明确相关各项权属法律规范是水资源高效配置的关键。对于同一水体的配置管理，可能出现令出多门的现象，在很大程度上，这是基于水资源所具有的流动性与循环性，并且其配置与毗邻土地的使用、城市规划密切相关。由于相应法规都赋予管理者以相应的管理权限，在实际工作中，容易出现管理者出于本地区或部门局部效益最优的观点而坚持己见，所以相关配置问题会久拖不决。基于此，法律法规应在对不同部门所管辖的水资源配置范围和职责进行明确规定的基础上，对具体配置过程的管理决策程序和优先次序进行明确规定，不能仅以"协商解决"对待。只有明确了决策方法、方案的相关选择程序，才能在较短时间内对具体问题提出对应的合理管理方案，并通过行政、市场及法律手段予以全面推行。

在对违反水资源配置相关政策、法规及措施的处罚方面，存在着对不同适用法规进行选择的问题，由于违法事件的危害程度、违法性质及适用法律条款在很大程度上取决于司法部门的裁定，对于在配置过程中出现的新兴问题诸如水污染突发事件的危害、水权纠纷中权益的划分，目前都存在一定的争议。如何公平地对相关责任人进行处罚，并确保其处罚对类似事件起到警示作用，是法律法规制定和执行的重要目的。同时，原则性的规定只是对处罚起引导作用，若将其作为处罚依据，很容易出现执法不严或矫枉过正的现象。对相关处罚规则予以细化，对各项处罚的适用条件进行明确，将处罚规则与区域经济发展相结合，对其他法律法规的协同性予以统筹考虑，是法律法规中处罚条款具有权威性的前提与保证。

8.1.5 水资源配置工程技术能力

在河流上建造堤坝存蓄水量、通过饮水工程对区域水量分布加以改变、应用节水灌溉保障干旱地区的农作物生长等措施，体现了工程技术在水资源配置领域的重要作用。随着科技的进步，水利工程、节水技术、海水淡化在水资源配置中的应用日益广泛。

在流域中修建堤坝以提高水位，是水利工程最为常见的应用。河流水位的提高可增加蓄积水量，多用于应对冬季枯水期的水资源供应、农作物生长期的引水灌溉。水位落差也可用于发电，库区相当于一个人工湖泊，其水资源可进行渔业生产，为库区居民带来额外收入。我国在主要流域中都建有大型水坝，在防洪抗旱各领域均起到了积极作用。但随着水利工程广泛普及应用，其弊端也渐渐凸显。对流域水量的人为拦截，导致下游供水明显减少，致使流域下游地区在水量匮乏的年份可能出现断流的危机。上下游用水矛盾非但未得到解决，反而日益严重；水坝的建立导致大量土地被淹没，由此产生的移民问题长期未得到妥善的解决。水坝工程浩大，对周边环境也会产生极大影响，不仅阻断了鱼类洄游的路径，增大了大坝附近山体滑坡的可能性，在地震等自然灾害出现时，大坝的稳定与否也将成为流域安全的重大隐患。饮水工程对不同地区间的水资源调配发挥着重要作用，但长距离的水资源调配存在着技术与成本的双重门槛困境。运输路线长及运输经过地区复杂的地质条件致使对相关技术水平的要求大幅提高，也导致输出成本增加。此外，对于水量输送地区的利益分配管理难度也相应增大。从上述内容可以看出，利用水利工程进行水资源配置的优、缺点同样明显，在具体配置管理中应慎重加以采用。

节水技术的采用在减少耗水量的同时，也降低了污染物排放量。基于水资源巨大的应用范围，相应的节水技术也是内容繁多，可根据应用的产业进行分类，也可根据其工艺特点进行分类。以技术应用特点为分类依据，可将其分为单一节水技术与复合节水技术。单一节水技术是指在某个环节中，只应用一种技术。例如，农业节水中应用防渗材料修建水渠以降低灌溉用水损失，家庭用水中，应用节水水龙头，等等。单一节水技术应用简单，成本较低，管理难度也不高，适用于对节水要求不高的配置环节。复合节水技术则是指将多种节水技术综合利用，在用水的不同环节统筹地实现节水。例如，在农业节水中，将农作物品种选择、管道输水、土壤结构的改善、增强蓄水能力等相关技术相结合，等等。复合节水技术提高水资源配置能力的效果远高于单一节水技术，但对技术管理水平也提出了更高的要求，其实施成本相对较高，适用于具有一定经济基础，且具有较高管理水平的用水户或地区。此外，海水淡化作为新兴的水资源配置技术，正被越来越多地应用于各个领域。其降低运行成本、减少环境污染方面的贡献，是这种技术得以在水资源配置过程中得以广泛应用的关键。

8.2　水资源优化方法进展

20 世纪 50 年代中期，专家、学者开始对水资源的优化方法进行研究，相关领域在 60～70 年代这 20 年里得到了迅猛发展。1974 年，Becker 和 Yeh 全面总结了将系统分析方法应用于水库调度和管理中的相关研究成果，包括线性规划、非线性规划、动态规划与模拟技术等，并详细阐述了应用最为广泛的动态规划、多目标规划、大系统等相关理论。

8.2.1　动态规划法

动态规划法是一种缘起于 20 世纪 50 年代的实现多阶段决策过程最优化的一种有效数学方法。自 20 世纪 70 年代以来，系统分析方法在水资源管理领域取得了较大进展。动态规划是这样一个过程：依据当前状态进行决策，而决策又随即引发新的状态。由于要在这种不断变化的状态中产生决策序列，所以，这种用多阶段最优化决策解决问题的过程就被称为动态规划。它的基本思路类似于分治法，即首先将所面临的问题分解成多个子问题（或阶段），然后按顺序各个击破，每解决一个子问题，便为后一子问题的求解提供了相关信息。在求解各个子问题时，列出各种可行的局部解，并通过分析保留那些可能达到最优的局部解。依次解决各子问题后，最后一个子问题的解便是初始问题的解。

动态规划法解决问题的分解问题阶段大多会出现重叠子问题，为减少重复计算，可对每一个子问题只求一次解，然后将这个子问题不同阶段的不同状态保存在一个二维数组中。

动态规划法与分治法最大的差别在于，适合于用动态规划法求解的问题，经分解后得到的子问题往往不是互相独立的（即下一个子阶段的求解是建立在上一个子阶段的解的基础上，进行的进一步的求解）。

能采用动态规划法求解的问题一般要具有以下三个性质。

（1）最优化原理：如果问题在得到最优解时，其所包含的子问题也是最优解，那么就称该问题具有最优子结构，即满足最优化原理。

（2）无后效性，即在某阶段达到某一状态后，不受这个状态以后决策影响的特性。也就是说，某状态以后的过程不会影响以前的状态，只与当前状态有关。

（3）有重叠的子问题，即子问题之间不是相互独立的，一个子问题在下一阶段决策中可能被多次使用（该性质并不是动态规划法适用的必要条件，但是但若缺少这一性质，动态规划法同其他算法相比，就不具备优势）。

但是，该方法存在多状态决策的"维数灾"问题，使动态规划法的应用受到很大限制，即便是使用现代高速大容量电子计算机，也难以突破限制。近年来，有很多学者针对一般动态规划法的"维数灾"问题进行了大量的研究工作，提出了以下几种改进方法。

8.2.1.1 逐步优化算法

逐步优化算法（progressive optimal algorithm，POA）主要是用来解决凸性约束条件下多阶段决策问题的，它是加拿大学者 Gao 和 Liu 于 1997 年研究出来的成果。此算法根据贝尔曼最优化的思想，提出了逐次最优化的原理，即"当决策集合相对于它的初始值和终止值来说都是最优的时，就得到了最优路径"。传统 POA 是先把问题分解为一系列两阶段，然后分别搜索这些两阶段问题的最优决策变量，同时固定其余阶段的变量。再将上次的结果带入由下一个问题分成的两阶段，并作为初始条件，进行该阶段的搜索寻优。经过若干轮迭代，最终得到收敛于最优轨迹的最优解。

这种方法的优点是状态变量无须离散化，所以能得到较精确的全局最优解。但由于在每次迭代过程中，状态轨迹的取得是通过寻优求出的，且迭代次数较多，所以需要大量的计算时间。该方法主要用于水库优化调度、水库群防洪调度、梯级电站经济运行等问题。

8.2.1.2 二元动态规划算法

1999 年，Xi 率先使用二元动态规划（binary state dynamic programming，BSDP）

算法来解决四个水库的优化调度问题。这种方法的先进性在于，构造了状态子空间的特殊规则，用以解决动态规划的"维数灾"问题。国内学者在此基础上，对BSDP 算法进行了更深入的研究，如加入迭代收敛条件以避免陷入局部最优解、改进库群步长选取等。

8.2.1.3　微分动态规划法

微分动态规划（differential dynamic programming，DDP）法是 Jacobson 和 Maycn 于 1969 年提出的，是最优控制计算中最重要的方法之一，目的是解决多维动态规划和非线性二次型目标函数连续最优控制问题。这种算法的基本思想是，设定一个标称决策序列{Xk}及其相应的标称状态轨迹{Sk}，由于状态 Sk 可在点 Sk 的邻域内变动，所以把最优价值函数 Fk(Sk)在此邻域内展开成 Talor 级数，略去其高阶项后代入动态规划基本方程，得出该级数的系数的递推关系，然后，以标称状态轨迹为起点，逐次逼近最优状态轨迹，最后得出相应的最优策略。

由于 DDP 法与其他算法相比有明显的优越性，特别是随问题维数的增加而更加显著，所以受到普遍关注，并在不同领域中得到应用。

8.2.1.4　增量动态规划法

增量动态规划（incremental dynamic programming，IDP）法克服了动态规划法中出现的"维数灾"问题，并且其运输速度更快。将模拟法与多维增量动态规划（multidimensional incremental dynamic programming，MDIDP）法进行有机结合，可以更好地解决多水源、多用水户、多级串并联的水资源系统优化调度问题。

8.2.1.5　状态增量动态规划法

状态增量动态规划（state increment dynamic programming，SIDP）法的主要内容是，在状态可行域 S 内选定一个状态序列{Sk}作为初始轨迹，然后应用变分原理，在状态可行域内对标称轨迹作上下变动，即加及减一个或几个增量，形成上下状态增量轨迹{Sk±δk}。再利用动态规划递推方程求得各轨迹所构成的网络中的最优状态轨迹，以此作为新的初始轨迹，进一步求优，直到取得满意的精度。这种方法的优点是原理明晰，编程操作简单；缺点则是其状态增量值{δk}的选取比较随意，影响了收敛速率，而且这种方法对于"维数灾"的克服没有上述方法有效。

8.2.1.6　单增量搜索解法

单增量搜索解法是由我国学者于 1983 年在解决南水北调东线工程运行最优

问题时提出的一种方法，它综合了 DDP 法、POA 和 SIDP 法三类方法的优点，能有效地减少计算步骤，节省计算时间。

DDP 法能降低"维数灾"的影响，POA 不仅能降低系统的"维数灾"，而且能取得全局最优解。但它们的共同不足是迭代过程复杂，计算时间长。SIDP 法概念明了，迭代简单，但对"维数灾"的限制不甚有效。本书综合上述三类方法的优点，提出了一种动态规划的单增量搜索解法。

单增量搜索动态规划的基本思想是：在状态可行域 S 内选定一个标称状态向量序列 $\{Sk(0) = 0, 1, \cdots, N\}$ 作为初始轨迹，由此取单向增量 $\{\delta k\}$，使 $\{Sk(0) + \delta k \mid k = 0, 1, \cdots, N\} \in S$，其中，各状态分量 Sk_i $(i = 1, 2, \cdots, m)$ 的增量值 δki 由进退搜索法 H 确定，然后在初始轨迹和增量轨迹构成的广义单边状态廊道中，运用动态规划最优化原则推求一个改进的状态轨迹 $\{Sk(1) \mid k = 0, 1, \cdots, N\}$。再以此轨迹作为初始轨迹，重复上述迭代计算，直到求得满意解（近似最优解）。

8.2.1.7 有后效性逐次逼近动态规划法

逐次逼近动态规划（dynamic programming with successive approximation，DPSA）法是以逐次迭代逼近的思想为指导，把目标函数进行拆分，将多维优化问题转化为一维优化问题的一种有效的降维方法。在利用 DPSA 法进行优化水库调度相关问题时，先假定其他水库运行状态不变，对一个水库进行 DPSA 求解，然后以此为该水库的新运行状态及初始径流信息，再据此依次对其他每个水库求最优解，这是一个不断更新各个水库的调度策略，直到目标函数达到最优的过程，所得的最终调度策略就是 DPSA 算法求得的最优策略。这对于严格凸函数来说，在凸集上是收敛的。

8.2.1.8 线性-动态规划算法

线性-动态规划（linear programming and dynamic programming，LP-DP）算法是美国学者 Becker 和 Yeh 于 1974 年在研究探索美国加利福尼亚州中央河谷水电站群的实时优化调度时得出的一种新算法。该模型主要针对梯级水库群实时调度问题，理论上严谨度还不够。对此，我国学者问德溥（1998）在此基础上改进了 LP-DP 模型，从理论上对其进行了完善，扩展了应用范围，提高了优化效益。

8.2.1.9 随机动态规划法

在长期的水库优化调度中，径流预报值可能存在较大的偏差，因此，相比确定性方法，随机模型更加符合实际情况。允许优化过程中包含径流过程的随机模型，比较适合解决长期的水库优化调度问题。

8.2.1.10　模糊动态规划法

水资源系统具有随机性与模糊性。模糊优化法将目标函数模糊化，按照模糊判据，求取模糊目标函数的优化集。模糊理论与动态规划的结合弥补了动态规划法存在的计算量大的缺陷，并可提高计算速度和改善收敛性。

8.2.2　动态规划法的缺陷

虽然近些年，动态规划法得到了很大的发展，许多学者将其与其他方法结合研究出了新的优化方法，但其本身仍存在一些无法克服的缺陷，如计算时间过长、占用内存量随变量的增加成指数倍增长等。

8.2.3　大系统、多目标方法

大系统理论，即大系统的分析与设计理论。大系统的特征是规模庞大、结构复杂（环节较多、层次较多或关系复杂等）、目标多样、影响因素众多，且常带有随机性的系统。这种系统一般无法通过常规的建模方法、控制方法和优化方法来进行分析和设计，因为常规方法无法通过合理的计算工作得到满意的结果。生产力的提升和科技的进步催生出许多大系统，如电力系统、城市交通网、数字通信网、生态系统、柔性制造系统、水源系统和社会经济系统等。这类大系统内部各部分之间通信困难，产生了较高的通信成本，同时降低了系统的可靠性。

8.2.3.1　大系统结构理论

大系统有两种常见的结构形式：递阶结构与分散结构。其中，递阶结构又可被分为以下两种。

1）多层结构

多层结构是按功能的不同，将一个大系统分成多层次，其中，最低层为直接对被控对象施加控制作用的调机器。

2）多级结构

这是一种为应对子系统之间的控制作用不协调难题，而在对分散的子系统进行局部控制的同时，再加一个协调级的结构。在分散结构中，大系统所包含的各个子系统都是相互独立的，它们之间没有协调控制关系，各子系统分别独立进行决策。在分散控制结构中，各分散的控制器一起协同完成大系统优化的总任务，其中，各分散控制器只能获得大系统的部分信息（即信息分散），且只能对大系统实施局部控制（即控制分散），如交通管制网、数字通信系统等。

由于水资源系统配置有其自身特点，属于涉及众多部门和地区、半结构化的多目标、多层次问题，它不仅需要协调空间上不同区域之间的矛盾，还要解决时间上近期与长期的利益矛盾，贯穿了社会、经济、环境等多个领域。对于如此复杂的水资源优化配置，可以采用大系统、多目标的建模方法进行研究。

8.2.3.2　大系统控制理论

控制理论分为递阶控制理论与分散控制理论，其中，递阶控制理论的核心是大系统的分解和协调。大系统通过分解产生一组有关联（耦合关系）的下级子系统，在放宽关联约束的条件下，对这组子系统各自进行求解，此时的解还不是大系统的整体最优解。为了控制大系统下各子系统之间的关系，需要在上级设置一个协调器，通过调整某些变量，实现下级各子系统间之间的协调关系。当有关联约束成立，则在一组凸性的条件下，大系统的整体最优解即各子系统局部最优解的组合。在递阶系统中，分解和协调是息息相关的两个基本过程。其中，分解过程可以按以下三种方式来划分子系统。

（1）基于实际系统结构的分解。

（2）基于计算量最小的分解。

（3）基于决策问题数学结构的分解。

但无论怎样分解，都应使每个子系统在协调器提供协调变量值的情况下，独立地求解各自的问题的最优值。为此，一方面，应将大系统的整体目标以科学的方式分配给每个子系统；另一方面，在保持整体最优解不变的前提下，对每个子系统中的关联项作某些调整。这个协调过程实质上就是寻找大系统总体目标的过程。上级系统以其所能支配的协调变量去命令下级系统，协调下级各子系统间的关系，以便在求得各下级子系统的局部极值解的同时，获得大系统的整体最优解。依据大系统的整体最优解选定的变量被称为协调变量。选取不同的协调变量，可以形成种种不同的递阶控制方法。其中，最基本的是目标协调法、模型协调法和棍合法。递阶控制优化方法就是在分解和协调上述三种基本方法的基础上发展而来的。其中的典型代表有田村坦之的三级法和时延算法、哈桑—辛预估法、三级共态预估法、穆罕默特的统一方法等。

大系统结构与控制理论为处理复杂的大系统问题开辟了广阔的前景，应用该理论可以把复杂的水资源系统在空间、时间上予以分解，建立分解协调结构，从而简化计算。

8.2.3.3　大系统理论缺陷

基于应用性，这里主要谈论的是大系统控制理论的缺陷。因为其包含递阶控制理论与分散控制理论，所以分别对其缺陷予以讨论。

1）分散控制结构的缺陷

（1）分散控制器地位平等，没有隶属关系，各自进行平行工作，因此，难以达到协调，只能实现大系统整体上的次优化，在操作上缺乏有普遍意义的解法。

（2）分散控制体现的是非经典信息结构，每个分散控制器的决策要以其他分散控制器的测量和决策为依据，会引起非线性发散策略和二次推测现象；由于各控制器间的通信滞后，并存在随机干扰等问题，分散控制结构的分析和综合会面临一定困难。

（3）除了确定大系统处于时标分离的情况，或各子系统间是弱动态饱和的情况外，将很难确定分散系统的结构问题。

2）递阶结构的缺陷

（1）其严密的结构使系统功能的复杂性增加，信息传输串行处理的时间较长。

（2）局部控制效果较弱，基于其结构，每个控制器接收和处理的信息量视其所处阶层的不同也存在差异，做出决策和反应的速度也不尽相同。

（3）个别分散控制器若发生故障，则可能引起全局的瘫痪，且由于其严密的结构，单个控制器的功能无法由别的控制器来负担。此外，处理递阶控制系统一般需要采用大型计算机。

8.2.3.4 多目标决策理论

多目标决策理论作为运筹学的重要分支，最早源于意大利的经济学家帕累托的研究。它充分根据决策背景，综合考核多个相互间可能存在分歧或矛盾的评价指标，利用统计学原理、运筹学方法、管理学理念及最优化理论，对多个备选方案进行选优和排序，并根据多个目标或评价指标的满足程度选取备选方案。

多目标优化决策问题是向量优化问题，其解为非劣解集。将多目标问题转化为单目标问题，再采用较为成熟的单目标优化技术解决问题，是这种求解目标优化方法的整体思路。将多目标问题转化为单目标问题的主要途径有以下三类。

（1）评价函数法。这种方法要求建立一个以待解决问题的特点、决策者的意图为基础，把多目标转化为单个目标的评价函数，然后将问题转化为单目标优化问题。这类方法主要有线性加权和法、极大极小法、理想点法等。

（2）交互规划法。这种方法不直接利用评价函数的表达式，而是以分析者和决策者不断交换信息的人机对话方式求解。这类方法包括逐步宽容法、权衡比较替代法、逐次线性加权和法等。

（3）混合优选法。这种方法适用于同时含有极大化和极小化目标的问题，它将极小化目标化为极大化目标再求解。也可以使用分目标乘除法、功效函数法和选择法等，不进行转换，直接求解。

此外，还有诸如层次分析法（analytic hierarchy process，AHP）、数据包络分

析法（data envelopment analysis，DEA）、简单线性加权求和法（weighted sum method，WSM）、逼近于理想解的排序方法（technique for order preference by similarity to ideal solution，TOPSIS）、选择转换本质法（ELECTRE）、偏好顺序结构评估法（preference ranking organization methods for enrichment evaluations，PROMETHEE）、灰色关联分析法（grey relational analysis，GRA）、多准则妥协解排序法（vlsekriterijumska optimizacija i kompromisno resenje，VIKOR）等。

8.2.3.5　多目标决策理论缺陷

1）目标的不可公度性

即量纲的不一致性，各目标没有统一的衡量标准或计量单位，因而难以比较。

2）目标之间的矛盾性

（1）如果在求解多目标决策问题时，能得出一个使所有目标都达到最优的备选方案，那么，它就是最优解，此时，目标间的矛盾性便不再存在。

（2）一般情况下，各个备选方案在各目标间存在着某种矛盾。

（3）采用一种方案去改进某一目标的值，可能会导致另一目标的值变坏。

3）定性指标与定量指标相结合

在多目标决策中，有一些是定量指标，能被明确地表示出来；另一些则是定性指标，只能被模糊地表示出来。不能将求解单目标决策问题的方法简单用于求解多目标决策问题。

8.2.4　新优化方法

优化技术是水资源优化配置模型求解的重要实现手段，没有快速有效的优化算法很难得到最终的水资源优化配置结果。要解决水资源的最优分配问题，就要寻求一个能将多个水源的水量科学合理地分配给流域内的各个用水户的平衡，达到系统最大的总效能，即实现多目标的综合收益最大化。各用水户所分水量为优化情况，它一般情况下同其效益之间呈复杂的非线性关系，不能直接用一般的线性或非线性规划来求解，若采用一般的动态规划方法，增加用水户数目和用水量不同取值数目会导致计算量急剧增加，出现"维数灾"问题，所以在系统求解中难以应用。近年来，区域水资源优化配置模型开始越来越多地采用遗传算法、人工神经网络（artificial neural network，ANN）、模拟退火算法、免疫-进化算法等智能算法进行求解。

8.2.4.1　遗传算法

1）遗传算法简介

遗传算法起源于美国密歇根大学的 J. Holland 教授于 1975 年的研究，它是一种直接搜索方法，本身不依赖于具体问题，本质上是一种通过模拟达尔文生物进化论中自然选择和遗传学机理的生物进化过程来进行计算、寻找最优解的模型。

它把各式复杂的结构通过简单的编码技术来表示，然后对一组编码表示实施简单的遗传操作和优胜劣汰的自然选择，以此来指导学习和确定寻优的方向。遗传算法是以一群二进制串[被称为染色体（chromosome）、个体]为对象进行操作的，这群二进制串也叫种群。这里的每一个染色体都是一个对应问题的解。从初始种群出发，采用基于适应值比例的选择策略在当前种群中选择个体，运用杂交和变异（mutation）的方法衍生出下一代种群。经过如同生命进化过程一样一代一代的演化，最终得到满足期望的过程，充分体现了自然界中"物竞天择、适者生存"的原则。这种方法多用于在一个已知问题的解集中寻找最优解的情形。运用遗传算法在一个问题的多个答案中查找一个最优答案可以达到更快更好的效果。

遗传算法是从一个问题潜在的解集中的一个种群开始的，而一个种群则由经过基因（gene）编码的一定数目的个体组成。这其中的每个个体都是染色体上带有特征的实体。作为遗传物质的主要载体，由多个基因集合而成的染色体的内部表现（即基因型）就是某种基因组合，这种基因组合是个体外部表现的决定性因素。例如，染色体中控制头发颜色的基因组合决定个体头发呈现黑色。因此，首先需要进行编码工作，把表现型映射至基因型。由于仿照基因编码工作的复杂性，通常用二进制编码进行简化例如，在初代种群产生之后，按照适者生存和优胜劣汰的原理，经过逐代（generation）演化得出越来越好的近似解。在每一代，根据问题域中个体的适应度（fitness）大小选择个体，并借助于自然遗传学的遗传算子（genetic operators）进行组合交叉（crossover）和变异，产生出代表新的解集的种群。经过这种类似于自然进化过程的种群的后生代种群，会比前一代更容易适应环境，把末代种群中的最优个体进行解码（decoding），便可以得到问题的近似最优解。

2）相关术语说明

遗传算法，顾名思义是基于进化论和遗传学机理而产生的一种搜索算法，在这个算法中不可避免地会涉及很多生物遗传学的专业用语，以下就一些专业名词做出说明。

a. 染色体

染色体又被称作基因型个体（individuals），一定数量的个体组成了群体，群体所包含的个体数量叫做群体大小。

b. 基因

基因是串中用于表示个体特征的元素。例如，有一个串 $S=1011$，其中的1、

0、1、1 这四个元素就是基因。它们的值被称为等位基因（alletes）。

c. 基因地点

在算法中，一个基因在串中所处的地点被称为基因位置（gene position），也可以被简称为基因位。计算串中的基因位置应从左向右数。例如，在串 $S=1101$ 中，0 的基因位置是 3。

d. 基因特征值

在用串表示整数时，基因的特征值与二进制数的权一致。例如，在串 $S=1011$ 中，基因位置 3 中的 1，它的基因特征值（gene feature）为 2；基因位置 1 中的 1，它的基因特征值为 8。

e. 适应度

适应度指的是个体对环境的适应程度。为了体现染色体的适应能力，引入适应度函数对问题中的每一个染色体的适应程度进行度量，它体现了个体在群体中被使用的概率。

3）遗传算法的实现

基于生物学知识的遗传算法便于理解，编程简单。下面介绍遗传算法的一般算法。

a. 创建一个随机的初始状态

初始种群被称为第一代种群，它们是从解中随机选取出来的，可以将这些解看作染色体或基因，这有别于符号人工智能系统的情况，在那种情况下，已经先给定了问题的初始状态。

b. 评估适应度

对每一个解（染色体）按照问题求解的实际接近程度（以便逼近问题的答案）来指定一个适应度的值。值得注意的是，这些"解"与问题的"答案"不应被混为一谈，应把它们理解为，要得到答案，系统可能需要利用的那些特性。

c. 繁殖（包括子代突变）

染色体具有更高的适应度值就更可能衍生出后代（后代产生后也将发生突变）。后代作为父母的产物，它们的基因来自父母基因的结合，这个过程被称为"杂交"。

d. 下一代

假如新的一代包含一个解，而通过这个解能得出一个充分接近于或等于期望答案的输出，这时问题就已然得到了解决。相反地，如果新的一代还在重复它们父母所经历的繁衍过程，这时就需要一代代继续演化下去，直到得到期望的解。

4）遗传算法流程（图 8.1）

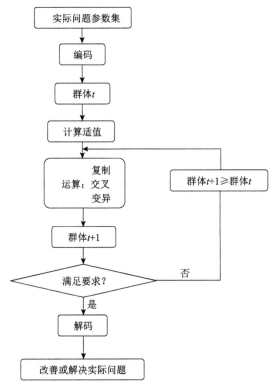

图 8.1 遗传算法流程图

5）遗传算法的应用关键

遗传算法在应用中最关键的问题有如下 3 个。

a. 串的编码方式

这本质上是问题编码。首先要利用二进制把问题的各种参数进行编码，组成子串；然后把子串拼接连成"染色体"串。串长度及编码形式会对算法收敛产生较大影响。

b. 适应函数的确定

适应函数（fitness function）也被称为对象函数（object function），它是问题求解品质的测量函数，通常也被称为问题的"环境"。一般可以把问题的模型函数作为对象函数，但有时需要重新进行构造。

c. 遗传算法自身参数设定

遗传算法有群体大小 n、交叉概率 P_c 和变异概率 P_m 三个参数。

群体大小不能过大或过小，当 n 太小时，难以求出最优解；当 n 太大时，会大大增加收敛时间。一般 n 的取值范围在 30～160。交叉概率 P_c 的取值也需要在一个合适的范围内，一般在 0.25～0.75，取值小于 0.25 时，难以向前搜索，大于 0.75 时，则容易破坏高适应值的结构。变异概率的合理取值范围为 0.001～0.2，过小时，难以产生新的基因结构，过大时，会使遗传算法成为单纯的随机搜索，丧失其价值。

6）遗传算法的特点

遗传算法是一类可用于复杂系统优化的具有鲁棒性的搜索算法，相比于传统的优化算法，具有以下特点。

（1）遗传算法从问题解的中集开始搜索，而不是从单个解开始。

这是遗传算法区别于传统优化算法的最大特点。传统优化算法一般从单个初始值迭代求取最优解，容易将局部最优解当成整体最优解。遗传算法则是从串集开始搜索的，覆盖范围更大，更利于寻找整体最优解。

（2）由于使用遗传算法进行求解时所需要用到的特定问题的信息极少，所以容易变成通用算法程序。

运用遗传算法求解并不需要问题导数等直接与问题相关的信息，只需要适应值，并利用适应值对信息进行搜索。由于遗传算法不需要除适应值和串编码等通用信息外的其他信息，所以它几乎可被用于处理任何问题。

（3）遗传算法有极强的容错能力。

遗传算法的初始串集中包含着大量与最优解想去甚远的信息，需要通过选择、交叉、变异等操作程序来将与最优解相差极大的串进行排除，这是一个强烈的并行滤波机制。因此，遗传算法有很强的容错能力。

（4）遗传算法中的选择、交叉和变异过程并不是确定的精确规则，而是随机操作。

这就表明了遗传算法的寻优过程采用的是随机方法，这其中，选择是为了向最优解迫近，交叉使最优解产生，变异实现了全局最优解的覆盖。

（5）遗传算法具有隐含的并行性。

7）遗传算法的实际应用

使用遗传算法时，由于其整体搜索过程和优化搜索方法的计算只需要提供影响搜索方向的目标函数及相应的适应度函数，不需要提供梯度信息或其他辅助信息，所以遗传算法为求解复杂系统问题提供了一个通用的基本框架。它不限制问题的具体领域，对问题的种类有很强的鲁棒性，所以，遗传算法能被广泛地应用于许多科学，下面是遗传算法的一些主要应用领域。

a. 函数优化

函数优化是遗传算法的经典应用领域，也是遗传算法进行性能评价的常用案例，许多人构造出了各种各样复杂形式的测试函数：连续函数和离散函数、凸函数和凹函数、低维函数和高维函数、单峰函数和多峰函数等。对于一些非线性、多模型、多目标的函数优化问题，用其他优化方法求解比较困难，但使用遗传算法可以快捷、方便地得到较好的结果。

b. 组合优化

对于问题规模较大的情况，使用枚举法计算很难得出最优解，因为组合优化问题的搜索空间会随着问题规模的增大而急剧增加。此时，应改变思路，把主要精力放在对这类复杂问题寻求满意解上，而遗传算法便是寻求这种满意解的最佳工具之一。经实践验证，遗传算法对于解决组合优化中的 NP 问题（non-deterministic polynomia complete problems）十分有效。例如，遗传算法已经被成功运用在求解旅行商问题、背包问题、装箱问题、图形划分问题等方面。

此外，遗传算法也在生产调度问题、图像处理、自动控制、机器人学、人工生命、遗传编码和机器学习等方面得到了广泛的运用。

8）遗传算法的缺陷

（1）遗传算法的编程过程相对繁琐，首先需要对问题进行编码，得到最优解之后还必须再对问题进行解码。

（2）遗传算法容易过早收敛。

（3）遗传算法的搜索速度比较缓慢，因为它对局部进行信息搜索的能力较差，不能及时利用网络反馈的信息。

（4）单一的遗传算法编码不能将优化问题的约束条件全面地体现出来。对不可行解采用阈值便是考虑约束的一个方法，这样会增加计算时间。

（5）遗传算法需要依赖初始种群才能进行，可以将其与一些启发算法相结合进行改进。

（6）遗传算法的并行机制的潜在能力没有得到充分的利用。

8.2.4.2　人工神经网络

人工神经网络是一种信息处理的数学模型，它的结构类似于人类大脑神经突触连接的结构，学术界也经常将其简称为神经网络或类神经网络。神经网络本质上是一种由大量的节点（或称神经元）和之间的相互连接构成的运算模型，这其中的每个节点都有其含义，代表了一种特定的输出函数，被称为激励函数（activation function）。每两个节点间的连接代表通过该连接的信号的加权值，称之为权重，它相当于人工神经网络的记忆。依据网络连接方式、权重值和激励函数的不同，网络输出也有所差异。而网络本身一般是对自然界某种算法或者函数的逼近，也有可能是对一种逻辑策略的表达。

受生物（人或其他动物）神经网络功能运作模式的启发，人工神经网络构筑了自己的理念。人工神经网络实际上是数学统计学方法的一种实际应用，它的优化一般是通过一个基于数学统计学的学习方法（learning method）得以实现的，因此，通过统计学的标准数学方法，能够将大量的局部结构空间用函数方式来表达。另外，它可被应用在人工智能学的人工感知领域，利用数理统计学的相关知识来做人工感知方面的决定问题（即通过统计学的方法，人工神经网络能够像人一样具有简单的决定能力和基本的判断能力），这种方法比起正式的逻辑学推理演算更具有优势。

1）基本特征

人工神经网络是由大批处理单元互联组成的信息处理系统，它有非线性、自适应性的特点。它是基于现代神经科学研究成果上的，其信息处理的方式尝试模拟大脑神经网络处理、记忆信息的方式。人工神经网络具有以下四个基本特征。

a. 非线性

非线性关系是自然界中存在的普遍特性。大脑的智慧也具有数学上的非线性特征，它通过人工神经元所处的激活或抑制两种不同状态来表现。带有阈值的神经元构成的网络性能更强，有更高的容错性和更大的存储容量。

b. 非局限性

多个神经元的交错连接才形成了一个神经网络，因此，一个系统的整体行为不单取决于其中每个神经元的特征，还需要考虑各单元之间的相互连接关系和相互作用。各单元之间的大量连接能模拟大脑的非局限性，典型例子就是联想记忆。

c. 非定性

人工神经网络具备自适应、自组织、自学习能力。神经网络处理的讯息可能有各种变化，并且在处理信息的同时，非线性动力系统本身也可能在不断变化。在描述动力系统的演化过程时，经常采用迭代过程。

d. 非凸性

在一定条件下，一个系统的演化方向将由某个特定的状态函数决定。例如，能量函数的极值对应系统比较稳定的状态。非凸性代表一个函数有多个极值，这也意味着该系统可能有多个稳定的平衡态，这将使系统演化方向不再单一，而是具有多样性的特点。

人工神经网络中，神经元处理单元可以表示不同的对象，如特征、字母、概念或者一些有意义的抽象模式，这些处理单元通常可被分为三种类型：输入单元、输出单元和隐单元。输入单元负责接收来自系统外的信号与数据；输出单元将系统处理结果输出；隐单元则是处在输入单元和输出单元之间、不能直接自系统外观察的单元。神经元间的连接强度通过连接权值来反映，对信息的表示和处理通过网络处理单元之间的衔接关系来体现。人工神经网络这种信息处理方式具有非程序化、适应性、大脑风格的特征，它对人脑神经系统的信息处理方式进行不同程度和层次上的模仿，通过网络的变换和动力学行为，最终实现一种并行分布式的信息处理功能。它是涉及神经科学、思维科学、计算机科学、人工智能等多领域的交叉学科。

人工神经网络系统体现了并行分布的特点，其处理机制不同于传统人工智能和信息处理技术，相比于传统的基于逻辑符号的人工智能，它在处理直觉、非结构化信息等方面更具优势，具有自适应、自组织和实时学习的优点。

2）优越性

人工神经网络的优越性，主要表现在以下三个方面。

a. 具有自学习功能

例如，用人工神经网络进行图像识别，只需要输入各种图像样板及其对应的识别的结果，人工神经网络就会利用其自学习功能，自动掌握如何识别类似的图像。自学习功能是进行预测的重要基础。有了自学习功能，人工神经网络计算机在未来将可以给人类提供经济预测、市场预测、效益预测等服务，具有远大的应用前景。

b. 具有联想存储功能

用人工神经网络的反馈网络就可以实现这种联想。

c. 具有高速寻找优化解的能力

为一个复杂问题搜寻优化解，通常需要很大的工作量，而通过一个针对某问题而设计的反馈型人工神经网络，运用计算机的高速运算能力，便可以大大加速寻找优化解的过程。

3）存在的缺陷

a. 局部极小化问题

从数学的角度看，作为一种局部搜索的优化方法，要使用传统的 BP（back propagation）神经网络解决一个复杂的非线性化问题，需要通过沿局部改善的方向逐步对网络的权值进行调整，但这样可能会使算法陷入局部极值，权值收敛到局部极小点，从而导致网络训练失败。并且，BP 神经网络对初始网络权重非常敏感，给定不同的权重初始化网络，会使局部极小产生一定差异，这也是很多研究人员每次的训练得不到同样结果的根本原因。

b. 收敛速度慢

BP 神经网络算法本质上是使用梯度下降法来对极其复杂的目标函数进行优化的，因而经常出现"锯齿形现象"，降低了 BP 算法的计算效率。另外，因为 BP 神经网络所要优化的目标函数非常复杂，通常会在神经元输出接近 0 或 1 的情况下出现一些平坦区，在这些区域内，权值误差改变很小，训练过程几乎停顿。为了使 BP 神经网络在模型中正常计算，不能使用传统的一维搜索法求每次迭代的步长，而必须把步长的更新规则预先赋予网络，这种方法也会致使其计算速度降低。以上这些原因，都会使 BP 神经网络算法收敛速度放慢。

c. BP 神经网络结构选择不一

关于如何选择 BP 神经网络结构，目前在学术界还没有达成一种统一的完整认识，一般凭经验选择。若果选择的网络结构过大，训练中效率低下，可能会出现"过拟合"现象，导致网络性能低，容错性下降；若选择的网络结构过小，可能会使网络最终不能收敛。由于网络的结构对于网络的逼近能力和推广性质有极大的影响，所以在应用中更要选择合适的网络结构。

d. 应用实例与网络规模存在矛盾

对于应用中的实例规模和网络规模之间产生的矛盾，BP 神经网络没有很好的解决办法，这涉及网络容量的可能性与可行性的关系问题，即学习复杂性问题。

e. 预测能力与训练能力存在矛盾

预测能力，也被叫作泛化能力或者推广能力；训练能力，也可以被称为逼近能力或者学习能力。通常训练能力与预测能力呈正相关关系，即训练能力提高，预测能力就会相应提高。但是这种正相关并不是在任何情况下都成立的，当达到一定极限时，预测能力反而会随着训练能力的提高而下降，即出现所谓的"过拟合"现象。出现该现象是网络学习的样本细节过多导致的，学习出的模型已不能真实反映样本所内含的规律，所以要解决网络预测能力和训练能力之间的矛盾，就要把握好网络学习的度，这也是 BP 神经网络研究的重要内容。

f. 样本依赖性问题

网络模型的逼近和推广能力受学习样本典型性的影响很大，而从问题中选取适当的典型样本实例构成训练集的过程并不简单。

8.2.4.3　模拟退火算法

模拟退火算法是在一个大的搜寻空间内搜索问题最优解的一种通用概率演算方法。模拟退火算法对解决旅行推销员问题（travelling salesman problem，TSP）十分有效。

模拟退火模拟的是一般物理退火的过程：先给加热物体达到最高温度，再让其慢慢冷却。加温时，固体内部粒子随温度的升高散乱无序，内能同时增大，当温度徐徐降低时，粒子渐渐趋于有序状态，并在每个温度都达到平衡状态，最终在常温下变为基态，同时内能减至最小。根据 Metropolis 准则，粒子在温度 T 时趋于平衡的概率为 $\exp[-\Delta E/(kT)]$，其中，E 表示温度 T 时的内能，ΔE 代表内能的改变量，k 为 Boltzmann 常数。用固体退火模拟组合优化问题，将内能 E 模拟为目标函数值 f，温度 T 演化为控制参数 t，便形成了求解组合优化问题的模拟退火算法。

1）步骤

模拟退火算法最优解的产生和接受可被分为如下四个步骤。

（1）由一个产生函数从已有解中产生一个位于解空间的新解。为了使后续的计算和接受更加可靠，缩短计算时间，一般选用将当前新解进行简单变换产生新解的方法，如置换、互换新解中的全部或部分元素进行等。值得注意的是，所选择的产生新解的变换方法决定了当前新解的邻域结构，因此它对冷却进度表的选取也有一定程度的影响。

（2）计算与新解所对应的目标函数差。目标函数的差最好以增量为基础进行计算，因为它是仅由变换部分产生的。经实践证明，这种计算目标函数的差的方法在大多时候是最快的。

（3）判断是否接受新解的依据是一个接受准则，其中，最常用的接受准则是 Metropolis 准则：若 $\Delta t'<0$，则接受 S' 作为新的当前解 S，否则以概率 $\exp(-\Delta t'/T)$ 接受 S' 作为新的当前解 S。

（4）确定接受新解时，用新解代替当前解。这时，只需替换掉当前解中用于变换产生新解的部分，同时修正目标函数值。这就是当前解的一次迭代。接下来，可以在此基础上进行下一轮试验。当不接受新解，要将其舍弃时，则在原当前解的基础上继续下一轮试验。

模拟退火算法不依赖于初始值，且算法求得的解与初始解状态 S（是算法迭代的起点）也无关联；模拟退火算法具有渐近收敛性，表现为在理论上以概率 1 收敛于全局最优解，是一种全局的优化算法；模拟退火算法也具有并行性。

2）模拟退火算法的优点

（1）它能够处理具有任意程度的非线性、不连续性、随机性的目标函数。

（2）目标函数可以具有任意的边界条件与约束。

（3）相比于其他线性优化方法，其编程工作量小，且易于实现。

（4）统计上，可以保证找到全局最优解。

3）模拟退火算法的缺点

（1）寻找最优解所需的计算时间较长，更适用于使用"标准"的采样技术，即标准的接收函数。

（2）相对于其他技术对某一个具体问题的求解进行的参数调整，更为困难与复杂。

（3）如果不能适当使用（冷却进度不合适，降温过快），会将模拟退火变成模拟淬火，最终无法保证找到最优解。

8.2.4.4　免疫-进化算法

免疫-进化算法是将进化计算与基本免疫算法相结合而形成的。其中，进化计算是一种已广泛应用于实际的有向随机搜索的优化算法，而基本免疫算法是源于生物免疫机制，以免疫系统原理为基础发展而来的。免疫-进化算法继承了进化算法的优点，参数设置较为简单，实际操作简便，比现有的其他进化算法更具搜索效率，且不易陷入局部最优的困局，对于求解复杂问题的最优解有很好的效果。免疫系统的建模方法和思想最早来源于美国新墨西哥大学 Forest 等（1994）的研究。随后，张礼兵等（2004）将基于实数编码的加速遗传算法与免疫-进化算法相互结合，提出了免疫-遗传算法；倪长健等（2003）在免疫-进化算法的基础上，还提出了域约束免疫-进化算法和基于网络调节的免疫-进化算法。免疫-进化算法的核心在于，充分利用最优个体的信息，以最优个体的进化来代替群体的进化，在进化过程中调整标准差，达到把局部搜索和全局搜索有机地结合的目的。在该算法中，重点和难点就是最优个体的保留、生殖及标准差的动态调整。免疫-进化算法比其他进化算法更具搜索效率，且不易陷入局部最优陷阱。该算法还可以在已知的优秀个体中扩大同类个体范围，避免失去在同类个体中的最优秀者。与此同时，保留了通常的遗传算法的交叉、变异等遗传子，扩大了全局的搜索范围，避免了局部收敛。免疫-进化算法可以快速解决具有多个离散变量及多结点的网络优化问题，由于该算法全局收敛性较好，还能有效解决装箱问题。此外，该算法对于寻找具有一定精度要求的最优解有较高效率，因此，在实际的工程应用中具有很大价值。

1）免疫算法和进化算法之间的区别

（1）免疫算法在记忆单元基础上进行运算，因此能快速收敛于全局最优解；而进化计算则以父代群体为基础，不能保证概率收敛。

（2）免疫算法通常以计算亲和性抗体-抗原的亲和度及抗体-抗体亲和度为评价标准，这能反映真实的免疫系统的多样性；而进化计算则是通过简单计算个体的适应度为评价标准。

（3）免疫算法具有自我调节功能，能通过促进或抑制抗体的产生，保证个体的多样性；而进化计算只是根据适应度选择父代个体，并没有对个体多样性进行调节。

免疫本质上是生物体对外来大分子，尤其是蛋白质和糖类的一种反应，免疫系统是人类除了神经系统外的第二信号系统，主要表现为明显有效的对外自然防卫机制，其工作原理相当复杂。如果把算法理解为免疫系统，而把外来侵犯的抗原和免疫系统产生的抗体分别与实际求解问题的目标函数及问题的解相对应，我们将从生物免疫功能的特点得到设计算法的很大启发。在生物免疫机制的启迪下产生的一种新的进化算法，便是免疫-进化算法。

2）生物免疫系统对免疫-进化算法的启迪

a. 抗体的多样性

免疫系统通过细胞分裂和分化过程产生具有多样性的抗体，用以抵御各种抗原。这要求在对解空间进行搜索时，免疫-进化算法应建立在具备多样性的群体基础上。

b. 自我调节功能

免疫系统能通过自我调节产生适当数量的必要抗体，利用抗体的抑制作用，维持免疫系统的平衡。机体感染的微生物种类不同，其免疫细胞做出的反应也不尽相同。一般情况下，病毒感染会使白细胞计数显示的淋巴细胞的比例较高，而细菌感染则是中性粒细胞比例较高。这意味着，免疫系统产生的抗体具有很强的目的性，会根据入侵生物体的抗原的不同而产生不同的反应。根据这一特征，免疫-进化算法在进化过程中一旦发现最优个体，在考虑群体多样性的同时（免疫平衡），相似的个体也将大量繁殖，在迭代过程中，产生的子代群体的分布应是一个不断进行的动态的调整过程。

3）免疫-进化算法的缺陷

人工免疫算法为了保持解的多样性，不仅使用了交叉、变异方法，还将解抗体的浓度调节机制融入算法中，通过这样来促进或抑制解抗体的产生，从而增强解的多样性的选择功能，保证算法能够最终收敛得到全局最优解。但是这也引发了计算速度较慢、搜索精度不高等问题。

8.2.4.5　禁忌搜索算法

禁忌搜索（tabu search or taboo search，TS）作为对局部领域搜索的一种扩展，是一种全局逐步寻优算法，试图模拟人类智力的过程。禁忌搜索是这样一个过程：以一个初始可行解为出发点，选择一系列的特定搜索方向或移动作为试探，最后选取使目标函数值减少最多的移动。禁忌搜索算法中会建立 tabu 表，以此来记录和选择已进行的优化过程，通过这种灵活的"记忆"技术，指导下一步的搜索方向，避免算法陷入局部最优解。tabu 表中保存了最近若干次迭代过程中所实现的移动，凡是处于 tabu 表中的移动，在当前迭代过程中是不允许实现的，这样可以避免算法重新访问在最近若干次迭代过程中已经访问过的解，从而防止了循环，帮助算法摆脱局部最优解。另外，禁忌搜索算法还实施"特赦准则"的策略，以最大可能地避免错过产生最优解的移动。

设计一个禁忌搜索算法，通常包括以下环节：确定初始解和适配值函数邻域结构和禁忌对象候选解，选择 tabu 表及其长度、特赦准则集中性与多样性及搜索策略终止准则。由于该算法涉及很多的参数，所以，将它应用于不同领域的具体问题时，很难找到一套比较完善或非常精确的步骤来确定这些参数。下面仅介绍这些参数的含义及一般操作。

1）初始解和适配值函数

禁忌搜索算法与初始解有紧密的相关性，好的初始解可以为该算法提供合适的解空间，并从中搜索到好的解。相反，若初始解较差，则会降低其收敛速度。为了提高搜索的质量和效率，通常可以先用其他算法对某个具体问题生成高质量的初始解，再用禁忌搜索算法求解。另一种方法是制定实施一定的策略来降低禁忌搜索算法对初始解的敏感程度。有的文献对禁忌搜索算法求解的问题中采用不同方法生成的初始解对最终搜索的质量和效率的影响进行了深入的探索研究，并就这一类问题如何选择初始解给出了一些建议和参考。

与遗传算法相似，禁忌搜索算法的适配值函数也适用于对搜索的评价，进而结合禁忌准则和特赦准则来选取新的当前状态。目前，比较常用的做法是将目标函数直接作为适配值函数。当然，目标函数的任何变形也都可被作为适配值函数。如果计算目标函数比较困难或耗时较长，则可以用反映问题目标的某些特征值来代替，进而改善算法的时间性能。选择哪种特征值来做适配值要根据具体问题而定，但必须保证特征值的最佳性与目标函数的最优性一致。

2）邻域结构和禁忌对象

邻域结构的设计通常与问题有关。对于以置换为搜索状态的组合优化问题，通常采取互换、插入、逆序等方法进行操作，这与模拟退火的状态产生函数和遗传算法的变异操作相同，而相应的操作自然就成为算法中的禁忌对象。当然，邻域解个数及其变化情况会随着操作的不同而有所不同，搜索质量和效率也会受到一定的影响，但关于影响如何，现在尚无一般定论。

禁忌对象是指那些被列入 tabu 表中的变化元素。设置禁忌对象是为了减少搜索中出现的迂回现象，从而节约时间去搜索一些解空间中的其他地方。总体来说，禁忌对象通常可选取状态本身、状态分量和适配值的变化等。

3）候选解选择

候选解的选取通常在当前状态的邻域中进行，候选解选取的量要适当，选取过多将导致过大的计算量；相反，则容易导致早熟收敛。然而，要做到整个邻域的择优往往需要大量的计算。例如，旅行推销员问题互换操作将产生 C^2 个邻域解，因此可以确定性地或随机性地在部分邻域中选取候选解，具体数据大小则可根据问题特征和对算法的要求而定。

4）tabu 表及其长度

tabu 表从数据结构上看，是一个有一定长度的队列，具有先进先出的特征。使用 tabu 表能禁止算法反复搜索已经访问过的解，从而避免搜索中的局部循环。tabu 表的记忆方式主要有明晰记忆和属性记忆两种。采用明晰记忆方式的表中记载的元素是一个完整的解，因此明晰记忆会占用更多的内存和时间。采用属性记忆的表中记载的元素只记录当前解的移动信息，如当前解移动的方向等。属性记忆也能起到防止当前解循环的作用，但有时会禁止对未搜索区域的探索。

所谓禁忌长度，即禁忌对象在不考虑特赦准则的情况下不允许被选取的最大次数，也可被看作禁忌对象在 tabu 表中的任期。禁忌对象只有在其任期终止时才能被解禁。一般设计算法时，会尽量减少计算量和存储量，这就要求禁忌长度要尽量短。但是，禁忌长度过短将造成局部的搜索循环。因此，选取适当的禁忌长度有利于提高算法的有效性和效率，而它的选择主要取决于问题的特征、研究者的经验等。

（1）禁忌长度可以是定长不变的，也可以以问题规模为基准规定一个合适的量，如此，算法会很方便、简单，也会很有效。

（2）禁忌长度也可以是动态变化的。例如，可以根据问题特征和搜索性能对禁忌长度设定一个变化区间，让禁忌长度可按某种规律或公式在这个区间内动态变化。

算法的性能动态下降较大通常意味着当前算法拥有较强的搜索性能，也可能是当前解附近极小解形成的"波谷"较深，这时，可以通过增加禁忌长度的值来延续当前的搜索进程，以避免陷入局部极小。大量研究结果表明，采用动态设置方式设置禁忌长度比静态设置方式具有更好的性能和鲁棒性，下一步还应该研究更加合理、高效的禁忌长度设置方式。

5）特赦准则

在禁忌搜索算法中，也可能会出现候选解全部被禁忌的情况，或者存在一个优于"best of far"状态的禁忌候选解，此时特赦准则将发挥作用，把某些状态解禁，提高优化性能的效率。特赦准则的常用方式有以下几种。

（1）基于适配值的准则。这是全局形式最常用的方式。将搜索空间分解成若干个子区域，若某个禁忌候选解的适配值优于它所在区域的"best of far"状态，则解禁此候选解为当前状态和相应区域的新"best of far"状态。该准则可被直观地理解为算法搜索得到了一个更好的解。

（2）基于搜索方向的准则。若禁忌对象上次被禁忌时使得适配值有所改善，并且目前该禁忌对象对应的候选解的适配值优于当前解，则解禁该禁忌对象。该准则表明算法正按有效的搜索途径进行。

（3）基于最小错误的准则。若将候选解都解禁后不存在优于"best of far"状态的候选解，则此时对候选解集中最佳的候选解进行解禁，以继续搜索。该准则是处理算法"锁死"现象的简单方法。

（4）基于影响力的准则。在搜索过程中，不同对象的变化对适配值的影响有大有小，可以把这种影响力的大小属性与禁忌长度和适配值结合起来，共同设计特赦准则。这种准则可被直观地理解为为了在以后的搜索中得到更好的解而解禁一个影响力大的禁忌对象。

6）集中性与多样性搜索策略

集中性搜索策略的主要应用范围是对优良解的邻域的进一步加强性搜索。其中，基础的操作手段是在一定步数的迭代后，基于最佳状态重新进行初始化，再对其邻域进行二次搜索。通常情况下，经过重新初始化后，邻域空间相对于上一次的邻域空间会发生一定的变化，当然，其中也可能存在一部分重叠的邻域空间。多样性搜索策略的主要作用则是拓宽搜索区域尤其是未知区域，对算法的重新随机初始化、根据频率信息对一些已知对象进行惩罚都是实现这种策略的简单手段。选择集中性还是多样性搜索策略，可以对整个算法性能产生极大的影响，本书在第 4 章中对此进行了较为深入的研究，并在此基础上提出了一种自适应的集中性与多样性搜索策略，取得了较为满意的效果。

7）终止准则

同模拟退火算法、遗传算法一样，终止禁忌搜索进程需要使用一个终止准则，而严格理论意义上的收敛条件，即在禁忌长度充分大的条件下实现状态空间的遍历，但并不符合实际，因此在实际设计算法中，通常还是采用近似的收敛准则。常用的方法有：①给定最大迭代步数；②对某个对象设定最大禁忌频率，若某个状态、适配值或对换等对象的禁忌频率超过这一阈值时，即终止算法，其中也包括最佳适配值连续若干步保持不变的情况；③设定适配值的偏离幅度。首先运用估界算法估算出问题的下界，然后将算法中最佳适配值与下界的偏离值与某规定幅度相比，若结果是小于，则终止搜索。

8）禁忌搜索算法的缺陷

（1）较为依赖初始解，只有好的初始解才能加快速度并得到最优解，若碰到初始解较差的情况，搜索会比较困难，也可能无法得到最优解。

（2）迭代搜索过程是串行的、单一状态的移动，而不是并行的搜索。

8.2.4.6　混沌优化算法

1）特点

混沌运动是在非线性系统中较常出现的一种现象，它本身具有随机性、遍历性、规律性等特点。

（1）随机性，即混沌现象具有类似随机变量的杂乱表现。

（2）遍历性，是指混沌现象能够在一定状态空间中经历所有的状态，且没有重复。

（3）规律性，即混沌现象的产生是基于确定性的迭代方程，并能按其自身的规律不加重复地经历在一定范围内所存在的所有状态。

遍历性和规律性有助于避免搜索陷入局部最小的问题，因此混沌优化算法能被用来进行优化搜索，具有全局性优点。

在解决无约束条件下多变量函数的优化问题时，计算目标函数的梯度是所采用的很多局部寻优方法，如梯度法和共轭梯度法等的必要步骤。但在许多实际的非线性优化问题中，目标函数的梯度要以明确的形式解析可能存在困难，这时，只能近似地计算出目标函数的梯度，但采用这种方法不仅会使工作量增加，还可能影响优化的收敛性。而采用混沌优化算法解决非线性优化问题，则无需计算梯度，优化函数不一定是可微的。因此，混沌优化算法在实际中的应用领域更广。

混沌优化算法区别于其他算法的本质特点是混沌的轨道遍历性，即它能在历经一定范围所有状态的过程中不会出现重复。

混沌现象介于确定性和随机性之间，具有丰富的时空状态，系统动态的演变可导致吸引子的转移。混沌被用于优化设计的原理是：混沌的一个轨道可以在其吸引子中稠密。基于混沌吸引子的这种特性，在足够长的时间内，这根彩雕就能以任意精度逼近吸引子中的任意点。混沌现象的遍历性可以被看作在优化设计领域避免搜索过程陷入局部最小的一种优化机制，这种优化机制与模拟退火算法的概率性劣向转移优化机制和禁忌搜索法的 tabu 表检验优化机制有明显差别。

在这类算法中，一般应先用 Logistic 混沌模型来生成混饨变量，使优化变量在相空间中处于混沌状态。然后寻找 m 维最优解，即要求在 m 维空间中找到一个点，使目标函数值达到最小，这时需要用 m 个独立的 Logistic 映射来分别求出优化空间中这个点的 m 个坐标分量。该点被称为混沌向量，由于混沌向量中的每一个坐标分量都能在[0,1]中稠密，所以这样产生的点将能在 m 维单位超立方体中稠密。这意味着，这些点的序列能够以任意精度逼近超立方体中的所有点，当然也能以任意精度逼近超立方体中的全局最优解，这就是混沌序列轨道的遍历性，是将混沌优化算法应用于连续最优化问题的根本出发点。

2）算法阶段

通常，这种搜索算法被分为如下两个阶段。

（1）基于确定性迭代式产生的遍历性轨道对整个解空间进行考察。当搜索过程达到一定终止条件结束时，这一阶段搜索过程中发现的最佳解就被认为已接近问题的最优解，这时就可以以此作为第二阶段的搜索起始点。

（2）基于第一阶段得到的结果，加入小幅度的扰动项，再对局部区域进行进一步的内细化搜索，直到满足算法的终止准则为止。这一阶段中，所附加的扰动可以是混沌变量，或者是基于高斯分布或柯西分布或均匀分布等的随机变量，也可以是按梯度下降法计算产生的偏置值。

3）混沌优化算法的局限性

（1）从理论上来说，粗细搜索次数越多，就越容易找到全局最优值，但是过大的粗细搜索次数不但不能够提高搜索精度，还会浪费大量的时间，降低算法的搜索效率。

（2）在粗搜索过程中，搜索到较好的解后再进行细搜索，由于细搜索是在小区间更仔细地搜索全局最优，所以其搜索速度很慢，会影响整个算法的搜索效率。

（3）一般地，搜索空间越大，优化算法越难找到全局最优解，这对于混沌优化算法也不例外。当搜索空间很大时，如果初值选取不当，则不易跳出局部最优解。

8.3 水资源优化配置研究的发展趋势

水资源优化配置研究的发展趋势表现在以下几个方面。

8.3.1 加强生态环境需水配置研究

可持续发展的原则要求对水资源进行科学合理的分配使用，从而支撑和保障社会经济的可持续发展的双重目标得以实现。要贯彻落实水资源的可持续利用，就需要在研究水资源配置问题时，充分强调代际发展和用水户之间分配的公平性，并且协调经济发展与水资源利用、生态保护之间的关系。因此，如何从理论与技术层面体现水资源配置的公平性和水资源配置与经济、环境、人口的协调，是水资源配置研究中的关键性问题。同时，可持续发展也对协调分配生态需水和生产、生活需水提出了客观的要求。

8.3.2 注重水资源优化配置模型的简明性和实用性研究

为实现水资源优化配置研究成果在实际中的使用价值，需要对水资源优化配置模型的实用性进行深入的研究。由于在区域水资源配置系统存在极为复杂的各种影响因素和制约机制，且配置的效果有多样的表现形式，所以我们难以从理论和技术层面用现有的研究成果建立水资源优化配置的模型。同时，在模型中对众多不确定因素影响予以充分的反映也是难点之一。此外，优化配置模型在直接反映决策者的偏好方面也存在较为明显的劣势。因此，对优化配置模型的实用性进行相关研究，可以帮助我们根据区域实际选择合适的水资源配置方案，将水资源配置研究的相关成果切实应用到实际区域水资源的管理当中。

8.3.3 多种优化方法和模拟计算相结合

水资源的配置不能仅采用数学优化方法，这可能会脱离实际，也不能完全采用模拟的方法，因为模拟方法不能对众多的参数和条件加以有效的控制。因此，通过"优化—模拟—评价"的方法获得水资源优化配置模型的解决方案是最合理的。这样也便于发挥优化方法的搜索能力，同时充分发挥了模拟模型仿真性高、可靠性强的优势。

8.3.4 加强需水优化控制研究

对于区域内工业、农业、生活和生态环境用水，应对水资源优化配置方案的可操作性的增强进行相关研究。为了实现工业内部各用水户间水资源的优化配置，应考虑效益因素、环境因素、对本地区经济与社会发展的影响因素、节水水平等一系列影响可持续发展的因素，对需水量进行合理调整。对于农业用水量，应在非充分灌溉理论指导下进行作物间种植规模的科学分配，必要时对种植结构加以调整。这样既有利于灌溉用水的合理应用与集约化管理，又有利于扩大灌溉的规模效益、综合效益。

8.3.5 3S 技术和新优化方法在水资源优化配置中的应用研究

新的优化方法与 3S[GIS、全球定位系统（global positioning system，GPS）、遥感（remote sensing，RS）]技术的应用是对水资源优化配置领域研究成果的丰富。目前，水资源优化配置较多采用线性规划、非线性规划、动态规划、模拟技术或它们之间的结合体进行求解，但有时复杂大系统会对这些方法设定一些限制。新兴的智能优化方法，如遗传算法、人工神经网络、模拟退火算法、禁忌搜索算法与混沌优化算法等，在解决离散、非线性、非凸等大规模优化问题中具有明显的优越性，因此在实际中也有更普遍的广泛性。在信息化社会，如何将 3S 技术与水资源优化配置的理论、模型和方法有机结合，形成水资源优化配置专家支持系统，将会是未来该领域的重点研究方向。

8.4 数据模型的建立

8.4.1 建立步骤

区域水资源优化配置模型的建立步骤如下。

第一，根据区域发展规划确定水资源优化目标，可以采用经济效益最大化目标、缺水量最小目标及可持续发展目标等。

第二，根据水资源优化配置目标建立数学模型，即用数学模型描述系统内各影响因素的特征及相互影响关系和影响程度，并根据研究区域的具体情况建立约束条件，包括供水能力约束、水库约束等。

第三，采用遗传算法，搜索得出全局最优解。

8.4.2 数据选择和收集

8.4.2.1 供水水源

（1）地表水源：蓄水工程、引水工程、提水工程、调水工程、污水回用水（中水）。

其中，蓄水工程是指以水库、塘坝为水源的，无论是自流或提水的；引水工程是指从河道中自流引水的，无论有闸坝或无闸坝的；提水工程是指利用扬水站从河湖中直接取水的；调水工程是指无天然河流联系的独立流域之间的水量调配。

（2）地下水源：浅层地下水、深层地下水、微咸水。

8.4.2.2　用水户

用水户可被分为农业、规模以上工业、规模以下工业、林牧渔业、城镇生活、农村生活、生态等七个类别。

8.4.2.3　区域划分

河南省可被分为 18 个市：郑州市、开封市、洛阳市、平顶山市、焦作市、鹤壁市、新乡市、安阳市、濮阳市、许昌市、漯河市、三门峡市、南阳市、商丘市、信阳市、周口市、驻马店市、济源市。

安阳市按行政分区可被划分为市区、林州市、安阳县、汤阴县、滑县、内黄县。

8.4.2.4　供用水优先次序

区域水资源模拟模型不仅要以宏观优化配置为基础，还需要考虑各种水源的供水次序。基于优化配置成果，各水源使用的优先序是：非常规水源（处理后的污水）优先配置和使用；调水的使用优于提水、引水、蓄水；浅层水、微咸水配合地表水（蓄水、引水、提水）参与调蓄利用；若供水还有缺口则配置深层地下水。

可调配水源对用水户的供水次序是：城镇生活、农村生活、工业、城镇生态、农业灌溉、林牧渔业。其中，工业包括规模以上工业和规模以下工业。不同水源各种用水户的用水优先顺序见表 8.1，水源与用水户的配置关系见图 8.2。

表 8.1　不同水源各种用水户的用水优先序

水源	水源次序	城镇生活	农村生活	规模以上工业	规模以下工业	城镇生态	农业灌溉	林牧渔业
中水	1			3	4	1	2	
调水（中、东线）	2	1	2	3	4	5	6	7
引黄水（提水）	3	3	4	1	2	5	6	7
河网水（引水）	4	6	7	4	5	3	1	2
水库水（蓄水）	5	1	2	3	4	5	6	7
浅层地下水	6	1	2	3	4		5	6
微咸水	7						1	2
深层地下水	8	1	2	3	4		5	6

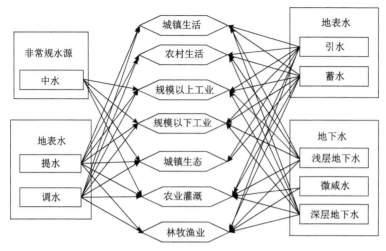

图 8.2 水源与用水户的配置关系

8.4.3 模型建立

8.4.3.1 子区划分与水源、用水户构成

根据区域的地形地貌、水利条件、行政区划，一般可将区域划分为若干子区。根据区域内各水源的供水范围，可将水源划分成两类：公共水源和独立水源。所谓公共水源，是指能同时向两个或两个以上的子区供水的水源。独立水源是指只能给水源所在的子区供水的水源。假设区域被划分为 K 个子区，$k=1,2,\cdots,K$，k 子区有 $I(k)$ 个独立水源、$J(k)$ 个用水部门。区域内有 M 个公共水源，$c=1,2,\cdots,M$。公共水源 c 被分配到 k 子区的水量用 D_c^k 表示。其水量和其他独立水源的水量一样，需要在各用水户间进行分配。因此，对于 k 子区而言，是 $I(k)+M$ 个水源和 $J(k)$ 个用水户的水资源优化分配问题。

8.4.3.2 模型目标的确定

系统优化的总目标或最高层次的目标是实现水资源合理配置，以支撑全省社会、经济、环境的可持续发展，水资源优化配置的综合指标包括经济目标、成本目标、生态目标和社会目标四个方面，由于这四个方面的目标不同，所以考虑采用多目标优化模型，各目标具体内容分别如下。

（1）经济目标：各水平年各子区不同行业用水产生的经济效益最大。

（2）成本目标：各水平年各子区不同行业用水总成本最小。

（3）区域水体污染目标：各水平年各子区污水排放量之和最小。

（4）粮食安全目标：因河南省是粮食生产的主产区，肩负着保障我国粮食安全的重任，所以粮食安全目标为各水平年各子区粮食产量最大。

（5）社会公平目标：反映流域区域间的资源使用及发展的公平程度，以区域总缺水量最小表示。

用水优化目标一般有多个，而且有的目标之间是不可公度的，如经济效益、社会效益、生态环境效益。本章目标函数分别如下。

（1）经济目标：各水平年各子区不同行业用水产生的经济效益最大。

$$f_1(x) = \max \sum_{k=1}^{K} \sum_{j=1}^{J(k)} \sum_{i=1}^{I(k)} b_{ij}^k x_{ij}^k$$

式中，x_{ij}^k 为水源 i 向 k 子区 j 用水户的供水量（亿 m^3）；b_{ij}^k 为水源 i 向 k 子区 j 用水户的单位供水量效益系数（元/亿 m^3）。

（2）成本目标：各水平年各子区不同行业用水总成本最小。

$$f_2(x) = \min \sum_{k=1}^{K} \sum_{j=1}^{J(k)} \sum_{i=1}^{I(k)} c_{ij}^k x_{ij}^k$$

式中，x_{ij}^k 为水源 i 向 k 子区 j 用水户的供水量（亿 m^3）；c_{ij}^k 为水源 i 向 k 子区 j 用水户的单位供水量成本系数（元/亿 m^3）。

（3）区域水体污染目标：各水平年各子区污水排放量之和最小。

$$f_3(x) = \min \sum_{k=1}^{K} \sum_{j=1}^{J(k)} 0.01 \times d_j^k p_j^k \left(\sum_{i=1}^{I(k)} x_{ij}^k \right)$$

式中，d_j^k 为 k 子区 j 用水户单位废水排放量中重要污染因子的含量（mg/L）；p_j^k 为 k 子区 j 用水户污水排放系数；其他符号意义同前。

（4）粮食安全目标：各水平年各子区粮食产量最大。

$$f_4(x) = \max \sum_{k=1}^{K} \text{FOOD}(k)$$

式中，x 为粮食目标变量 t；FOOD 为实际计算粮食产量 t。

（5）社会公平目标：反映流域区域间的资源使用以及发展的公平程度，以区域总缺水量最小表示。

$$f_5(x) = \min \sum_{k=1}^{k} \sum_{j=1}^{k} (D_{jk}^k - x_{xj}^k)$$

式中，D_{kj} 为 k 子区 j 用水部门需水量（亿 m^3）。

8.4.3.3 模型约束条件

水量约束可被分为供水约束与需水约束。供水约束是保证不同供水水源分配到各子区不同用水户上的水量不能超过该水源所能提供的水量；需水约束是对不同用水户需水量的保证。

1）水源可供水量约束

公共水源：$\sum_{k=1}^{K}\sum_{j=1}^{J(k)} x_{cj}^{k} \leq W_c$，式中，$x_{cj}^{k}$ 为公共水源 c 供给 k 子区 j 用水户的水量。

独立水源：$\sum_{k=1}^{K}\sum_{j=1}^{J(k)} x_{ij}^{k} \leq W_i^k$，式中，$x_{ij}^{k}$ 为独立水源 i 供给 k 子区 j 用水户的水量。

以上两式中，W_c 为公共水源 c 的可供水量；W_i^k 为 k 子区独立水源 i 的可供水量。

2）水源至用水户的输水能力约束

公共水源：$x_{cj}^{k} \leq Q_{c\max}^{k}$。

独立水源：$x_{ij}^{k} \leq Q_{i\max}^{k}$。

以上两式中，$Q_{c\max}^{k}$ 为公共水源 c 至 k 子区的最大输水能力；$Q_{i\max}^{k}$ 为独立水源 i 至 k 子区的最大输水能力。

3）用水户需水能力约束

$$G_{j\min}^{k} \leq \sum_{i=1}^{I(k)} x_{ij}^{k} + \sum_{c=1}^{C} x_{cj}^{k} \leq G_{j\max}^{k}$$

式中，$G_{j\min}^{k}$ 为 k 子区 j 用水户的最小需水量；$G_{j\max}^{k}$ 为 k 子区 j 用水户的最大需水量。

4）变量非负约束

$$x_{cj}^{k} \geq 0, \quad x_{ij}^{k} \geq 0$$

8.4.4 区域水资源模型的求解

遗传算法在本质上是一种不依赖具体问题的直接搜索方法，从代表问题可能潜在的解集的一个种群开始，而一个种群则由经过基因编码的一定数目的个体组成。每个个体实际上是染色体带有特征的实体。染色体作为遗传物质的主要载体，即多个基因的集合，其内部表现（即基因型）是某种基因组合，它决定了个体形状的外部表现。这些性质使遗传算法特别适合解决多个目标水资源选择的组合优化问题，使其能够快速有效地搜索巨大的特征组合空间，发现较优特征组，从而得出最优解。本书在求解上述模型时，即采用了遗传算法。

8.4.4.1 编码技术与参数确定

1）染色体的编码方式

将遗传算法应用于区域水资源优化问题中的关键是采用有效的编码方式及适当的解码方法。在本书中，由于各变量的取值均小于 4，可以采用 3 位二进制编码表示；小数部分为四位有效数字，可用五位二进制编码表示。每个变量占用一个字节，采用八位二进制编码即可。所以，在本章研究的求解过程中，每个个体的染色体由 56 个字节的二进制编码表示，共占用 448 个字节的二进制编码。

2）适应函数的确定

适应函数由数据模型中的目标函数决定，在种群产生之后，通过译码操作，将种群中每个个体的染色体转化为问题可行解对应的数据变量，然后带入求解模型的目标函数中，获得每组解所对应的经济效益。各目标函数产生的目标值即每个个体对应的适应度，目标值差的个体被淘汰，目标值好的个体优先生存下来，通过遗传、变异，将自己的基因保留下来，最终产生最优解。

3）遗传算法参数设定

a. 种群大小的确定

种群大小决定着求解时间和求出最优解的可能性，群体大小 n 太小时难以求出最优解，太大则增长收敛时间，在本章的研究中，种群大小 n 取为中间值 100。

b. 杂交率 P_c 的确定

杂交率是用来确定 2 个染色体进行局部位（bit）的互换产生的 2 个新子代的概率的。杂交在遗传操作中起核心作用，杂交概率较大可增强遗传算法开辟新搜索空间的能力，在本章的研究中将杂交率取为 0.7。

8.4.4.2 运用遗传算法求解

选择算子时使用轮盘赌算法进行选择，根据种群中个体的适应度大小来选择个体是否能被选择为下一代的个体。每个个体进入下一代的概率等于它的适应度值与整个种群中个体适应度值和的比例，适应度值越高，被选中的可能性就越大，进入下一代的概率就越大。下面是采用轮盘赌算法求解区域水资源优化模型的 Matlab 代码。

```
function [] = waterRes_optimize(I,C,J,K,MAX_IT,b,c,d,p,food,D)
% I,C,J,K -- model parameters
% I--independent waterhead; C--public waterhead; J--user;
  K-region
% IT -- max number of iterations
% b,c,d,p,food,D -- emperical data
```

```
% constrains 1,4
A1 = kron(eye(I+C), ones(1,J*K));
B1 = [Wi,Wc];


% constrain 2
lb = zeros((I+C)*J*K,1);
ub = [reshape(Qi,[numel(Qi),1]);reshape(Qc,[numel(Qc),1])];


% constrain 3
Amax = kron(eye(J*K), ones(1,I+C));
bmax = reshape(Gmax,[numel(Gmax),1]);
Amin = -Amax;
bmin = -reshape(Gmin,[numel(Gmin),1]);


% combine constrains 2,3
A = [A1;Amax;Amin];
B = [B1;bmax;bmin];


% display results at each step
opt = optimset('Display','notify','GradObj','on','MaxIter',IT);
x0 = rand((I+C)*J*K);
[x,fval] = fmincon(@(x)objfun(x,I,C,J,K,b,c,d,p,food,D),x0,
           A,B,[],[],lb,ub,opt);


function [v] = objfun(x,I,C,J,K,b,c,d,p,food,D)


beta = [2 2 1 2 1];
D = permute(rempat(D,[1,1,C]),[3 1 2]);


x = reshape(x,[I+C,J,K]);
v = -beta(1)*sum(sum(sum(b.*x))) + beta(2)*sum(sum(sum(c.*x))) ...
    + beta(3)*0.01*sum(sum(d.*p.*sum(x,3))) - beta(4)*sum(food) ...
    +beta(5)*sum(sum(sum(D-x(1:C,:,:)))));
```

8.5   应用实例验证

采用上述遗传算法将安阳市 2007 年各地区水源供水量代入上述模型，使用 Matlab 7.0 经过近 100 次迭代收敛，仿真实验结果如图 8.3 所示。

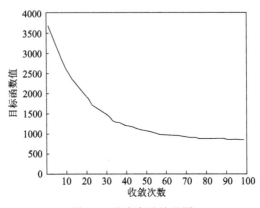

图 8.3   仿真实验结果图

表 8.2 显示了安阳市 2007 年各地区各水源的供水量，表 8.3 显示了安阳市 2007 年各地区各用水户的需水量，通过上述算法对数据的优化求解，得到表 8.4 的优化结果，表 8.5 是对表 8.4 的优化结果进行分配后，各地区各用水户对应的实际用水量。

表 8.2   安阳市 2007 年供水量表   单位：亿 m³

区域划分	中水	调水	引黄水	河网水	水库水	浅层地下水	微咸水	深层地下水
市区	0.0055	0.0210	0.0101	0.0000	0.8471	0.9580	0.0033	0.4104
林州市	0.0264	0.0264	0.0157	1.4085	0.1350	0.5823	0.0021	0.2495
安阳县	0.1350	0.4104	0.0264	1.6281	0.0000	1.5623	0.0010	0.5211
汤阴县	0.4104	0.0033	0.2470	0.0000	0.1462	1.0486	0.0000	0.3312
滑县	0.1350	0.2470	0.0000	0.1796	0.0000	2.5493	0.0000	0.6373
内黄县	0.0033	0.4104	0.0000	0.3160	0.0000	2.8231	0.0020	0.0401

表 8.3   安阳市 2007 年需水量表   单位：亿 m³

区域划分	城镇生活	农村生活	规模以上工业	规模以下工业	城镇生态	农业灌溉	林牧渔业
市区	0.4682	0.0930	0.7043	0.0519	0.2655	0.9469	0.0236
林州市	0.0815	0.1726	0.2363	0.0873	0.0000	2.0790	0.0929
安阳县	0.0061	0.1853	0.2510	0.0991	0.0000	3.5536	0.2085

续表

区域划分	城镇生活	农村生活	规模以上工业	规模以下工业	城镇生态	农业灌溉	林牧渔业
汤阴县	0.0475	0.0668	0.0886	0.0265	0.0000	1.7733	0.0363
滑县	0.0490	0.1751	0.1226	0.0752	0.0000	3.2904	0.1588
内黄县	0.0385	0.1212	0.0450	0.0220	0.0000	3.2795	0.1914
合计	0.6908	0.8141	1.4477	0.3619	0.2655	14.9226	0.7115

表 8.4　安阳市 2007 年水源优化结果表　　　　单位：亿 m³

水源	城镇生活	农村生活	规模以上工业	规模以下工业	城镇生态	农业灌溉	林牧渔业
中水	0.0000	0.0000	0.0000	0.0000	0.0000	0.0000	0.0000
调水	0.0000	0.0000	0.0000	0.0000	0.0000	0.0000	0.0000
引黄水	0.0000	0.1832	0.0000	0.0000	0.0000	0.2818	0.0000
河网水	0.0487	0.2825	0.0895	0.0022	0.0000	1.9558	0.0026
水库水	0.0000	0.0283	0.0000	0.0000	0.0000	0.0875	0.0000
浅层地下水	0.1417	0.6178	0.4164	0.0696	0.0000	6.4361	0.0701
微咸水	0.0000	0.0000	0.0000	0.0000	0.0000	0.0000	0.0000
深层地下水	0.0455	0.1410	0.1010	0.0250	0.0000	2.0364	0.0254

表 8.5　安阳市 2007 年水源最终分配表　　　　单位：亿 m³

区域划分	城镇生活	农村生活	规模以上工业	规模以下工业	城镇生态	农业灌溉	林牧渔业
市区	0.4682	0.0930	0.7043	0.0519	0.2655	0.8304	0.0236
林州市	0.0815	0.1726	0.2363	0.0873	0.0000	1.9625	0.0929
安阳县	0.0061	0.1853	0.2510	0.0991	0.0000	3.4371	0.2085
汤阴县	0.0475	0.0668	0.0886	0.0265	0.0000	1.6568	0.0363
滑县	0.0490	0.1751	0.1226	0.0752	0.0000	3.1739	0.1588
内黄县	0.0385	0.1212	0.0450	0.0220	0.0000	3.1630	0.1914
合计	0.6908	0.8141	1.4477	0.3619	0.2655	14.2238	0.7115

9 信息技术在流域水资源配置中的应用

河南省是人口密集的农业大省，水资源需求量巨大，但由于省内水资源贫乏且时空上分布不均匀，仅依靠工程措施，不能有效解决当下实际问题中存在的复杂的用水冲突。在现代计算机技术快速发展的背景下，GIS 随之快速发展，水利事业的信息化发展成为趋势。

现在，河南省相关部门仍在使用繁杂的数据来统计当前的水资源现状，结果不直观，管理起来也比较麻烦。本章的设计首先通过 ArcGIS 桌面软件（ArcGISDesktop）中的 ArcMap 和 ArcCatalog 建立起地理数据库（geographical database，Geodatabase）—制作矢量地图，用其开发产品 ArcGIS Engine 和 Microsoft 公司的 VC 平台相结合开发出一套河南省水资源可视化系统。系统直接用不同的灰度从年份、水源、用水户、地区不同角度在矢量地图上显示水资源现状，一目了然。

9.1 水利信息化简介

从河南省长期的水利实践中不难发现，当地复杂的水源冲突问题不可能单单依靠工程措施来解决。计算机技术的发展推动了水利实务的信息化。河南省各个地区水资源的现状、管理及调度优化信息是相关水利部门的核心数据，为了能够有效地管理和使用这些数据，可以使用 GIS 来进行处理，它是图形化的方式，更加直观。GIS 主要是以空间数据，如点、线、面、体这类包括三维要素的地理实体为对象进行处理的，它具有强大的图形处理和输出能力，能更为直观、明了地为水资源管理决策提供相关的数据支持。GIS 技术在获取、管理、分析、模拟和显示水资源相关空间数据等方面有重要作用，其他技术难以将其取代，而且它为水资源规划方案的评价及水资源管理的复杂决策提供了所需信息。现在，水资源的建设和管理开始向科学化、定量化和自动化的方向发展。

GIS 的发展促进了水利信息化，水利信息化对加强防治洪涝干旱灾害、提高水资源管理水平具有重要支撑作用。通过建立水利信息系统，我们可以采集、传输雨情、水情、工情、旱情和灾情信息，并提高其准确性和时效性，从而保证所做预测的及时性和准确性，为制定防洪抗旱调度方案、提高决策水平提供科学依据，最终真正实现已建水利工程设施的实用价值。广泛运用现代信息技术，充分开发水利信息资源，拓展水利信息化的深度和广度，实现工程与非工程措施并重是水利现代化进程的必然选择。以水利信息化带动水利现代化，增加水利的科技含量、降低水利的资源消耗、提高水利的经济效益是新世纪水利发展的必由之路。

本章设计的系统以河南省政区图为背景，对河南省水资源的富水、缺水等现象实施了可视化监控管理，将各地区的水资源分类、各种用水户的用水信息详细分析，以地图上的灰度和文字信息及各种统计的图形相结合的形式表现出来，以不同的图形统计为相关部门的水资源管理提供了可视的、强大有效的工具。

9.2　ArcGIS 的优点

目前，国内外知名的 GIS 平台有 SuperMap、MapGIS、ArcGIS、MapInfo 等，这些平台各具特点。本章设计的系统在深入调查用水户的具体需求，广泛了解和比较上述几种平台的优点和不足的基础上，选用 ArcGIS 来建立模拟 GIS 平台。ArcGIS 是专业 GIS 软件包，从低端到高端包括了一系列能适应不同需求的产品，主要面向企业和部门级的用户，其先进的设计理念和技术为其他同类产品提供了很多参考。下面就六个方面说明 ArcGIS 的凸出优势。

9.2.1　软件结构

ArcGIS 软件的体系结构选用的是全面的、可伸缩集成式的，因此能为用户提供多层次的产品解决方案。用户可以根据自身需求、资金、技术等方面的特点，按照不同阶段或层次的使用需求，综合考虑配置多层次的产品解决方案。服务器端可以配置 ArcSDE/ArcIMS，客户端可以选用 ArcView GIS、ArcInfo、ArcExplorer、ArcIMS Viewer，基于 ArcGIS 系列产品核心技术的同质性，其所构建的系统在整体上具有极大的延展性和灵活性。

9.2.2　软件功能

与 GIS 软件相比，ArcGIS 软件除了同样具备各种数据的输入、输出、编辑操作，专题图的制作，地图的分层叠加显示，多种方式查询统计等基本功能外，还有更加专业的 GIS 分析功能，包括动态分段技术、缓冲区分析（buffer)，叠加分析（overlay)、网络追溯分析等。另外，ArcGIS 还安装了适合于各种应用的扩展模块，如栅格分析模块、3D 分析模块等。

9.2.3　数据结构

ArcGIS 在采用传统的 GIS 点、线、面数据模型的基础上，增加了一系列更为先进的数据模型，建立了拓扑关系，同时对一些高级空间特征进行定义，如区域（region）、事件（event）、路径（route）等，ArcGIS 运用其多样灵活的拓扑数据模型提供了大量数据，为其后续的复杂分析打下基础。

ArcGIS 除采用传统 GIS 中大量运用的点、线、面简单要素模型外，新增加了一种面向对象的空间数据模型——Geodatabase，将其作为对标准关系数据库技术的扩展。Geodatabase 超越了传统的点、线和面的特征，为地理信息定义了一个一致的模型，这个模型是定义和操作其他不同用户或应用的具体模型的基础。

9.2.4　支持平台

ArcGIS 的运行平台多种多样，如 Windows NT、SUN-Solaris、HP-UX、SGI-IRX、IBM-AIX、COMPAQ-Tru64 等，是跨平台的 GIS 软件；而 MapInfo 仅能在 Windows 上运行。

9.2.5　支持数据库

ArcGIS 支持各种大型数据库，如 SQL 服务器 Oracle、DB2、Informix 等，通过嵌入式驱动程序访问存储在数据库中的数据库属性数据，有较高效率。

9.2.6　应用规模

ArcGIS 面对的对象主要是企业部门级，国内成功运用大型 GIS 的项目例子有很多。例如，国家测绘局的 1∶25 万、1∶100 万全国数字化地图库，国土资源部 1∶50 万全国土地利用现状库，北京测绘院 1∶500 万北京地下管线数据，还有诸如上海市政、深圳国土局等，都在运用 ArcGIS 进行大型 GIS 项目的实施和管理。

GIS 作为一种以计算机为载体的工具，可以展示地球上所存在的事物，并对其发生的时间进行分析。GIS 技术就是把地图的视觉化效果、地理分析功能与一般的数据库查询、统计分析等操作进行有机结合的一种技术。这种集合能力使 GIS 有别于其他一般的信息系统，提高了它在广泛的公众和个人企事业单位中解释事件、预测结果、规划战略的潜力和实际使用价值。

目前，传统的桌面地理信息系统（Desktop GIS）需要逐步向面向服务的 GIS 转化，以扩展整个企业的空间信息和空间功能。从这个层面上看，除了应用桌面软件管理空间数据资源、创建各种地图、组织面向不同需求的分析模型之外，GIS 专家还需要将这些 GIS 信息与成果发布出去，实现组织内各个层次、各个部门的人员、甚至通过互联网访问的普通大众间的信息资源共享，增加空间信息和空间服务产生的效益。基于此目标，ArcGIS 产品线为其使用者设计建造了一套可伸缩的、完整的 GIS 平台。在这个平台上，不论是单用户，或多用户，是否在桌面端、服务器端、互联网操作，或者野外操作，都可以实现通过 ArcGIS 构建合适的 GIS。

ArcGIS 实质上是一个完整的 GIS 软件集合，其中包含了一系列的部署 GIS 的框架，基本构架如图 9.1 所示。作为一个可伸缩的平台，ArcGIS 的运行平台不限，可以是桌面、服务器、野外或 Web 应用；服务对象不限，可以是个人用户，也可以是群体用户。它的应用程序主要包括以下四个部分。

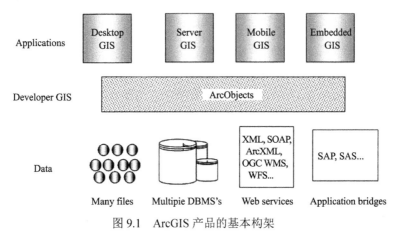

图 9.1　ArcGIS 产品的基本构架

（1）Desktop GIS——专业 GIS 应用的软件包包括 ArcReader、ArcView、ArcEditor、ArcInfo 和 ArcGIS 扩展模块。

（2）服务器 GIS（Server GIS）——ArcIMS、ArcGIS Server 和 ArcGIS ImageServer。

（3）移动 GIS（Mobile GIS）——ArcPad 及 ArcGIS Mobile。

（4）嵌入式 GIS（Embedded GIS）——为开发者提供 GIS 功能，具有针对性，并且提供的嵌入式 ArcGIS 组件可运用于 ArcGIS Desktop 应用框架之外（例如，制图对象是被当作 ArcGIS Engine 的一部分，而不是被当作 ArcMap 的一部分）。

ArcGIS 的构成是以共享 GIS 组件组成的通用组件库为基础实现的，其中的这些组件被称为 ArcObjects。ArcObjects 包含了大量的可编程组件，涉及面极其广泛，对象从细粒度到粗粒度，这些对象为开发者集成了全面的 GIS 功能。

9.3　系统涉及组件介绍

ArcGIS 9.2 是一个统一的 GIS 平台，但本章的设计主要用到的组件是 ArcGIS Desktop 和 ArcGIS 桌开发产品（ArcGIS Engine），下面对这两个组件做一下简单介绍。

9.3.1 Desktop GIS

ArcGIS Desktop 是一个软件套件，它本身集成了多种高级 GIS 应用，并且涵盖了一套带有用户界面组件的 Windows 桌面应用，如 ArcMap、ArcCatalog、ArcToolbox 等。

9.3.1.1 ArcGIS Desktop

ArcGIS Desktop 的功能级别分为 ArcView、ArcEditor 和 ArcInfo 3 种。这 3 级软件共同使用通用的结构、编码基数、扩展模块及统一的开发环境。从 ArcView 到 ArcEditor 再到 ArcInfo，功能性能逐级增强，如图 9.2 所示。

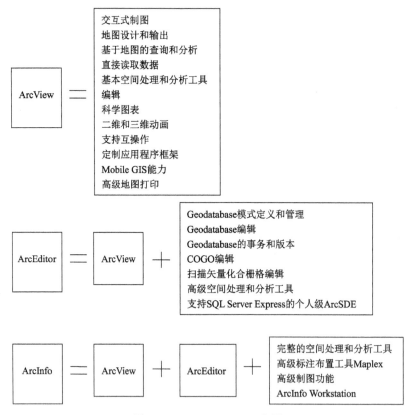

图 9.2 ArcGIS Desktop 介绍

3 级 Desktop GIS 软件均基于与 ArcMap、ArcCatalog、ArcScene 和 ArcGlobe 这一组同样的应用环境构成，通过这 3 级软件在相同的应用环境里协调工作，GIS 分析与处理可以顺利进行，完成任何简单或复杂的操作，如数据编辑和管理、数据转换、元数据管理、地理编码和分析、投影变换、空间处理和制图输出等，也都可以使用各自软件包中带有的 ArcGIS Desktop 开发包实现客户化和扩展。

9.3.1.2　ArcGIS Desktop 的应用环境

在 ArcGIS Desktop 中，ArcMap 的主要功能是显示、查询和分析数据，ArcCatalog 负责空间和非空间的数据管理、生成和组织基本的数据转换，ArcGlobe 则主要提供三维数据的显示、查询等高级空间分析等功能。前文所述说明了 Desktop 3 级软件在应用环境中的功能有所区别，但其环境组成、界面风格、应用操作和定制方法等方面还是基本相同的。各种应用环境相互协调，共同为用户提供地理空间数据的生成、编辑、管理、处理、转换、分析、制图和表达等功能服务。

1）ArcMap

ArcMap 作为 ArcGIS Desktop 中一个重要的应用程序，是一个以地图功能为核心，对地图数据进行编辑、显示、查询和分析的数据模块。它内含一个复杂的专业制图和编辑系统，既有编辑对象的功能，又能完整生成数据表（table of contents）。

ArcMap 提供两种类型的地图视图：地理数据视图和地图布局视图。在地理数据视图中，能实现对地理图层的符号化显示、分析和编辑 GIS 数据集的功能。数据表可以辅助用户组织和控制数据框中的 GIS 数据图层。数据视图是任何一个数据集在选定的一个区域内的地理显示窗口。在地图布局窗口中，用户可以对地图的页面进行编辑，包含地理数据视图和其他地图元素，如比例尺、图例、指北针、地理参考等。

2）ArcCatalog

ArcCatalog 的焦点是数据，是对空间数据进行定位、浏览和管理的模块，是用户规划数据库表、用以定制和利用元数据的环境。通过 ArcCatalog 可以组织、发现和使用 GIS 数据，然后利用标准化的元数据来对数据进行分析说明，创建用户所有的 GIS 信息，并进行管理，如地图、数据文件、模型、元数据、服务等。它包括了以下工具。

（1）浏览和查找地理信息的工具。

（2）记录、查看和管理元数据的工具。

（3）定义、输入和输出 Geodatabase 数据模型的工具。

（4）在局域网和广域网上搜索和查找 GIS 数据的工具。

（5）管理 ArcGIS Server 的工具。

通过 ArcCatalog，用户可以组织、查找和运用 GIS 数据，与此同时，还可以利用基于标准的元数据来描述数据。GIS 数据库的管理员可以使用 ArcCatalog 来定义和建立 Geodatabase。GIS 服务器的管理员则可以使用 ArcCatalog 来管理 GIS 服务器框架。

9.3.2　ArcGIS Engine 简介

ArcGIS Engine 是 ArcObjects 实现跨平台操作的中枢集合，为组件提供了多种多样的开发接口，能够适应。.NET、Java、VB 和 VC 等开发环境，通过这些组件，开发者可以实现 GIS 的定制和地图应用。

9.3.2.1　ArcGIS Engine 的功能

在实际案例中，用户一般需要通过特殊定制的应用或者对现有应用添加 GIS 逻辑来实现对 GIS 的需求，这些应用和程序通常是在 UNIX 和 Linux 的桌面上及 Windows 的工作站上进行运行的，ArcGIS Engine 就是被用来创建这样一些应用程序的。

分图层显示专题图是使用 ArcGIS Engine 定制的典型应用案例，包括绘制河流、道路、行政边界等，浏览、缩放地图，在地图上搜索、查找特征要素，在地图上显示文本注记，在地图上进行卫星影像或航摄影像的叠加，绘制各种渲染方式不一的地图图层（如分级渲染、柱状图渲染、点密度渲染、依比例尺渲染等）。

9.3.2.2　ArcGIS Engine 包含的内容

ArcGIS Engine 组件包的主要作用是帮助编程人员进行客户化应用程序的开发，它涵盖了整个组件式 GIS 的类库，一般可被分为 ArcGIS Engine 开发工具包（ArcGIS Engine Developer Kit）和 ArcGIS Engine 运行时（ArcGIS Engine Runtime）两个部分。前者是开发人员在开发客户化应用程序时的一系列工具，是 EDN 软件协议的一部分；后者包含 ArcGIS Engine 核心组件及扩展模块，这个工具能够提供一个环境，让最终用户得以运行 ArcGIS Engine 开发的应用程序。

ArcGIS Engine 可以在 Windows、UNIX 和 Linux 等操作系统上运行，同时也能适应多种应用程序开发环境，如 Visual Basic 6、VC++、.NET、Java。对应关系如表 9.1 所示。

表 9.1　ArcGIS Engine 支持的计算机平台和对应的编程语言

计算机平台	对应编程语言
Windows	UNIX and Linux
VC++	VC++
Java	Java
Visual Basic 6	
.NET	

9.4 Geodatabase 设计

Geodatabase 是为将计算机数据库技术应用于组织和管理地理数据过程而产生的一个科学的硬件与软件系统，它将自然地理和人文地理诸要素文件集合起来，成为 GIS 的核心组成部分。Geodatabase 是一种空间数据库，其表示的地理实体及其属性特点的数据具备确定的空间坐标，它为地理数据提供了标准的格式、存贮方法并对其进行有效的管理，能方便、准确、迅速地完成检索、分析和更新，降低了组织数据的冗余度，为多种应用目的服务。

Geodatabase 是一种数据模型，它是基于标准关系数据库技术来表现地理信息的，通常包含以下两种基本数据类型。

（1）描述地理实体属性的数据，如土地利用类型、河流名称、道路宽度和质量等。

（2）描述地理实体空间分布的数据，如实体位置（X、Y 坐标集合）、实体间相邻关系等。

这两类数据的管理方式不同，管理地理属性数据通常选择通用数据库管理系统来实现，而要对地理空间数据进行管理，则需使用专门的空间数据管理系统，并且两者之间需要建立有效的连接。Geodatabase 作为 GIS 中核心的数据基础，在地理过程、地理环境分析评价与制图中都起到重要作用。

基于 ArcGIS 的河南省水资源管理系统的研究与开发，其前提是要有河南省的矢量地图，也就是这个系统需要的 Geodatabase。生活中，不论是纸质的还是网上的，或电子的，河南省的地图随处可见，但是，河南省的矢量地图却不容易得到。从网上下载的地图有各种各样的格式，如常见的 jpg、gif、bmp 等，还有不常见的 cdr、eps、ai、wmf 等矢量图格式。可尽管地图的种类繁多，却都不能在 ArcGIS 平台上使用，只有 mxd 格式的地图文档才能加载到 ArcGIS 的相关组件中进行进一步操作。

本章设计的系统的 Geodatabase 的设计主要用的是 ArcGIS Family 中的 ArcGIS Desktop，其中，图层的制作主要是在桌面系统的 ArcMap 平台上进行的，和 ArcCatalog 相结合，一起构成完整的数据处理与管理分析功能。

9.4.1 图层、数据框与地图

在学习 ArcMap 操作之前，首先应该对以下几个重要的基本概念进行明确：图层、数据框与地图。数据被加载到 ArcMap 中后，是通过图层的形式来显示的。图层是一个通过引用数据来对数据的显示方案等信息进行记录的配置文件。一个地图文档由若干个数据框和地图元素构成，其中，数据框又包含了若干个图层。

数据、图层、数据框和地图文档之间的相互关系如图 9.3 所示。可以把数据框看做是组织、显示图层的一个容器，一个地图文档中可以包含多个数据框，而地图元素指的是地图标题、图例、比例尺、指北针等。

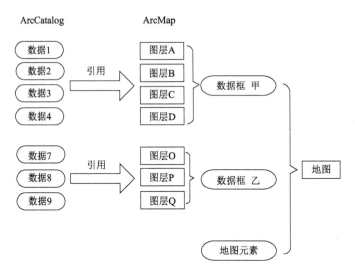

图 9.3　数据、图层、数据框和地图文档之间的关系

　　如图 9.3 所示，在 ArcCatalog 中，操作的主要对象是数据，但在 ArcMap 中，操作的主要对象则是图层、数据框和地图。

9.4.2　制图

　　前文已经介绍过，矢量地图的格式有许多种，我们尝试了多种方法，却未得到理想的矢量地图，最后只能自己制图了。

　　制作 mxd 格式的矢量地图时，首先需要从网上下载一幅格式为 jpg 的地图，然后再通过 ArcGIS 9.2 Desktop 把普通地图矢量化。需要注意的是，图像在进行矢量化操作之前，最好不要将其压缩或者进行其他操作，越精确的地图才能被越精确地矢量化。

9.4.2.1　栅格图像的配准和坐标系的确定

　　启动 ArcMap 程序，创建一个新工程，右击"Layers"，选择"Add Data..."，添加"jpg 图像"，就会出现如图 9.4 所示的消息框，提示目前正加载的图像还未经过配准，点击"Yes"配准图像。

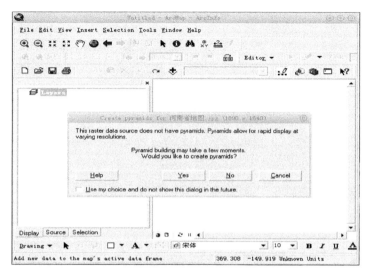

图9.4　提示加载图像没有进行配准的消息框

加载后可以看到图像内容，点击"工具栏"，打开"Georeferencing 工具条"，进行图像的配准工作。注意，在配准之前最好先点击"保存工程"。打开"File"下拉菜单，点击"Document Properties"编辑地图属性，点击"Data SourceOptions"可对地图文件保存的相对路径和绝对路径进行设置（这里选择相对路径，以确保将工程复制到其他机器后也可用）（图9.5）。

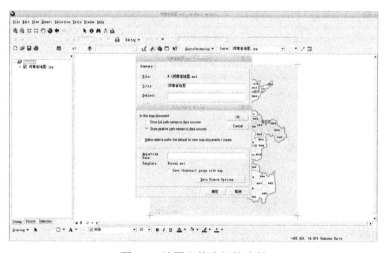

图9.5　地图文件路径的选择

这里，我们找了 4 个点进行地图配准（也可以找更多点），在 ArcMap 中选择"Georeferencing"工具条上的"Add Control Point"选项，添加 4 个点控制点，如图9.6所示。

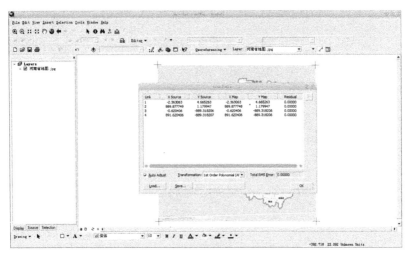

图 9.6　地图配准的四个控制点

对"Link Table"中的 4 个控制点进行编辑，然后点击"Georeferencing"菜单下的"Auto Adjuest"，图像即进行校正。这时，可看到参差值为 0.000 00（Total RMS），这表示配准精确。单击"Save"按钮可保存控制点信息，单击"Load"按钮可从文件加载控制点坐标。

为校准后的地图选择适合的坐标系，点击"Layers"打开"Properties"属性对话框，选择投影坐标系，然后点击"Coordinate Systems"选项卡，在展开的"Predefined/Projected Coordinate Systems/Gauss Kruger/Beijing1954"下找到"Beijing 1954 GK Zone 20"坐标系（高斯克里克投影 20 带无带号），点击"确定"，并保存工程，如图 9.7 所示，这样就完成了配准工作。

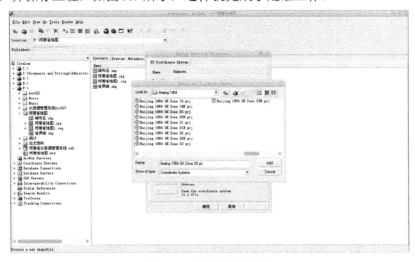

图 9.7　投影坐标的选择

最后，保存校正，重新生成采样数据，打开"Georeferencing"工具条的下拉菜单，选择"Rectify"矫正，并重新采样栅格，生成新的栅格文件。点击"Resample Type"按钮可以指定重新采样的类型，包括 Nearest Neighbor（for discrete data）[自然邻近内插（不连续数据）]、Bilinear Interpolation（for continuous data）[双线性内插（连续数据）]、Cubic Convolution（for continuous data）[立方卷积内插（连续数据）]三种选项。这里，我们选择了第二项，确定生成新的栅格数据，然后加载到 ArcMap 中进行下一步矢量化工作。

9.4.2.2 栅格图像的矢量化工作

点击 ArcMap 工具条上的"ArcCatalog"按钮，打开 ArcCatalog 对话框，在 Catalog 树下展开工程所在位置，在菜单中点击"New"子菜单下的"Shapefile…"来新建一个格式为 Shape 的地理要素文件（地理要素文件可被存储为其他格式），并在弹出的"Create New Shapefile"对话框中为新的要素进行命名；展开"Feature Type"要素类型下拉列表框，选择要创建要素的类型（一个 Shape 文件只能表示一种要素），如 Point 点、Polyline 多边形线、Polygon 多边形面 MultiPoint 和 MultiPatch，本章设计的 Geodatabase 中各要素对应的要素类型如表 9.2 所示。

表 9.2 设计中的要素与要素类型对应表

要素名称	要素类型（feature type）
城市名	Point 点
市界线	Polyline 多边形线
省界线	Polyline 多边形线
市区面	Polygon 多边形面
县城名	Point 点
县界线	Polyline 多边形线
县区面	Polygon 多边形面
图例 1～图例 5	Polygon 多边形面

在"Spatial Reference"框中，并没有指定坐标系，因此点击"Edit…"按钮，编辑新建要素的指定坐标系；点击"Edit…"按钮，弹出"Spatial ReferenceProperties"对话框，然后右击"Select…"按钮，即可为新建要素指定合适的投影坐标系。这里，我们选择的是"Beijing 1954 GK Zone 20"坐标系，如图 9.7 所示，最后单击"确定"，完成 Shapefile 的创建。回到 ArcMap 中，添加新建的 Shapefile 点文件到 Layers 下。

9.4.2.3　点、线、面的创建和编辑

先打开"Editor"工具条，选择"Editor"工具菜单的"Start Editing"，进入编辑状态。

1）点的创建

要在"城市名"要素上添加河南省各市名称的"点"，应该在"Editor"工具栏中的"Target"选择城市名要素，"Task"是"Create New Feature"（创建新要素）。在"Editor"工具条中选择"Sketch Tool"工具。在合适的位置点击一下鼠标，就成功创建一个点要素。绘图过程中，单击鼠标右键会弹出"草图"对话框，在这个对话框中，可对新创建的点进行编辑等操作。

"Editor"工具条菜单中的"Save Editing"选项是用来保存已编辑的文件的，而"Stop Editing"选项是用来停止编辑的。特别需要注意的是，创建过程中要及时保存，防止创建的点要素丢失。图9.8为点的创建结果，为河南省18个地市的市区所在地创建了18个点，每个点旁边的标注属于这些点的属性数据。

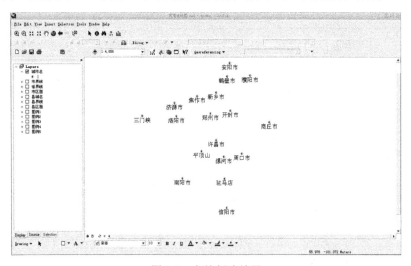

图9.8　点的创建结果

2）线的创建

创建市界线，打开"Edit"对话框，选择"Sketch Tool"工具，在地图上确定相应市界位置，然后单击鼠标作为线的起点，拖动鼠标至适当位置（线的拐点处），再点击鼠标增加一个拐点，沿省界方向依次操作描线，在最后一个点处双击鼠标完成一整条线的创建。在编辑工程中，可点击右键弹出草图菜单，用草图菜单进行修改线，添加、删除线的拐点等操作，退出时点 Ctrl+Z，编辑后应及时保存以免丢失。图9.9为创建的安阳市界线。

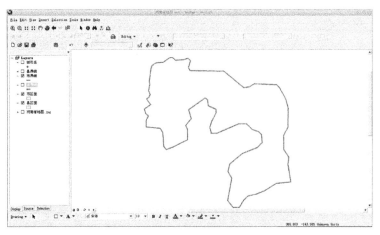

图 9.9 线的创建结果

3）面的创建

创建面一般是在创建线后通过"Trace Tool"跟踪工具描绘出多边形面，完成对多边形面的创建。

点击"Edit"进入编辑界面，确定要创建多边形面的位置，接着选择"Edit Tool"工具选中线（一个多边形面通常需要多条线组合围成一个闭合面，此时应按住 Shift 键，并同时选择多条线）。点击"Trace Tool"选项，点击选中的线，移动鼠标，会有一条细线沿选中线方向随着鼠标移动，当这条细线到达两条线的交点处不能继续沿鼠标跟踪时，单击想要的线，再沿选中线方向移动。最后，回到起点后双击，这就完成了自动闭合线，创建了一个多边形面。图 9.10 为多边形面的创建结果。

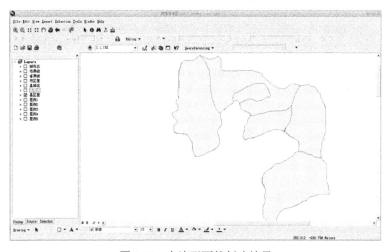

图 9.10 多边形面的创建结果

9.4.3 技术难点

9.4.3.1 地图格式

把一般的 jpg 格式地图保存在固定的位置，然后在 ArcCatalog 中就可以浏览刚才保存的 jpg 文件了。jpg 格式的图像文件均为栅格数据，栅格数据首先需要配准，配准后的栅格数据就可以直接在 ArcGIS Engine 中加载了，ArcGIS Engine 提供了加载栅格数据的接口。配准后的栅格数据也可以矢量化后，再在 ArcGIS Engine 中加载矢量后的图层。具体矢量化的过程前文已经介绍得很清楚了。

9.4.3.2 地图的配准

地图配准主要用在地图的数字化之前，为了使地图坐标点准确，而对地图进行坐标和投影的校正，让地图最终能拼接准确。其实就是对地图空间坐标系的确定，栅格图像进行配准是为了确保矢量化工作顺利进行。对地图的配准有很多方法，以下着重介绍一种常用方法的具体步骤。

（1）打开 ArcMap，点击 "Georeferencing" 工具条。

（2）把需要进行纠正的影像添加至 ArcMap，"Georeferencing" 工具条中的选项便被激活。

（3）在地图配准中有一些特殊点的坐标，即控制点要求我们了解。这些控制点可以是经纬线网格的交点、公里网格的交点，也可以是一些典型地物的坐标，我们可以从图中均匀地取几个点，如果能知晓这些点在矢量坐标系内的坐标，就可以用以下方法输入点的坐标值；如果不知道它们的坐标，则应采用间接方法获取。

（4）打开 "Georeferencing" 工具条，把 "Georeferencing" 菜单下勾选的 "Auto Adjust" 取消。

（5）在 "Georeferencing" 工具条上中选择点击 "Add Control Point" 按钮。

（6）用该工具在扫描图上精确找到一个控制点，点击选中，然后右击，对该点实际的坐标位置进行编辑输入。

（7）用相同的方法，在影像上添加多个控制点，并输入它们的实际坐标。

（8）将所有控制点添加进去后，打开 "Georeferencing" 菜单，点击 "Update Display"。

（9）更新后，就变成真实的坐标。

（10）打开 "Georeferencing" 的下拉菜单，选择 "Rectify" 对校准后的影像进行另存。

后文中的矢量化工作就是对这个校准后的影像进行操作的。

9.4.3.3　标注

有时候，我们需要在地图上用文字的形式表示一些内容，这就是标注。标注是用文字的形式在数据上标识的某个或多个字段的内容。标注是图层的属性，每个图层都可以带有标注。确定标注内容之后，可以对标注的字体，包括大小、颜色等进行设置。如果对于标注还有更高的要求，那么就需要对它进行其他的设置。例如，可以按某个字段的值将要素分成几类，对每个类别分别进行标注，还可以设置标注的可见比例尺范围等。

本章的设计中涉及的标注是在"城市名"这个图层上对市、县的名称的标注。我们都知道，空间数据既包含空间几何信息（即要素的外形），还包含属性信息（关于要素的一些说明信息，如地市名称等），显然，对城市名的标注数据应属于属性信息的编辑。这个问题要在图层的"Attribute Table"上添加一个"name"字段，然后选中要编辑的要素，再在"Editor"工具条中的属性对话框上点击"Attributes"按钮打开属性对话框，对每个字段值逐个输入即可（图 9.11）。

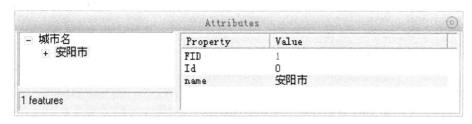

图 9.11　要素的属性信息编辑

标注完成以后，在图层属性的"Label"选项卡上有关于是否显示标注的设置，选中它就可以显示了。

9.5　二次开发组件 ArcGIS Engine 的应用

9.5.1　ArcGIS Engine 的基本组成

ArcGIS Engine 是一个用来创建定制的 GIS 桌面应用程序的产品，它是一组打包的核心 ArcObjects，可以利用它来开发创建自定义 GIS 和制图应用程序。ArcGISEngine 可以用来建立独立界面版本的应用程序，也可以利用它来扩展现有的应用程序，ArcGIS Engine 可以为 GIS 和非 GIS 用户提供专门的空间解决方案。

ArcGIS Engine 本身由一个软件开发包和一个可分发的运行库构成，提供了组件对象模型（component object model，COM）、.NET 和 C++的应用程序编程接口（application programming interface，API）。这些编程接口不单包括细致的文档信息，还囊括了一系列高层次的组件，让临时编程人员也能够轻松创建ArcGIS 应用程序。

从总体角度来看，ArcGIS Engine 所包括的主要控件、组件库、类和接口之间的相互关系如图 9.12 所示，组件库所提供的类和接口，主要都是以这些控件为基础来开展应用的。

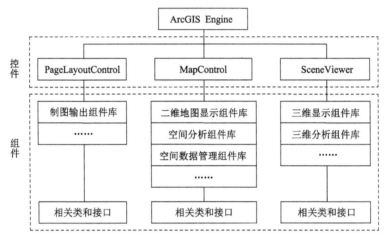

图 9.12　ArcGIS Engine 主要控件、组件库、类和接口之间的相互关系

9.5.2　ArcGIS Engine 常用控件、类库介绍

ArcGIS Engine 提供了各种不同类型的控件，如制图控件 MapControl 和 PageLayoutControl。框架控件 TOCControl 和 ToolbarControl 及 Reader Control 等，所有这些控件都需要通过 Carto 类库来访问 ArcObjects。最常用到的是制图控件 MapControl 和 PageLayoutCont。

MapControl 控件通常是在地图数据的符号化显示中发挥作用的，它为使用者提供了类似 ArcMap 中的空间数据显示窗口（data view），可以利用它用对地图显示效果的功能进行升级提高。通过 MapControl 控件可以实现在 ArcMap 中能够完成的大部分任务。MapControl 控件还可以为我们提供很多关于地图显示窗口及其中的地图数据的属性。

PageLayoutControl 控件能为用户提供与 ArcMap 中的地图制图与输出类似的窗口。ArcMap 的 Layout 视图能完成的工作，我们也可以通过 PageLayoutControl 控件实现，如地图的打印输出、添加和设置图例等功能。

ArcGIS Engine 囊括了 30 多个类库（object libraries），它是一组逻辑上可编程的 ArcObjects 集合，包含绘图上的几何类库、空间数据库类库和 GIS 数据源等。这些类库各有自己的职责功能，分别负责完成一部分 GIS 的工作，如地图显示、几何体操作、空间数据访问等。下面我们将介绍前文提到的 Carto 类库。

Carto 类库能够创建和显示地图，这些地图可以在一幅地图或由许多地图及其地图元素组成的页面中包含数据。Carto 类库中使用频率比较高的有 IMap（显示各种数据源的数据）、Ilayer（用于访问所有图层的成员）、IfeatureRenderer（图层要素渲染）。

9.5.3 ArcGIS Engine 的开发机理

我们将在本小节对 ArcGIS Engine 提供的各种控件、类和接口之间的关系进行详细说明，同时，还将介绍 ArcGIS Engine 在 Visual C++环境下应用开发的一个基本步骤。

9.5.4 ArcGIS Engine 的空间、类、接口之间的关系

如果把整个过程做一个形象化的说明，我们可以把基于 ArcGIS Engine 的 GIS 应用开发看作烹饪一道独具特色的湘菜，那么，ArcGIS Engine 的控件就好比是烹饪菜肴所用的锅灶，绝大部分的加工过程都需要在这个平台上完成。而 ArcGISEngine 的类、接口就像是烹饪过程中所用的各种炊具、调味品及烹饪技巧，烹饪不同的菜色需要选用不同的工具、调料和技巧。也就是说，不同的 GIS 功能需要调用不同的类、接口。因此，ArcGIS Engine 的控件、类、接口之间的关系就是平台和工具的关系。具体如图 9.13 所示。

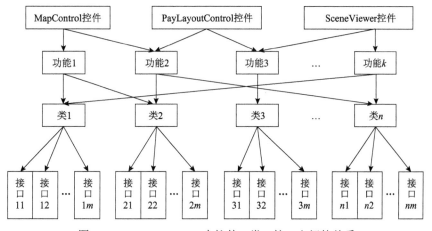

图 9.13　ArcGIS Engine 中控件、类、接口之间的关系

9.5.5 ArcGIS Engine 中的核心类、接口

ArcGIS Engine 的开发实际上就是在控件所提供的平台上使用各种类和接口来实现各种 GIS 功能。那么，如何建立这些类、接口与控件的联系呢？这就需要完成衔接任务的核心类、接口。下面介绍一下 ArcGIS Engine 中的核心类、接口。本章的设计只用到与 MapControl 控件相关的核心类、接口，所以其他的就不做介绍了。

把跟 MapControl 控件相关的 GIS 功能的各种类、接口与 MapControl 控件挂接起来的核心类是 Map 和 MapControl 两个组件类。

9.5.5.1 Map 组件类

Map 组件类可以被看作显示和操作地图数据的容器。Map 提供了很多接口，其中包括 IMap 接口。IMap 接口是许多与 MapControl 控件相关的 GIS 功能的执行起点，它是 ArcGIS Engine 的各种功能类与接口在 MapControl 空间上进行体现的入口。通过这个接口，用户可以访问各种不同来源的图层数据（如要素层数据和图形层数据），并且可以添加、删除图层的数据；可以关联地图中的各种图面元素，如图例、比例尺等；可以获得有关地图的各种属性，如感兴趣的区域、地图坐标单位和空间参考等信息。

9.5.5.2 MapControl 组件类

MapControl 组件类封装了 Map 类，并为用户提供了其他的属性、方法和事件，我们可以把它当作 MapControl 控件的一个代理。通过这些扩展的属性、方法和事件，用户可以控制地图的基本表现形式、显示属性和地图控件的属性；添加与控件关联的图层数据并对其进行管理；导入地图文档；拖拽别的应用中的地图数据至当前的应用中等。MapControl 为 IMap 接口的实例化提供了一个有效的手段。

这里要强调的是，MapControl 组件类所提供的属性、方法与前文讲到的 MapControl 控件所提供的属性、方法完全一致，用户进行程序开发时选择其中任意一个控件，都能够达到同样的效果。这充分展现了 ArcGIS Engine 为实现某个功能而提供了多种手法的特点。

9.5.6 ArcGIS Engine 应用开发的基本过程

一个基于 ArcGIS Engine 的应用开发，首先应实现控件与其相应的核心类、接口的联系，然后通过核心类、接口连接相关的功能类和接口，创建所需要的

GIS 功能。下面将介绍基于 MapControl 控件的开发过程。

下面是实现 MapControl 控件与对应的核心类、接口的关联的代码，这段代码应放在 Visual C++工程的初始化函数中。具体如下。

```
void CMyView::OnInitialUpdate()
{
CFormView::OnInitialUpdate();
GetParentFrame()->RecalcLayout();
ResizeParentToFit();
……
//建立控件和组件类之间的关联开始
CWnd* pWndCal=GetDlgItem(IDC_MAPCONTROL1);
LPUNKNOWN pUnk=pWndCal->GetControlUnknown();
//获得IMapControl2 接口
pUnk->QueryInterface(IID_IMapControl2,(LPVOID*)&m_ipMapControl);
//获得IMap 接口
m_ipMapControl->get_Map(&m_ipMap);}
```

9.5.7 COM 技术及智能指针

COM 是一个规范，用来规定如何建立组件及如何通过组件建构应用程序，它不是一种计算机语言，而是一种跨应用和语言共享二进制代码的方法。COM 组件是由一连串可执行代码组成的，这些代码以 Win32 动态链接库（dynamic linklibrary DLL）或可执行文件（executable file）的形式发布。遵循 COM 规范编写的组件将能够满足对组件架构的所有需求。

COM 组件是动态链接的，并且是使用 DLL 将组件动态链接起来的。封装 COM 组件很简单，COM 组件通常以一种标准的方式来宣布它的存在，它是一种给其他应用程序提供面向对象的 API 或服务的极好方法。COM 中的接口至关重要。对于客户来说，一个组件就是一个接口集。没有接口，客户就不能同 COM 组件打交道。COM 技术的发展进一步展现了程序的模块化编程的思想，使应用程序的扩展与升级更加容易，增加了其灵活性和动态性。

智能指针（smart pointer）是能够自己释放内存空间的指针。其实就是一个类，模拟普通指针的绝大部分功能，其智能的一点就是，如果这个指针被销毁，而它所引用的内存被其他的智能指针引用，那么它也同时释放那块内存，这样避免了忘记释放内存的情况。当然，最关键的内存是否泄露，还要看用户是不是正确使用了它。智能指针是 COM 技术提供的统一接口,在本章的设计中,ArcGIS Engine 的开发使用的就是 COM 技术,因此 ArcGIS Engine 的接口就是智能指针。

9.6　ArcGIS Engine 在本章设计的系统中的应用

9.6.1　ArcGIS Engine 的引入

在 ArcGIS Desktop 里面作图以后,通过添加控件的方法("Project"菜单→"Add to Project"→"Components and Controls Gallery"→打开"Registered ActiveX Controls"文件夹→选择"ESRI MapControl"控件→"Insert"按钮→"Close")可以将已经做好的矢量地图加载到 Visual C++工程中,然后以系统要求的功能进行编程开发。

9.6.2　MapControl 控件的使用

MapControl 为用户提供了与 ArcMap 中的数据视图类似的窗口,通过这个窗口,可完成如下功能。

(1)显示图层地图。

(2)放大、缩小、漫游。

(3)生成图形元素,如点、线、园、多边形。

(4)说明注记。

(5)识别地图上被选中的元素,进行空间或属性查询。

(6)标注地图元素。

MapControl 控件提供了 15 个事件、22 种方法和 41 种属性。当用户向工程中加载 MapControl 控件后,工程将自动加载两个与 MapControl 控件对应的类:CMapControl 2 和 Cpicture。前者为用户提供了各种基本的地图操作方法和属性。15 个消息事件的功能各异,本章的设计用到的是如表 9.3 所示的消息事件。

表 9.3　系统设计 MapControl 方法

消息名称	功能
OnFullExtentUpdated	在整个 MapControl 控件窗口改变时发生
OnMouseDown	在鼠标按下时发生

另外，本章的设计中用于实现漫游功能的方法是 Pan，它是改变地图显示范围的一种方法，其原型为 void pan。运用该方法，图幅显示范围发生变化时，比例尺保持不变。

9.6.3 渲染器的使用

在制图工作中，我们常常需要制作一些专题图，如分类图、分级图、点密度图、统计图等。专题图主要用来展现某个或者某些信息，它能生动地表现出这些数字的、内在的信息及它们之间的相互关系，让信息内容更加直观，有助于读者快速接收，达到辅助人们获取信息和挖掘知识的目的。为此，ArcObjects 为开发人员提供了一系列的工具——FeatureRenderer。

ArcObjects 为开发人员提供了一种显示要素层的方法——FeatureRenderer，可以通过 IGeoFeatureLayer 的 render 属性获得。依据要素的某个或者某些属性，FeatureRenderer 可以通过设置、使用符号和颜色来生动地展示各个要素。在 ArcObjects 中，FeatureRenderer 本身属于一个抽象类，由它派生出来一系类组件类，下面将一一介绍。

（1）SimpleRenderer 组件类可以将现有的地图数据进行简单的符号化，通过它可以将地图中的点状、线状、面状目标分别符号化成点、线、面符号。

（2）UniqueValueRenderer 组件类的作用是依据要素的某个或者某些属性值将地图中的各个要素分类、分级，并且为每个类别或者级别的要素分别配置其相应的符号，且符号具有唯一性，以此来实现对地图的符号化。

（3）ClassBreaksRenderer 组件类可以以要素的某个数值字段为依据对要素进行分级表示，表达各个要素之间顺序的、间隔的或者比例的关系。

（4）BiUniqueValueRenderer 组件类能够联合两种 Renderer 来展现要素的属性，双值渲染。

（5）DotDensityRenderer 组件类可以用来制作点密度图。先在多边形要素上随机地布置点，继而通过点的密度来展现所含的数据信息。

（6）ChartRenderer 组件类一般使用饼状、柱状符号来表示统计数量。

（7）ScaleDependentRenderer 组件类可以包含其他的 FeatureRenderer，为不同的比例尺范围指定不同的 FeatureRenderer。

本章的设计采用的是第一种 SimpleRenderer，符号对应各层的几何目标分别是：面符号用来填充面，线符号用来展示线，点符号用来显示点，当然，点符号也可以用来表示面状目标。当用点符号来表示面状目标时，应将点符号放在面要素的几何中心位置。通过这种方式，SimpleRenderer 可以基本表示一种简单的数量关系。这是 ArcGIS Engine 的默认渲染，打开一个 FeatureClass，创建一个

FeatureLayer 时，如果没有给 FeatureLayer 设置 Renderer，这时使用的即简单渲染。简单渲染对整个图层中的所有 Feature 都使用同一种方式显示。

简单渲染在 ArcGIS Engine 中用 ISimpleRenderer 来表示。ISimpleRenderer 的使用方式如下。

```
//定义渲染器
IUniqueValueRendererPtr
UVRendrr(CLSID_UniqueValueRenderer);
ITablePtr pTable;
long filedNumber;
//设置渲染器
ISimpleFillSymbolPtr pFillSym(CLSID_SimpleFillSymbol);
ISymbolPtr pSym;
pFillSym->put_Color(pMyColor);
pSym=pFillSym;
pUVRendrr->AddValue(codeValue.bstrVal,codeValue.bstrVal,pSym);
pCursor->NextRow(&pNextRow);
IFeatureRendererPtr pFenrRendrr;
pFenrRendrr=pUVRendrr;
pGeoLayer->putref_Renderer(pFenrRendrr);//设置Renderer
pActiveView->Refresh();
```

9.7　基于优化模型的系统详细设计及实现

系统设计主要包括模块、数据库、数据结构、代码、输入、输出等。前文已经进行了系统基本模块设计、数据库及数据结构的设计。系统的主要功能是水源显示、相对范围内的水资源优化及统计数据。

本章主要介绍的是这个系统的前两部分——水源显示及相对范围内的水资源优化显示。水源显示首先是各种水源的分布显示，即以不同的灰度显示出水资源的粗略现状。其次是量化显示，根据不同的水源及不同的用户显示出此地的富水量或者缺水量，灰度和量化相结合，可以让管理者或者决策者比较清晰地了解当前的水资源分布情况，以便做出相应的调度策略。

水资源优化使用的算法是遗传算法，目标函数是经济效益最大和缺水量最小，此系统只给出了优化结果，没有显示优化过程。

9.7.1　总体设计

9.7.1.1　页面布局

页面布局如图9.14所示。由以下六种元素组成。

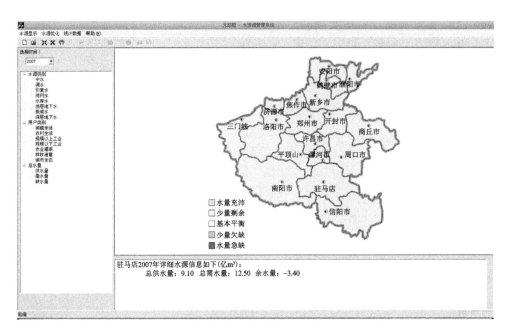

图9.14　页面布局图

1）菜单栏

含有"水源显示"、"水源优化"及"统计数据"三个一级菜单，一级菜单下各设若干二级菜单。

2）工具栏

内含若干个工具——和是安阳市矢量地图和河南省矢量地图之间的转换工具；是地图拖动工具；$\boxed{U}$是优化结果显示工具；$\boxed{W}$、$\boxed{N}$、$\boxed{S}$是水量统计工具，分别显示2003～2007年安阳市各个地区的总水量、需水量和余水量统计，显示结果若为负数，则表示这一年这个地区缺水；另外，还有一些统计数据的工具。

3）图层栏

显示地图数据库各图层信息，内含地理信息各图层（如城市名、市界限、省界限、市区面、县城名、县界限、县区面等各图层）。

图9.14是还未经过渲染的单色图，点击相应的市区范围内的任意一点，下面的编辑框就可以显示该市详细的水源信息。如图9.14，显示了驻马店市2007年的总供

水量、总需水量和余水量，由数字信息可知，2007 年驻马店市缺水 3.40 亿 m³。

4）时间选择栏

这个系统的时间单位是年，所以首先要从时间下拉框中选择要显示的年份，然后再具体选择要显示的水源种类或者用户种类等。

5）树结构栏

包含水源类别、用户类别和总水量三个父节点和一些与父节点对应的子节点，点击相应的节点，可以在下面的编辑框中显示相应的文字信息。

6）信息栏

不管鼠标点击树节点还是地图区域，编辑框中都可以显示相应的数字信息，与地图上的灰度显示相对应，做到直观又具体。

9.7.1.2 水源显示菜单

显示分布图是这个系统可视化的第一步，主要是通过使用不同的灰度粗略地显示各个地区各种水源的缺水或者富水情况。

本章的设计采用五种灰度分别显示水量充沛、水量有少量的富余、水量基本平衡、水量少量欠缺和水量大量欠缺，如图 9.15 所示。从图 9.15 中可以大概地看出整个河南省各种水源的供水量和各种用水户的需水量分布情况，各地缺水、富水及缺水、富水的程度，一目了然，比表格更加直观、更加生动。

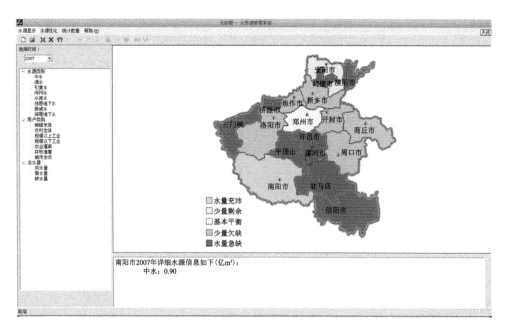

图 9.15　水资源情况分布图

如图 9.15，图层栏显示的是 2007 年中水在河南省各市的分布情况，一目了然，大多市都处于缺水甚至严重缺水状态。从灰度上看，只能看出 2007 年南阳市的中水是丰水状态，鼠标点击图层栏中南阳市区域，下面的信息栏将显示南阳市的中水供水量。此设计信息全面、图文并茂。

关于颜色的设置，还可以更加细化或者更加粗略，这个标准是根据自己的需要而设定的。但是值得注意的是，要先渲染图层。图层不经过渲染，它就是一个单一的样式，只能在 ArcMap 中修改背景颜色，不能根据数据改变颜色。

当地图放大到一定程度的时候，地图不能被全部显示在图层栏中，这时就需要使用工具🖐调整地图位置，把地图拖动到要看的区域，如图 9.16 所示。信息栏中显示了洛阳市 2007 年的水源信息。

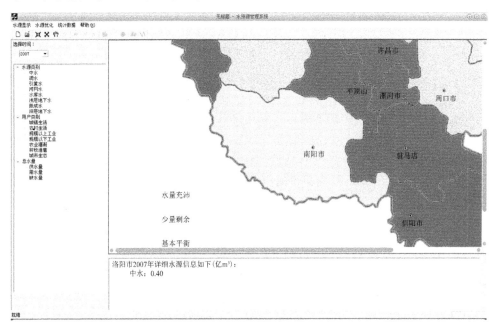

图 9.16 地图放大后一角

因为本章的设计只是项目的初步模型，而且数据不全面，所以县区方面就只做了安阳市的。图 9.17 显示了 2005 年安阳市市区和各县的水源信息状况。其显示方式和图层渲染方式和河南省是一样的。

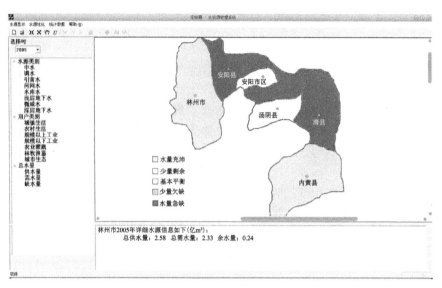

图 9.17　安阳市市区和各县的水源信息状况

9.7.1.3　水源优化菜单

出于时间和数据方面的考虑，水源优化方面只做了安阳市的，在安阳市范围内的优化不用考虑路径问题，实现得比较容易。本章的设计只做了优化结果的显示，没有优化策略和优化过程的显示。

图 9.17 显示了 2005 年安阳市的市区和各县的水资源分布状况，可见有缺水、富水、平衡，情况各不相同。点击工具栏上的 U 工具，显示的优化结果如图 9.18 所示，水资源重新分配，而且全市都处于少量缺水状况。

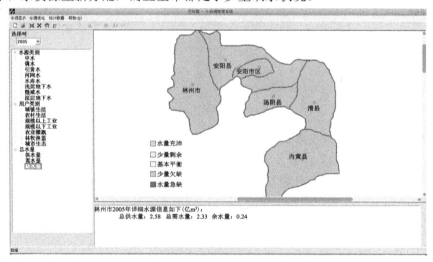

图 9.18　优化结果显示

9.7.2　图层信息的查找实现

在本章系统中的 GIS 部分，最重要的是 Geodatabase 的建立和 ArcGIS Engine 在这个系统中的应用，关于功能的实现，最典型的就是图层信息的查找了。

系统运行时，鼠标点击图层的任何区域，下面的信息栏就可以显示相应的文字信息。鼠标点击→下面相应显示文字信息，从表面上看，这是非常简单的，就是鼠标触击一下地图而已，其实这个过程是比较复杂的，牵涉到地图区域、图层、树控件、空间查询、数据存储表等一系列过程，最后才能返回响应鼠标点击的信息。整个过程如图 9.19 所示。

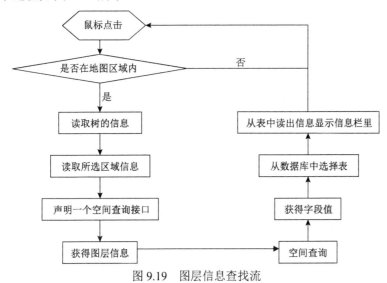

图 9.19　图层信息查找流

总之，这个系统的实现基本上是一个把数字图形化的过程，但是要同时涉及两个数据库——系统数据库和 Geodatabase，过程虽然复杂，最终结果却比较简单。

9.8　系统数据库设计

数据库是系统数据存储的载体，所有数据库的通用设计原则是既保证数据存储的完整性，又要保证不产生数据冗余，但是本章的设计对数据库的第一要求是扩展性要强，这就更加要求数据库设计过程的合理与优化。

本章的设计涉及两个数据库，一个是 Geodatabase，另外一个是后台的表格形式的系统数据库。本章主要介绍存储数据的简单数据库，它是在 ArcGIS family 中的 ArcGIS Desktop 的 ArcCatalog 平台上设计，然后使用 ODBC 连接的。

9.8.1 数据库需求分析

本章的设计是一个省级课题的子课题，现在要求做出一个原型来，要随时可以在广度和深度上扩展。所以数据库的设计首先要考虑的是它的可扩展性，其次才考虑其他设计原则。

9.8.1.1 供水数据库

8 种水源的单元供水量表：蓄水工程单元供水量表、引水工程单元供水量表、提水工程单元供水量表、调水工程单元供水量表、污水回用水（中水）单元供水量表、浅层地下水单元供水量表、深层地下水单元供水量表、微咸水单元供水量表，按年份和地区的不同对应不同的数据。

9.8.1.2 需水数据库

7 种用水户的单元需水量表：城镇生活单元需水量表、农村生活单元需水量表、规模以上工业单元需水量表、规模以下工业单元需水量表、城镇生态单元需水量表、农业灌溉单元需水量表、林牧渔业单元需水量表，按年份和地区的不同对应不同的数据。

9.8.1.3 用水数据库

存储 7 种用水户在水源优化后，所得到的实际分水量，按年份和地区的不同对应不同的数据。

9.8.1.4 优化结果库

存储 7 种用水户在水源优化过程中所得到的分水来源，来源有七种水源提供。

9.8.2 数据库设计分析

9.8.2.1 数据分析

本章设计的系统所涉及数据主要是水源和用水户，其属性对应如下。

（1）水源——编号、时间、地区、类别、水量。

（2）用水户——编号、时间、地区、类别、水量。

通过对实体属性的分析可以看到，主要有时间、地区和类别三种属性组成，时间为五年数据对应时间，地区为河南省所有市级地区，类别分别为八种水源和七用水户，通过对数据属性的分析，我们提出了几种设计方案。

9.8.2.2 表结构设计分析

1）第一种设计方案

将时间作为不同表的类别，每年度数据建立一张数据表，将地区作为属性字段，而将水源类别作为不同字段，各字段对应的属性如下：①记录编号；②地区编号；③中水；④调水；⑤微咸水……深层地下水。

该设计方案的缺点——数据库的表数目太多，表结构复杂，数据的添加麻烦。

该设计方案的优点——数据的冗余量最小。

2）第二种设计方案

将时间作为记录的属性，写入数据库，水源和用水户分别建立一张数据表，各字段对应的属性如下：①记录编号；②时间编号；③地区编号；④中水；⑤调水；⑥微咸水……深层地下水。

该设计方案的缺点——表结构有一定冗余，且数据添加不方便。

该设计方案的优点——数据添加较为方便，数据冗余量较小。

3）第三种设计方案

将时间编号、地区编号、水源类别都作为记录的属性字段，写入数据表，各字段对应的属性如下：①记录编号；②时间编号；③地区编号；④水源编号；⑤水量。

该设计方案的缺点——表结构有大量的冗余数据存在。

该设计方案的优点——数据的添加非常方便，数据库操作灵活，扩展性最好。通过对本章设计的系统的具体分析和对几种设计方案的比较，我们选择了第三种设计方案，理由如下：本章设计的系统涉及的数据量并不是太庞大，所以一定的数据冗余是可以接受的；而数据随着时间的发展需要，会不断更新，数据库操作的灵活性和可扩展性显得更为重要，只有第三种设计方案能够提供灵活的数据库操作。

9.8.3 数据库详细设计

数据库由八张表组成，分别为地市信息表、用户类别表、水源类别表、需水信息表、供水信息表、优先序表、用水信息表、优化结果表，具体如表 9.4～表 9.11 所示。

表 9.4 地市信息表

序号	名称	字段名	字段类型	字段长度	可否为空	是否主键
1	ID	OBJECTID	Object ID		否	
2	地区编号	Area_Num	Text	50		是
3	城市名称	City_Name	Text	50	是	
4	县区名称	Town_Name	Text	50		

表 9.5　用户类别表

序号	名称	字段名	字段类型	字段长度	可否为空	是否主键
1	ID	OBJECTID	Object ID		否	
2	用户编号	User_Num	Text	50	否	是
3	用户名称	User_Name	Text	50	是	

表 9.6　水源类别表

序号	名称	字段名	字段类型	字段长度	可否为空	是否主键
1	ID	OBJECTID	Object ID		否	
2	水源编号	Water_Num	Text	50	否	是
3	水源名称	Water_Name	Text	50	否	
4	水源次序	Water_Order	Short Integer		是	

表 9.7　需水信息表

序号	名称	字段名	字段类型	字段长度	可否为空	是否主键
1	ID	OBJECTID	Object ID		否	
2	记录编号	Record_Num	Text	50	否	是
3	年份	T_Year	Text	50	否	
4	地区编号	Area_Num	Text	50	否	
5	用户编号	User_Num	Text	50	否	
6	需水量	Water_Need	Double		否	

表 9.8　供水信息表

序号	名称	字段名	字段类型	字段长度	可否为空	是否主键
1	ID	OBJECTID	Object ID		否	
2	记录编号	Record_Num	Text	50	否	是
3	年份	T_Year	Text	50	否	
4	地区编号	Area_Num	Text	50	否	
5	水源编号	Water_Num	Text	50	否	
6	供水量	Water_Supply	Double		否	

表 9.9 优先序表

序号	名称	字段名	字段类型	字段长度	可否为空	是否主键
1	ID	OBJECTID	Object ID		否	
2	水源编号	Water_Num	Text	50	否	是
3	水源名称	Water_Name	Text	50	否	
4	优先次序	Priority	Short Integer		否	

表 9.10 用水信息表

序号	名称	字段名	字段类型	字段长度	可否为空	是否主键
1	ID	OBJECTID	Object ID		否	
2	记录编号	Record_Num	Text	50	否	是
3	年份	T_Year	Text	50	否	
4	地区编号	Area_Num	Text	50	否	
5	用户编号	User_Num	Text	50	否	
6	用水量	Water_Supply	Double		否	

表 9.11 优化结果表

序号	名称	字段名	字段类型	字段长度	可否为空	是否主键
1	ID	OBJECTID	Object ID		否	
2	记录编号	Record_Num	Text	50	否	是
3	年份	T_Year	Text	50	否	
4	水源编号	Water_Num	Text	50	否	
5	用户编号	User_Num	Text	50	否	
6	用水量	Water_Count	Double		否	

河南省仅市级的城市就有 18 个，如果每个市再被分为县，县被分为镇，镇被分为村，那么数据库将是十分庞大的。编码的好处主要体现在这里，原型系统只要求挑一个典型市做到县，经考察，在河南省，每个市的县的个数不大于 99，所以我们采用四位数字来代表地区。例如，郑州市用"0100"代替，郑州市区用"0101"代替，郑州市中牟县用"0102"代替，等等。

9.8.4 关键函数说明

（1）warmup_random：初始化随机数发生器。

（2）advance_random：随机产生一个 148 位的二进制序列。

（3）real_random：产生一个（low，high）之间的随机整数。

（4）perec_random：产生一个[0，100]之间的随机整数。

（5）init_pop：随机初始化种群。

（6）select：轮盘赌选择算法。

（7）crossover：由父个体交叉产生两个新个体。

（8）mutation：变异操作。

（9）generation：产生一代新个体。

（10）objfunc：计算个体的适应度。

（11）coding：由个体染色体译码产生一个潜在的可行解。

9.9　数据优化及结果演示

　　本章将以安阳市 2007 年的水源数据为例，对数据的信息系统优化结果及可视化效果进行演示。图 9.20 和图 9.21 分别展示了安阳市 2007 年各地区的缺水量在优化前后的状况，通过优化结果的前后比较，可以很清楚地看到，经过优化处理，各地区的用水量分布更均匀了，缺水严重的地区得到了缓解，同时富水地区的余水量也得到了合理利用。

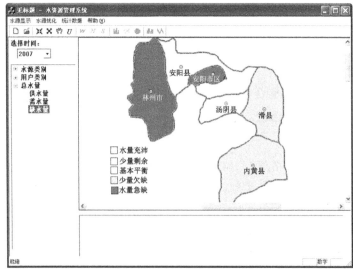

图 9.20　安阳市 2007 年缺水状况图

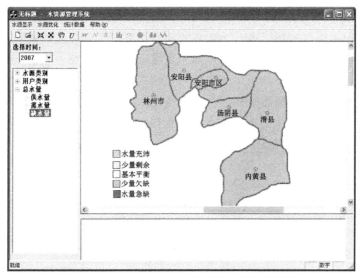

图 9.21 安阳市 2007 年缺水状况优化结果图

为了满足用户的不同需求，我们制作了几张不同的图，期望以不同的方式满足用户的查看需求。

图 9.22 显示了安阳市五年的缺水状况，位于 0 刻度线以下的柱状图，表示该地区该年份处于缺水状况；位于 0 刻线以上的柱状图，表示该地区该年份处于富水状况，有剩余水量存在。通过图 9.22，可以清晰地看到安阳市各地区在各年份的余水状况，为水源的优化调度做准备。

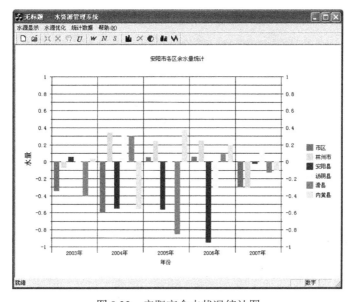

图 9.22 安阳市余水状况统计图

图 9.23 显示了安阳市的水源分配情况，通过该图我们可以很清楚地看到安阳市各用户的用水来源和用水量，为实际的水源调度提供直观的效果图。从图 9.23 中我们可以看出，城镇生活、农村生活、规模以上工业、农业灌溉和林牧渔业的主要用水来源是浅层地下水，中水主要用于规模以上工业、规模以下工业，河网水则几乎全部用于农业灌溉。图 9.23 是本章设计的系统中用于显示优化过程及调度方案的图，它使得系统的调度方案清晰直观。

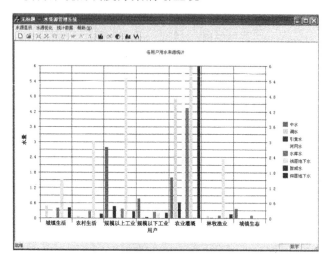

图 9.23   安阳市水源分配统计图

图 9.24 显示了安阳市在数据优化后的余水状况，通过图 9.24 可以看出，通过数据优化，安阳市的水源分配更均匀了。

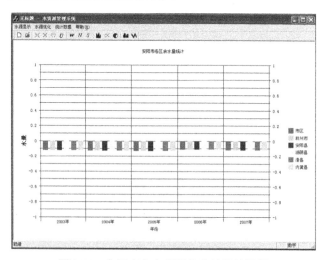

图 9.24   安阳市余水状况优化结果统计图

10 流域水资源配置利用与管理的政策研究

1993 年诺贝尔经济学奖获得者——美国经济学家诺斯,将制度及其变迁纳入现代经济增长理论模式之中,认为制度创新在经济正常运行和发展中起着的重大推动作用,是经济增长的重要因素。制度创新推动经济增长的奥秘主要在于,它以紧密结合国情为基础,推动高效经济组织的发展,其内涵在于采取内部信息的外部化、隐蔽信息的公开化、加强信息透明度、引入广泛的参与等方式,降低交易成本,有效解决相关产权问题,最终实现资源的优化配置,实现经济增长的预期目标。因此,流域水资源管理更应着眼于制度创新与建设,推动流域水管理体制的制度变迁与进步,以实现流域水资源管理的高效运作。

10.1 完善流域水资源管理的法律制度

在正式制度约束之中,法律制度即最明确、最严肃,也是最强硬的制度。法律制度的重要性通过法律在制度体系中所处的位置得以体现。制度是一系列被制定出来的规划、法定程序与行为的道德规范,旨在约束追求整体利益或效用最大化的组织或个人行为。法律制度的强制性与其国家意志性决定了它较其他制度具有更强的执行力,尤其是法律制度通常是利益集团冲突的一种均衡选择。因此,法律制度具有一定的公共选择性和权威性。

10.1.1 流域水资源管理机构的法律定位

2002 年 4 月,国务院对于水利部的“三定”方案虽进一步明确了流域机构是具有行政职能的事业单位,行使统一管理流域的水资源的职能,但各级政府仍是现行区域管理的行政主体。2002 年 8 月通过修订的新《水法》对流域机构管理的具体职权、职责也未作进一步明确规定。各级政府作为流域水资源综合管理的主体,事实上形成了区域对水权的无序占有。因此,应对区域水行政主管部门的水权和取水许可、排污许可等相关管理职能予以削弱,尽早建立并明确流域水资源管理机构的法律地位,剥离当地政府的区域水权管理职能,形成流域管理、区域开发的相对独立的格局。

受早期计划经济影响,长期以来,我国的生活与工农业用水大都只计其开发或取用的成本和利润,而忽略了水资源本身的价值,使国家作为水资源的所有者的利益遭受重大损失。同时对水资源的无偿经营还导致了一系列的水资源配置扭曲。只有明确界定水资源的产权，对水资源进行有偿使用，才能切实保障国家作为流域资源的所有者其应享有的经济利益，消除国家作为水资源所有者的所有权虚化与开发者开发经营权不明晰的现象。只有确立了流域机构在水资源管理领域的权威地位，赋予流域机构相应的行政处罚权，流域机构才可以合理、高效地调配该流域的水资源并促使其发挥最大的综合效益。因此，首先应建立强有力的流域统一管理模式，通过立法等手段，强化流域管理机构的相关法律定位，建立合理的水权分配与水权交易管理模式，最终实现水资源的统一管理。

10.1.2　填补流域水资源交易制度的法律空白

目前，我国已颁布了一系列与水资源相关的法律法规，但仍存在一些法律空白，无法满足流域水权管理的需要，不能符合市场经济的要求，需进行修改；而有些则是其本身不够完善，需进行补充。因此，要根据社会主义市场经济体制的改革与发展要求，对法律法规进行修订，建立一整套行之有效的水权管理的政策法规体系。只有在拥有了配套的、完善的法律法规体系的条件下，才能更好地对流域水资源管理加以规范，促进其良性循环，最终实现水资源的优化配置。

在水权市场的运行过程中，难免会有侵权行为与扰乱市场秩序的行为发生。为确保水权市场的正常运行，应用相应的法律、法规、条例等手段对水权交易各方、水权分配制度、交易制度、价格制度等加以控制。若流域水资源交易制度还未得到完善、相关法律仍存在空白，那么，水权市场的建立就会受到各种限制，水权交易的潜在收益也很难得到有效保障。因此，制定相关水资源市场管理法规，尤其是对在水市场交易中如何保护第三者的利益应做出明确规定，提出在出现水事冲突时的解决办法等，有利于促进水权交易制度健康发展，使水市场不断得以发展与完善，保障交易双方的共同利益。

10.1.3　健全流域水环境保护的法律支持体系

由于各流域均有其独特的性质，应建立特定的流域性水环境保护法规。而与水环境相关的法规是实施水环境管理的法律依据，通过立法对各相关机构、组织和个人的行为加以规范。流域法规中应对流域管理体制加以明确，规定流域机构相应的法律地位、职责范围、管理权限、保障机制等。此外，还应明确流域内各行政区域地方政府的职责、流域机构与地方政府的关系。同时，也应对流域水环境管理的内容、程序等方面做出明确的规定。只有通过流域立法，才能确保对流域水环境的统一管理顺利实施。

在这一体制中，应以《宪法》《环境保护法》《水污染防治法》等基本法律为依托，并在《水污染防治法》的框架下依据实际情况制定具体的实施条例，如《主要流域水污染防治条例》《一般流域水污染防治条例》《环境影响评价条例》《水污染纠纷处理条例》《排污总量控制条例》等。同时，应对目前偏重于污染防治的现状做出调整，增加改善生态环境的规定，实现生态保护与污染防治并重。此外，现行水环境影响评价制度的适用范围仍局限于单个项目，对区域内相关的多项目的总体环境影响评价有所忽视，不利于全流域污染控制和生态保护的整体部署。因此，我国水环境影响评价的前进方向应由项目层次向流域层次扩展。基于流域环境现状评价，以其总目标为基础，确定流域内水资源环境容量和流域水污染物最大允许排放量与削减量，以流域经济发展规划为依据，确定流域水环境容量开发利用计划及污染物削减计划，从而选择最佳的污染控制方案。另外，对于开征生态价值补偿费应做出原则性规定，从而为水资源生态价值补偿机制的正式建立奠定坚实的基础。

10.2　理顺水资源产权管理体制

中国现行的模块分割、政企与政事混淆的水管理体制，已不再适应社会主义市场经济体制改革的需要，为了实现对水资源的统一管理，应对水资源管理体制进行改革。根据国家经济与政治体制改革的主体走向，水资源管理体制改革的目标是要逐步建立与社会主义市场经济体制相适应的管理体系，提升相关机构的能力，提高其科学管理水平，确保水资源的可持续开发与利用，以满足社会因经济持续发展与人民生活水平不断提高而逐步增长的合理用水需求，达到最大的社会效益、环境效益和经济效益。

10.2.1　建立与完善流域水资源统一管理体制，处理好流域管理与区域行政管理的关系

我国水资源状况与特性决定了管理体制创新的前提是加强流域水资源统一管理。一方面，水资源匮乏的现状决定了必须加强统一管理才能有效保障水资源的可持续利用；另一方面，流域是水资源供给的载体，以流域为单元进行水资源管理与水的自然属性相符。同时，水资源的开发利用既要考虑到上中下游、区域间及流域间、乃至于与其他资源间的辩证关系，也要考虑到资源、经济、社会之间的辩证关系。因此，目前进行水资源管理体制的改革首要的是坚持和完善"国家对水资源实行流域管理和行政区域管理相结合的管理体制"，确保流域水资源的统一管理，在此基础上逐步推动改革，建立全国范围内的水资源统一管理体制。

流域管理机构的改革与职能确定是流域水资源管理体制的核心。《水法》对

于流域与区域的管理重点较为模糊，只是授权流域管理机构侧重于宏观管理、控制性工程、河段事项管理、省际协调与监督管理；而行政区域则侧重于具体管理，对于流域与行政区域管理的结合内容和方式虽然有所提及，但具体操作与保障机制都未进行明确的规定，导致体制改革进展较为缓慢。

因此，只有依照"精简、统一、效能"的原则，建立强有力的流域统一管理模式，对流域和行政区域水资源管理机构予以调整，缩减管水部门的机构层次，提高其办事效率，确立流域机构在水资源管理领域的权威地位，依法赋予流域机构相应的行政处罚权，流域机构才可以对本流域的水资源合理高效地配置，并促使其发挥最大的综合效益。

10.2.2 实现城乡水务一体化管理，积极组建城市水务集团公司

城乡水务一体化管理体制是资源管理方式转变的产物，是基于水行政管理职能的重大改革。其主要职责是高效地经营管理国有水企业资产，为城市化与社会化发展提供更优质的水服务。我国水管理的总体思路以适应社会经济发展与城市化的需求为主，所建立的城乡水务管理体制不仅要达到政事分开、政企分开、政资分开的要求，还要实现投资的主体多元化、产业发展的市场化、行政监管的法制化等目标。因此，必须充分发挥相关主体的作用，以政府为主导，企业、各民间组织、社会公众等多元化主体积极参与，形成政府、市场与社会三者在水资源管理领域的有机结合。非营利组织与社会相关中介的参与，为解决城市水资源管理中的"政府失灵"与"市场失灵"现象提供了思路。政府制定相关制度章程；从事供水、排水、污水处理等相关工作的企业依照市场规律与政府规定运作；相关事业单位作为政府职能延伸的载体，为具体管理目标和运行规则的制定提供技术支撑；社会公众和舆论对相关环节的水务管理予以监督。

在城乡水务一体化管理体制中，重点是组建城市水务集团公司。对水源、供水、排水和污水处理等相关工程设施的统一规划、建设与经营，为全面高效地履行城市社会服务职能奠定了基础。集团公司的组织结构要依据城市的具体情况而定，既可由原水公司、制水公司、售水公司、排水公司、污水公司和中水公司组成，也可由供水公司与排水公司组成，还可能存在其他的组成形式。水的特殊性和社会发展对水资源的依赖程度决定了水资源经营与管理的相关行业的运行尚不能完全市场化，适当的政府指导与扶持是必要的，但问题在于指导与扶持的程度是否合理。以现代企业制度的建立要求来看，在明确产权关系的前提下，产权与经营权分离应是问题的关键。在水务集团公司的组建过程中，要以"供水公司"为核心，将"供水"视为水产业发展的经济增长点，只有提高供水公司相关财务水平，才能有足够的经济实力带动其他水企业的进一步发展。因此，城市水务集

团公司的发展需分步进行，首先应通过对供水价格的合理调整，使供水企业扭亏增盈。例如，政府的财政补贴要更多地用于水设施的基本建设和污水处理厂的运行管理，而非用于净水厂的运行。然后，通过对供水公司的内部潜力的进一步挖掘，进一步提高其成本回收能力，使供水公司在收回建设投资的基础上，还有余力进行扩大再生产。与此同时，污水公司的运行管理也应提高其水平以缩减管理成本。只有充分做到上述几点，才基本达到组建城市水务集团公司的条件。即便如此，政府对城市水基础设施的投资在相当长的时期内也只能逐步减少，尚不能取消。

10.2.3　发展水资源中介机构

随着政府职能的转变与政企、政事分开的落实，从政府职能中剥离出的一部分下放到相关企业，一部分则向事业单位转移，但我国现行的主要依靠政府财政支持的事业单位相关体制也面临着重大改革，因此，事业单位改革的一条可选的出路就是发展水资源中介机构。水资源中介机构介于企业与政府之间，承担许多现行的由政府履行的职能。

水资源中介机构行使行业管理服务职能，从事水权交易、水质水量评价及其相关的咨询和服务，为任何涉水主体提供水资源信息服务与水纠纷仲裁的相关法律服务。城市水资源中介机构的功能主要有两条：一是作为政府机构的重要助力，为政府相关水管理机构合理高效行使水管理职能提供政策咨询和技术支持；二是为城市水资源经营企业提供全面的技术服务。因此，该机构的设立应充分体现其独立性、专业性与权威性。独立性是中介机构提供优质服务的基础与前提，它既不能依附于政府，也不能依赖企业，而应处于第三方的位置，依法独立地开展工作；专业化是中介机构存在与发展的基础，也是树立其权威性的重要前提。水资源中介机构业务发展的范围可包含水量管理、水质监测和水价核算等方面。

10.2.4　处理好政府、企业、中介之间的关系

在水资源管理过程中，要切实处理好政府、企业与中介组织之间的关系，做到各级人大、政府、企业、中介机构与当地市场各司其职。各级政府要改变其固有的自己配水、自己调水、自己监管、自己审批的传统管理思想与模式，更为专注地充当市场的"警察"，维护水市场秩序，为水资源企业与中介组织的成长创建优越的环境。

应实现政府职能的转变，切实做到政企、政事分离，按现代企业管理的思想改组企业，更多地将水经营管理的权力和责任赋予企业，使水资源企业逐步走向市场，使政府的主要职能向制定行业政策与法规，组织、指导和监督实施方面靠

拢，而管理的重点则应是水量管理、水质检查与水价调控。

水资源企业是水市场的微观主体。我国不仅需要大力培育水市场，更需要加大对涉水企业的培养力度。在建立并完善一级、二级水权市场的基础上，应考虑扶持一批涉水企业的甚至是上市公司与保险公司，同时参照"保监会"与"银监会"，成立"水监会"，对涉水企业及各类水市场予以统一监管。水资源企业在落实政企分开与政资分开、完善其治理结构的基础上，可以参考中石油、中石化等企业集团，成立类似的"中水集团"，允许它们对诸如南水北调等大型水利工程进行投资，成为真正的"业主"。

10.3 完善流域水资源市场管理的制度环境

10.3.1 完善水市场交易秩序

水市场交易制度建设的核心是交易规则的确立，具体包括定价规则与竞争规则。市场竞争的优越型，主要体现为其价格有序，即价格竞争能切实反映市场供求规律，能充分发挥其调节水资源配置的功能。完善水市场交易秩序需要着重关注三个方面的问题。首先，是市场主体的资格、权力、责任及其相关的一系列制度方面。就通常情况而言，政企不分的企业、权利与责任不对称的企业、缺乏责任能力的企业，这三类企业不能进入水权市场进行水权交易，否则会扰乱水权市场秩序。其次，必须在制度层面上坚决杜绝"第三方付款"的现象发生。所谓"第三方付款"，是指在市场交易中买卖双方均不付出代价，价格由买卖双方以外的第三方支付，如额外的水资源份额由政府补贴。这类情况在体制层面致使水权交易者脱离了市场价格硬性约束，无法将其成本和预算纳入市场制约，使价格水平无法反映真实的供求，导致整个市场水资源份额的扭曲与市场交易秩序的崩坏。最后，必须加强对市场的管理，严肃市场管理制度。保护市场交易秩序必须以依法管理为基础，对于哄抬水价、欺行霸市、强买强卖等不法行为需重点整治，才能保证市场的正常秩序。

10.3.2 推进水利设施运营公司化或商业化

水利设施属于基础设施，一般由国家投资兴建、政府相关部门直接经营。由于长期处于计划经济模式下，以及对国家补贴的过度依赖，出现了水利设施业绩不佳、检修不足、损坏严重等现象，无法满足使用者的需求。在水资源管理领域的市场转型过程中，政府水行政主管部门不应再身兼"裁判员"与"运动员"两种角色，水利设施的建设应逐步落实政企分开，水行政主管部门的相关工程直接投资者与经营者的形象应予以逐步淡化，向制定标准与实行监督管理的宏观调控者的方向转变，积极推进水利设施运营的公司化与商业化。对于国家集资兴建的水利设施，要依据实际情况做出相应的改革与调整。例如，在工程设计、施工、设备制造安装等环节进行公开招标，强化预算管理，实施第三方监理，等等。水利设施完成建设后，政府水行政主管部门不应再直接参与具体的运营管理，应对相应的激励机制做出适当调整，包括在经营公用事业时引入竞争和广泛的用户参与、运用商业化原则、改革收费办法等，进而实现政府转变职能，使政府更多地作为水资源市场运作的促进者、协调者与公共利益保卫者行事，而非直接经营者。

10.4 探索新型的流域水资源价格管理机制

10.4.1 深化水价改革，加大污水处理费和水资源费的计收力度

当前，我国许多地区的水价制度还比较单一，实行的是政府制定的单一计量水价和较为简单的阶梯式水价，不利于激励社会公众的节水意识，更不利于水资源的优化配置与合理使用。因此，必须按照"补偿成本、合理盈利"的原则逐步将城市供水与水利工程供水价格提高到合理水平，并根据市场供求及其成本变化及时调整。同时，要贯彻有利于生态系统的改善与水污染防治的原则，对污水处理费予以重视，加大其计收力度，逐步将计收标准提高到合理水平。目前，我国污水处理费标准偏低，计收范围较小，无法满足正常处理污水的需要。我国废水年排放总量约为631亿t，而30%以上的工业废水与40%以上的生活污水未经处理直接排入江河，导致水资源的污染与水环境逐年恶化。因此，需扩大污水处理费的收取范围，促使污水处理费与耗水量之间形成相应的正相关关系，即耗水量越大，污水处理费越高。提高企业提高水循环利用率的动力，以有效地保护水资源及水环境。此外，地下水水资源费标准和收取范围偏低，造成地下水超采滥用，严重破坏了环境。因此，要在扩大地下水水资源费计收范围的同时，合理提高地下水水资源费标准，从而实现促进地表水资源的合理利用与限制地下水资源的过度开采的双重目的。

10.4.2 建立节水型水价制度

首先，可根据国家相关产业政策，实行分类水价政策。例如，农业的供水价格既要体现国家对农业的保护与扶持，按保本原则予以确定，还要在农业产业内部体现对种植结构调整的指导。对于传统的高耗水农业与高效旱作农业、大水漫灌方式与滴灌和微灌方式、粮食作物与经济作物，应形成带有差异化的用水价格；

城镇供水价格，尤其是工业用水价格的类别化分要进一步细化，以便更好地体现国家的产业政策。对于存在严重浪费、污染的企业，需制定较高的水价与污水处理费标准，对用水量和污水排放量进行严格限制。

其次，制定合理的地区与季节差价。为了加强对水资源的宏观调控和对有限的水资源加以合理利用，要在水资源充足地区与水资源短缺地区的水价之间维持合理的地区差价。同时以历年的气象资料和水文资料为依据，正确划分流域内的丰水期和枯水期，在此基础上制定合理的丰枯季节差价，使水价在体现补偿成本原则的基础上，更为明确地体现水资源的供求关系，充分发挥价格杠杆对水资源的调节作用。

最后，实行计划用水，对超计划用水实行加价制度。水资源的需求具体有很大的弹性，依据目前各类用水户的耗水量分析，节约用水潜力巨大。因此，在对各类用水户需水量的科学核定的基础上，完善与推广合同用水，实行超计划加价，凡超计划用水或存在水资源浪费的，可对其实行惩罚性水价。威海市自 1999 年10 月起实行超计划加价，自 2000 年 3 月 10 日起对超计划用水价格一律执行 40元/m³ 的惩罚性价格。该政策出台后，威海市日用水量由 12 万 m³ 锐减至 6 万 m³，这对于提高市民的节水意识，促使全民采取节水措施，充分利用有限的水资源，缓解水资源紧张的局面发挥了重要作用。

10.4.3　增加水价改革目标的透明度

水价制度改革政策性强，涉及面广，直接关系到国民经济与社会发展，关系到企业和广大人民的生产、生活。各级政府和价格行政主管部门要加大对水价制度改革的宣传力度，提高水价政策的透明度，认真研究各项具体措施，充分考虑社会各方的承受能力。要制定水价改革的近期目标与长远目标，明确每一阶段价改革的任务，增加管理与实施的透明度，使社会公众对水价改革抱有较好的心理预期。选择较为适宜的出台时机，既确保改革目标的实现，又保证社会的稳定。

对现行的行政审批供水价格的模式进行调整，逐步实现由政府制定供水价格到政府宏观调控、涉水各方民主协商及市场调节三者有机结合制定供水价格的转变。完善的外部监督机制是水资源管理单位加强自身管理及与用水户沟通的一种有效手段。外部监督机制可采取外部审计与价格听证会相结合的方式。外部审计可由注册会计师对相关水资源管理单位的财务报表的合法性与真实性做出判断，以保证作为定价依据的成本、费用的真实合法性。价格听证会制度可由水利、物价、财政等相关部门及用水户共同组成，对水资源管理单位的成本、费用的必要性、合理性做出判断，并对成本费用中不合理的部分在定价时予以剔除。这样既保证供水者的成本费用得以真实反映，并促进供水者提高运营效率，又可以增加用水、管水的透明度，消除用水户的疑虑。

10.5 构建流域水环境管理的制度安排

10.5.1 实行流域水资源与水环境集成管理

水资源的模块分散化管理难以切实解决各部门、各地区之间的水务纠纷。流域水资源与水环境集成管理是指在各部门、各地区间进行分段规划所得到的策略的集合，它以流域管理委员会为核心，统筹负责流域内水资源开发利用与水环境相关的法律、法规与政策的制定，水务项目间冲突的磋商、缓解与仲裁，水市场的建立与维护相关工作，等等。集成管理应是一种"分散—集中—分散"式的管理模式。第一个"分散"指各部门、各地区先分别在各自的管辖范围内提出具体的规划、管理的方案或策略。"集中"指流域管理委员会统一进行政策、法规与标准的制定，对各地集中上来的所有方案与策略进行比较、优化与综合，对各种冲突进行协调与化解。第二个"分散"指各部门、各地区在经由流域管理委员会"集中"后得到的方案或策略的指导下，依照其职责与具体分工对水资源、水环境分别进行管理，这样既能发挥部门与地区的自主性与灵活性，又能保证全流域的综合管理。

10.5.2 探讨流域水环境的生态治理模式

水环境的治理，是人类改造自然、利用自然的活动，自古就具有与自然力相抗衡的性质。现代环境与发展理念要求人与自然和谐共处，不再支持过去的"人定胜天"的观念。如何改变人与自然之间的恶性互动关系，是决定流域生态环境改善工作成败的关键问题。目前，我国流域生态系统变化的总趋势是系统中自然成分减少，而人工成分增加，系统正变得日益脆弱。水环境的生态治理模式具有以下要求。第一，保证洄游鱼类的回返。这对于某些流域上游区域是重大问题，同时也是一个生态环境的优劣标志。若洄游鱼类全部完成洄游，说明洄游鱼类全程洄游线路上总体水质是达标的，富营养化程度减弱，河道中不存在对鱼类造成伤害的障碍物。第二，采取有力措施保护湿地。湿地在生态环境领域有较高的价值，还具备生态调节的作用，如可自动净化水、对流量和水位的变化起到缓冲作用等。第三，严格控制土地利用，保护水土资源。流域内土地利用方式的选择对社会、经济和环境均有巨大影响，应从流域角度出发，统筹安排。流域内对土地的利用与水量、水质的改变和水环境的污染是紧密相关的。此外，土地耕作制度与种植作物的变更也将影响到水质与水量，所以流域内的水土保护管理是互相影响、互相制约的。因此，应做好全流域的整体规划，协调全流域的水土资源利用规划、环境保护规划及其他有关规划，力争以最少的投资获得最大的社会、经济、环境效益。

10.5.3　建立流域水环境保护与经济协调发展机制

第一，应把水环境保护作为经济结构调整的重要手段。对污染型产业及污染严重的企业进行分类，以解决结构型污染为首要目的，制定淘汰和关停污染企业的具体计划，并将其纳入经济结构调整的主渠道，进一步促进资源消耗少、污染物产生少、经济效益高的产业发展。

第二，在资源开发与经济决策中，应综合考虑环境、经济与社会多方因素，力争使发展对环境的影响降低到最小。区域经济的发展要以充分考虑水资源保护为前提，调整缺水地区的产业结构，限制缺水地区耗水型产业的发展，对高耗水和重污染的建设项目予以严格把控。生态环境脆弱地区的经济发展应为生态用水留有余量，以防止因过度采用导致下游地区河湖萎缩与生态退化。

第三，对水环境经济政策加以完善。应转变依赖政府投资解决水环境问题的观念，尽快制定适应市场经济体制与我国现行国情的水污染防治政策，建立多元化的污染防治投资机制，吸引国内外各界将资金投向环境保护。特别是要对现行城市污水处理体制进行改革，使污水处理真正面向市场，实现污水处理厂建设和运营的市场化与企业化。

第四，加强水环境承载能力方面的研究。如何对资源、环境与经济发展之间的关系加以协调，已成为科学界研究的热点之一。水环境承载力是指一个地区或流域范围内，在具体的发展阶段与发展模式条件下，当地水资源对该地区经济发展和维护良好的生态环境的最大支撑能力。水环境承载力研究多是从水资源与环境和经济发展之间的关系入手的，力争从本质上反映与分析水环境与人类活动间的辩证关系，建立起水环境与社会经济发展间的纽带，为资源、环境与经济的协调发展提供科学依据。只有通过科学的研究，合理提高流域水环境的承载力，才能确保流域经济的可持续发展。

10.6　建立流域内不同主体的利益补偿机制

10.6.1　健全水利工程成本分摊和分类补偿机制

由于我国绝大部分水利工程在确保其供水功能的同时，还提供鱼类养殖及防洪、排涝等公益性服务，但在以往的核算中未对其严加区别，所以，对供水单位的运行成本应该严格依照《水利工程管理单位财务会计制度》相关规定执行，独立核算其供水成本，严禁将非供水业务的成本与费用计入供水成本。供水企业应实行自主经营、自负盈亏与自我发展，以供水收费的方式支付其运行管理费用，偿还贷款利息，提取固定资产折旧，保证正常运作与扩大再生产。水利工程是保障水资源可持续利用的物质基础，水利工程必须能在较长的时期内维持正常运行。这就要求在物价存在波动的前提下，水利工程的固定资产要以重置成本计提折旧，保证水利工程固定资产得到合理补偿。应在物价波动较大的年份对水利工程的固定资产进行资产评估，以评估结果作为计提折旧的依据。

水利工程大部分兼具防洪、供水、发电等公益性功能，各功能费用的补偿应依据其不同的性质、各自职责来确定相应的补偿渠道与方式。对于以社会效益为主的甲类水利工程，其生产运行费用应被纳入各级财政预算；对于以经济效益为主、社会效益为辅的水利工程，在各级财政定额补偿社会公益开支部分之外，对于其经营性费用支出，应制定合理的水资源价格。

10.6.2 建立流域生态效益补偿机制

在流域整体水资源保护中，上游地区所承担的水资源保护义务往往大于下游。水源保护的相关规划使上游地区发展受到限制，保护区内的居民无法享受到这些限制所带来的效益，却必须负担水资源保护的成本，而下游用水户享用上游水源保护产生的利益却无须额外付出费用。

为对流域内各地区间的水资源保护职责进行合理安排，有必要以各地区的水量、水质保护标准或流域分水协议为基础，建立对应的流域生态效益补偿机制。在水源地，应积极引导和组织水源地生态经济体系建设，尽量避免因水源地区经济发展而导致的下游水源污染。为了保护整个流域水环境，加强水源区的水资源保护是十分必要的，流域内其他区域应该合理分担水环境保护的费用。对水环境达标的地区，应由用水受益方给予补偿（一般是下游地区补偿上游地区）；未达标的行政区应承担对利益受损方的赔偿责任（通常是上游地区补偿下游地区）。建立此类机制的主要目标是凸显流域水资源的社会、经济与生态的多重价值，明确各地区的职责，实现水资源的利用权利与保护义务的公平配置。

10.6.3 建立利益受众群体的补偿机制

利益补偿的实现可以通过多种途径进行，包括政府财政的转移支付、水市场相关收入和国家对水利设施的投资和补贴。在流域水资源配置过程中，若上下游、不同地区经济发展水平存在较大差异，则不同用水者之间的水资源利用机会成本也存在较大差异，这样就会缺乏签订合约的积极性。因此，除了市场补偿机制外，还应该建立政府补偿机制予以补充，对欠发达地区与利益受损群体进行补偿，加大流域内中上游省份财政转移支付的力度。利益补偿的重点是对弱势群体的利益保障、激励用水户的节水行为。将政府水价全民补贴制度变更为扶贫津贴，对低收入阶层实行补贴，侧面鼓励用水节约。

10.7　重视水资源管理的社会资本建设

10.7.1　加强宣传和教育，充分认识水资派危机

我们应纠正以往对水资源的"取之不尽，用之不竭"的观点，对水资源的价值进行重新认识。水资源不仅是人类生存与发展的基础，且已成为经济发展的重要生产要素。地球上的水资源，无论是天然的还是人工开发利用的，均是有价值的。强化"水是商品"的意识是建立科学合理的水商品定价机制的思想基础。因受传统体制和思想观念、习俗等的影响，我国人民对于水资源是商品、应同其他商品一样实行等价交换的意识仍比较淡薄。因此，要充分利用各种宣传工具，将我国水资源供需形势更为清晰地展现在我国公民面前，增强水资源危机意识，使每一个公民都产生危机感。尤其要利用好一年一度的世界水日，宣传相关政策方针，让公民充分地理解水资源关系到国民经济的可持续发展，为激发用户对日常节水的积极性和为水资源管理改革奠定坚实的舆论基础。

10.7.2　培养节水意识，建立节水型社会

在水资源节约的问题上，人们的节水意识与习惯是节约用水实现的重要社会资本。若没有这种社会资本，则水价制度的运作空间较小。在这种情况下，要使节水空间最大化，不仅要有合理的水价设计，更重要的是要设法培养节水的社会资本，以期建立节水型社会。节水的社会资本培养是一个长期的过程，在特定的激励环境下，这样的资本还容易被破坏。我国水资源问题的解决，不仅有赖于合理的管理制度设计，还有赖于对节水意识这一社会资本的充分培养。

10.7.3　加强公民的环境教育

长期以来，我国的教育体系对公民的环境教育和可持续发展教育未予以足够的重视，生活水平较低又导致人们对良好环境需求并不强烈，造成了公民的环境意识淡薄的局面，对环境、经济和社会可持续发展间的统一性认识不够，自身的各种行为缺乏环境伦理与道德的约束，对环境的影响考虑得较少，缺乏对环境的

呵护意识。我国应借鉴世界环保之乡——德国的经验，尽快建立起完整的环境与可持续发展教育体系，鼓励与扶持民间环保组织的发展，开展广泛的环保宣传教育活动，增强公众的环境伦理与道德，其效果可能会在下一代人的观念和行动上体现出来。

10.8　加强水资源科学技术建设

科技是综合国力的重要体现，也是水资源保护与持续利用的主要基础之一。加强对水资源基本资料的观测、调查与水资源可持续发展的研究，是实施国家可持续发展战略的重要手段。一切与水资源相关的开发规划、运行管理、政策制定与预测决策，都需借助水科学及相关学科理论与现代技术方法加以实现，尤其是水资源和环境的持续利用与社会经济的持续发展，离开先进的科学技术手段是无法被实现的。因此，管理好水资源必须以科教兴国战略为指导，依靠科技进步，采用新理论与新方法，使水资源持续利用的相关措施得以日趋完善和进步。

10.8.1　加强水资源信息系统建设

伴随着经济发展与科技的进步，势必要在水资源管理工作中采用先进的信息技术手段，加强信息管理建设。现有的常规水文观测和预测、气象雷达、卫星实时监测与已有的各种信息优化技术，均是可提高水资源管理水平的基本工具。这里需要着重强调的是，要对现代人类活动引起的水文、气候变化的监测结果予以重视。我国自改革开放以来，城市化、工业化及基础设施建设迅猛发展，也引起了水土资源利用特性的一系列变化，从而，水资源管理方式也应随之变化。工业化导致大量烟尘的排放，若任由其持续增长，不仅会引起气候的恶性变化，还会导致水文条件的恶化，从而会对水资源系统造成潜在的危害。

信息化已给人类的生存、生活、生产的方式带来了方方面面的改变。信息化正在逐步成为引领当今世界发展的最新潮流。水资源管理的信息化是实现水资源开发与管理现代化的重要途径，而实现信息化的关键途径则是数字化推广，即实现水资源的数字化管理。水资源数字化管理即利用现代信息技术管理水资源，提高水资源管理的效率。数字河流湖泊、工程仿真模拟、RS 监测、决策支持系统等均是水资源数字化管理的重要内容。

新信息系统和智能决策支持系统的引入及水资源管理相关优化技术的运用，则会大大提高信息的质量及利用信息进行预测、决策的效率与管理水平。

10.8.2 实行水环境的信息资源共享机制

水资源管理的信息，离不开气象、风、降水、气温、湿度、日照等因素，水文特性、河道特性，水质物理、化学参数等，各类生物指标、生物毒性等，以及社会经济人口、产业、需水量、排水量、污染负荷等技术经济信息数据。由于这些数据涉及范围极广，只有通过不同部门间的协作，将各部门采集的数据统合分析，才能以其分析结果作为依据，采用数字化方式对水资源进行高效利用。做好水资源环境数据的采集，须预先制定完善的计划并加以实施，尽可能避免由于数据采集方案及方法上的差异而可能出现的数据相互间无法分析、比较的问题。所有采集到的数据都应列入统一的水环境信息库，各有关部门均可对其进行自由调用，真正实现信息资源共享。当然，信息共享的顺利实施还有赖于相应的管理体制的保障。对于客观事物，尽可能从多视角、多层次对其进行观察与分析，才能全面把握其本质。数据积累得越多，则越有可能揭示事物的客观本质，对于无时无刻不在变化的水环境更是如此。信息是水环境管理与决策的基础和依据，没有这些信息，就没有管理与决策的科学性可言。

10.8.3 将水源保护战略思想融入规划，做好水资源规划工作

应对缺水危机不能仅靠"临渴掘井"，必须"未雨绸缪"，应当在摸清水资源状况的基础上，根据当地经济发展需要，及早制定本地区水资源的中长期供求规划，有计划、有步骤地处理水的供需矛盾，化被动为主动，为社会经济的发展创造良好的水资源条件。这包括编制水资源管理与保护规划，并将水资源保护的思想融入城市或地区战略规划中。

10.8.4 大力发展水处理科技

21 世纪的水处理科技是水质科学的核心内容。由于水资源的供需矛盾已上升为世界性问题，21 世纪将成为水处理科技得以迅猛发展的时代。对我国来说，防止水质恶化与其带来的水资源短缺导致的水质灾害与国家经济的可持续发展产生瓶颈效应，将是 21 世纪我国重要的水处理科技任务。若 21 世纪水质继续恶化，则对国家经济的持续增长会产生严重的负面效应，水质灾害造成的损失甚至会远超大面积洪水。因此，我国必须积极发展水处理技术。

10.8.4.1 积极利用和研究开发新材料

一是对现有新材料加以充分利用，诸如对水处理设备的构型进行创新等；二

是根据改善水处理过程的现实需要，如膜滤组件、填料、滤料的构型及滤膜抗堵塞性能等，研究开发新性能的材料。

10.8.4.2 生物技术的利用

生物技术在水处理方面的运用，在中国具有极大的发展空间。相关专家所提出的诸如创制微生物型的水处理制剂，与创制既有利于水处理过程的构型又兼具生物处理功能的填料、吸附剂、滤料，甚至水处理组件器材等观点，值得对此做进一步的研发工作。

10.8.4.3 加强水处理基础科学与技术基础科学的建设

结合水处理技术的特点，积极创设一套水处理专用的基础科学与技术基础科学学科，是促进 21 世纪水处理技术获得重大创新突破的最有力保证。这是基于诸多水处理领域亟待解决的实际问题，往往无法通过现有的基础科学与技术理论直接找到较为完善的解决方法。

10.8.4.4 推广使用膜技术

膜技术是从 20 世纪 60 年代发展起来的新兴技术，据相关资料介绍，通过膜能把有用物质与无用物质加以分离。利用反渗透膜和纳滤膜，能脱除溶液中的盐类及低分子物，滤掉无机盐、糖类、氨基酸，可广泛用于海水和苦咸水的淡化、污水资源化等领域。美国、日本等发达国家十分重视水资源的膜处理技术的开发与运用。膜技术现已较为成熟，在我国也能得到广泛运用。例如，废水的膜处理技术是目前实现废水资源化的最先进技术之一，对水质改善也将起到关键性作用。

10.8.4.5 积极探索淡化海水技术

地球的海水资源极为丰富，但人类对其的利用率却很低，以致沿海缺水城市不得不"望洋兴叹"。人们一直在探索海水的淡化技术，希望能为沿海缺水城市寻找到稳定丰富的水源。最初，我国多采用多级闪蒸的方法，通过 30 多级蒸发淡化海水，最终使其达到饮用水的标准。但这种方法成本过高，于是人们寄希望于以高新技术来克服这一难题。核工业方面的专家提出以核能作为热源对海水进行蒸馏淡化的方法，也已在工艺流程上取得突破性进展，可使生成淡水的比例达到目前普通方法的两倍以上，海水淡化成本可大幅下降。

除了上述的科学技术问题外，还有许多水处理领域的科技问题需要研究，如水资源的评估，水资源的调度系统工程，工业、农业、城市、生活用水的节水措施灌溉及用水制度，开发水资源的工程技术问题，包括跨流域调水、污水处理方面的科学技术、地下水回灌的工程技术、管理维修的工程技术、海水淡化的工程技术、雨水和洪水收集利用的工程技术等。此外，还涉及环境工程与生态保护问题。这些都属于自然科学，有的需要通过原有的工程技术的改进加以实现，有的需要发展新的科学技术。

参 考 文 献

鲍淑君. 2013. 我国水权制度架构与配置关键技术研究[D]. 北京: 中国水利水电科学研究院.

毕伟. 2006. 循环经济理论、实践及其综合评价体系研究[D]. 天津: 天津大学.

曹建成. 2013. 中原城市群水资源承载能力调控效果评价研究[D]. 郑州: 郑州大学.

柴方营. 2006. 中国水资源产权配置与管理研究[D]. 哈尔滨: 东北农业大学.

常云昆, 肖六亿. 2006. 黄河流域水资源短缺与水资源管理方式的转变[J]. 陕西师范大学学报（哲学社会科学版）, 35(4):89-95.

陈虹. 2012. 世界水权制度与水交易市场[J]. 社会科学论坛, (1): 134-161.

陈栜. 2016. 我国水权交易法律制度研究[D]. 广州: 华南理工大学.

陈连军, 张文鸽, 何宏谋. 2007. 黄河水权转换试点实施效果[J]. 中国水利, (19): 49-50.

陈南祥, 班培莉, 张卫兵. 2008. 基于极大熵原理的水资源承载力模糊评价[J]. 灌溉排水学报, 27(1): 57-60.

陈南祥. 2006. 复杂系统水资源合理配置理论与实践[D]. 西安: 西安理工大学.

陈卫. 2009. 水资源循环经济配置与核算问题研究[D]. 天津: 天津大学.

陈新业. 2010. 水资源价格形成机制与路径选择研究[J]. 探索, (1): 92-96.

陈旭升. 2009. 中国水资源配置管理研究[D]. 哈尔滨: 哈尔滨工程大学.

陈志松, 王慧敏, 仇蕾, 等. 2008. 流域水资源配置中的演化博弈分析[J]. 中国管理科学, 16(6): 176-183.

邓彩琼. 2005. 区域水资源优化配置模型及其应用研究[D]. 武汉: 武汉大学.

杜榜清, 马国力, 李欣. 2002. 建立黄河水权制度和水市场实现黄河水资源的优化配置[J]. 水利发展研究, 2(3): 8-11.

杜守建. 2009. 区域水资源优化配置研究[D]. 西安: 西安理工大学.

范仓海, 唐德善. 2009. 基于公共选择理论的水资源政策市场研究[J]. 人民长江, 40(5): 95-97.

傅春, 胡振鹏. 2000. 国内外水权研究的若干进展[J]. 中国水利, (6): 40-42.

耿福明. 2007. 区域水资源承载力分析及配置研究[D]. 南京: 河海大学.

郭贵明, 李建顺, 王晓娟, 等. 2014. 河南省南水北调水权交易试点探索[J]. 水利发展研究, 14(10): 74-77.

郭海丹. 2009. 水资源承载能力基础理论及实证研究[D]. 北京: 中国地质大学.

郭立芳. 2004. 城市土地储备: 组织结构、规模及机制优化研究[D]. 南京: 南京农业大学.

韩锦绵, 马晓强. 2008. 共生与过渡: 中国水权市场的构架和运行[J]. 中国人口: 资源与环境, 18(5): 161-167.

何秀丽, 刘文新. 2010. 东北地区水资源供需现状及优化对策[J]. 安徽农业科学, 38(30): 17027-17030.

胡鞍钢, 王亚华. 2000. 转型期水资源配置的公共政策: 准市场和政治民主协商[J]. 中国软科学, (5): 5-11.

胡彩虹, 吴泽宁, 管新建,等. 2011. 新郑市水资源供需发展趋势研究[J]. 中国农村水利水电, (2): 34-38.

胡继连, 葛颜祥, 周玉玺. 2001. 水权市场的基本构造与建设方法[J]. 水利经济, 19(6): 4-7.

胡静, 陈恩红, 王上飞, 等. 2002. 交互式遗传算法中收敛性及用户评估质量的提高[J]. 中国科学技术大学学报, 32(2): 210-216.

胡庆和. 2007. 流域水资源冲突集成管理研究[D]. 南京: 河海大学.

胡玉荣, 陈永奇. 2004. 黄河水权转让的实践与认识[J]. 中国水利, (15): 46-47.

黄初龙, 郑朝洪. 2009. 福建省水资源供需平衡区域差异分析[J]. 资源科学, 31(5): 750-756.

黄东升. 2011. 武汉市水资源保护与可持续利用研究[D]. 武汉: 湖北工业大学.

黄俊铭, 解建仓, 张建龙. 2013. 基于博弈论的水资源保护补偿机制研究[J]. 西北农林科技大学学报（自然科学版）, 41(5): 196-200.

姜国辉. 2008. 基于博弈论的跨流域调水工程水价及项目管理研究[D]. 西安: 西安理工大学.

姜文来. 2000. 水权及其作用探讨[J]. 中国水利, (12): 13-14.

雷玉桃. 2004. 流域水资源管理制度研究[D]. 武汉: 华中农业大学.

李浩, 夏军. 2007. 水资源经济学的几点讨论[J]. 资源科学, 29(5): 137-142.

李浩. 2012. 水权转换市场的建设与管理研究[D]. 济南: 山东农业大学.

李慧娟. 2006. 中国水资源资产化管理研究[D]. 南京: 河海大学.

李明, 高树云. 2010. 农村水资源供给恶化的危害与治理[J]. 科技资讯, (5): 155-155.

李群, 彭少明, 黄强. 2008. 水资源的外部性与黄河流域水资源管理[J]. 干旱区资源与环境, 22(1): 92-96.

李雪松. 2005. 中国水资源制度研究[D]. 武汉: 武汉大学.

廖嵘. 2005. 从公共产品的供给看政府职能的转变——以重庆市供水为例[D]. 重庆: 重庆大学.

林龙. 2006. 论我国可交易水权法律制度的构建[D]. 福州: 福州大学.

刘安青. 2006. 城市多水源供水优化配置的研究[D]. 天津: 天津大学.

刘芳. 2008. 水资源属性与水权界定[J]. 制度经济学研究, (3): 128-141.

刘贵清. 2010. 循环经济的多维理论研究[D]. 青岛: 青岛大学.

刘晶. 2012. 基于公共产品理论的自来水定价方法研究[D]. 镇江: 江苏科技大学.

刘萍. 2014. 水权转让法律制度研究[D]. 沈阳: 辽宁大学.

刘倩, 王京芳, 陈琳. 2011. 水资源经济价值影响因素的分析[J]. 环境保护科学, 37(1): 45-48.

刘戎. 2007. 社会资本视角的流域水资源治理研究[D]. 南京: 河海大学.

刘伟莉. 2007. 博弈论在水资源配置中的应用研究[D]. 南京: 河海大学.

刘妍. 2007. 水权交易的相关理论和方法研究[D]. 天津: 天津大学.

刘永强. 2005. 流域与区域相结合的水资源管理研究[D]. 西安: 西安理工大学.

刘玉龙, 甘泓, 王慧峰, 等. 2003. 水资源流域管理与区域管理模式浅析[J]. 中国水利水电科学研究院学报, 1(1): 52-55.

卢燕群. 2012. 基于多目标决策理论的承灾体脆弱性评价模型[D]. 成都: 电子科技大学.

陆海曙. 2007. 基于博弈论的流域水资源利用冲突及初始水权分配研究[D]. 南京: 河海大学.

陆菊春, 盛代林. 2007. 多目标多层次的水资源产权价值量化研究[J]. 科技进步与对策, 24(1): 44-46.

马晓强. 2002. 水权与水权的界定——水资源利用的产权经济学分析[J]. 北京行政学院学报,

(1): 37-41.

孟志敏. 2000. 水权交易市场——水资源配置的手段[J]. 中国水利, (12): 11-12.

倪红珍. 2007. 水经济价值与政策影响研究[D]. 北京: 中国水利水电科学研究院.

倪长健, 丁晶, 李祚泳. 2003. 免疫进化算法[J]. 西南交通大学学报, 38(1): 87-91.

裴丽萍. 2001. 水权制度初论[J]. 中国法学, (2): 90-101.

彭立群. 2001. 水权及其交易[J]. 湖南警察学院学报, 13(4): 56-58.

彭学军. 2006. 流域管理与行政区域管理相结合的水资源管理体制研究[D]. 济南: 山东大学.

乔西现. 2008. 江河流域水资源统一管理的理论与实践[D]. 西安: 西安理工大学.

秦奋, 张喜旺, 刘剑锋. 2006. 基于模糊分析法的水资源承载力综合评价[J]. 水资源与水工程学报, 17(1): 1-6.

秦思平. 2005. 水权制度及初始水权分配的探讨[D]. 南京: 河海大学.

仇亚琴. 2006. 水资源综合评价及水资源演变规律研究[D]. 北京: 中国水利水电科学研究院.

单以红. 2007. 水权市场建设与运作研究[D]. 南京: 河海大学.

沈静. 2006. 流域初始水权分配研究[D]. 南京: 河海大学.

沈满洪. 2006. 水权交易与政府创新——以东阳、义乌水权交易案为例[J]. 中国制度变迁的案例研究, (6): 45-56.

沈满洪. 2006. 中国水资源安全保障体系构建[J]. 中国地质大学学报(社会科学版), 6(1): 30-34.

沈满洪. 2008. 水资源经济学的发展与展望[J]. 湖北民族学院学报(哲学社会科学版), 26(6): 135-139.

石玉波. 2001. 关于水权与水市场的几点认识[J]. 中国水利, (2): 31-32.

司训练, 符亚明. 2007. 基于可持续利用的水价结构及水价制定[J]. 价格理论与实践, (5): 29-30.

宋超, 吕娜, 栾贻信, 等. 2010. 水资源循环经济理论与实践研究——以山东省工业用水为例[J]. 科技管理研究, 30(7): 23-25.

孙开岗. 2013. 山东黄河水资源管理制度研究[D]. 济南: 山东师范大学.

孙凌虹, 王静. 2011. 城市水资源优化配置概述[J]. 地下水, 33(3): 156-158.

孙晓玲. 2012. 水权交易市场法律制度研究[D]. 合肥: 安徽财经大学.

唐伟群. 2004. 黄河水资源管理制度研究[D]. 武汉: 武汉大学.

佟金萍. 2006. 基于 CAS 的流域水资源配置机制研究[D]. 南京: 河海大学.

汪恕诚. 2000. 水权和水市场——谈实现水资源优化配置的经济手段[J]. 中国水利, (11): 6-9.

汪雅梅. 2007. 水资源短缺地区水市场调控模式研究与实证[D]. 西安: 西安理工大学.

王彬. 2004. 短缺与治理: 对中国水短缺问题的经济学分析[D]. 上海: 复旦大学.

王川子. 2011. 青岛市城市发展与水资源供给的矛盾及解决方案[D]. 青岛: 中国海洋大学.

王福林. 2013. 区域水资源合理配置研究[D]. 武汉: 武汉理工大学.

王高旭, 陈敏建. 2009. 我国水资源配置研究的发展与展望[J]. 水资源与水工程学报, 20(5): 1-4.

王国勋. 2013. 基于多目标决策的数据挖掘模型选择研究[D]. 成都: 电子科技大学.

王红霞. 2012. 水资源经济学浅析[J]. 中国新技术新产品, (22): 219-219.

王宏江. 2003. 跨流域调水系统水资源综合管理研究[D]. 南京: 河海大学.

王慧敏, 王慧, 仇蕾, 等. 2009. 南水北调东线水资源配置中的期权契约研究[J]. 江苏社会科学, 18(6): 44-48.

王立平, 胡智怡, 刘云. 2015. 博弈论在水资源冲突中应用的研究进展[J]. 长江科学院院报,

32(8): 34-39.

王利民, 程伍群, 彭江鸿. 2011. 社会生产活动对流域水资源供需状况影响分析[J]. 南水北调与水利科技, 9(3): 163-166.

王荣祥, 李建国. 2007. 黄河水权转换试点的探索与实践[J]. 中国水利, (19): 2-5.

王婷婷. 2005. 基于流域统一管理的区域水资源管理研究[D]. 南京: 河海大学.

王万山, 廖卫东. 2002. 南水北调中水权制度优化构想——以中线为例[J]. 农业经济问题, 23(11): 40-43.

王炜. 2011. 水资源公允配置理论研究[D]. 北京: 中国地质大学.

王晓东, 刘文. 2007. 中国水权制度研究[M]. 郑州: 黄河水利出版社.

王亚华. 2007. 关于我国水价、水权和水市场改革的评论[J]. 中国人口: 资源与环境, 17(5): 153-158.

王茵. 2006. 水资源利用的经济学分析[D]. 哈尔滨: 黑龙江大学.

王资峰. 2010. 中国流域水环境管理体制研究[D]. 北京: 中国人民大学.

魏传江. 2007. 利用水资源配置系统确定供水工程的建设规模[J]. 中国水利水电科学研究院学报, 5(1): 54-58.

魏婧, 梅亚东, 杨娜, 等. 2009. 现代水资源配置研究现状及发展趋势[J]. 水利水电科技进展, 29(4): 73-77.

问德溥. 1998. 线性-动态规划改进模型及其应用[J]. 水科学进展, 9(2): 136-146.

吴丹, 吴凤平, 陈艳萍. 2009. 水权配置与水资源配置的关系剖析[J]. 水资源保护, 25(6): 76-80.

吴恒安. 2001. 水价、水权和水市场[J]. 水利科技与经济, 20(3): 110-113.

吴娟. 2011. 完善水资源供给与水资源保护措施[J]. 知识经济, (11): 78.

夏忠. 2007. 考虑冲突、补偿和风险的水资源合理配置研究——以黄河流域为例[D]. 西安: 西安理工大学.

徐晓鹏. 2003. 基于可持续发展的水资源定价研究[D]. 大连: 大连理工大学.

杨朝晖. 2013. 面向生态文明的水资源综合调控研究[D]. 北京: 中国水利水电科学研究院.

杨向辉. 2006. 我国水权转换模式及转换价值评估研究[D]. 南京: 河海大学.

姚傑宝. 2006. 流域水权制度研究[D]. 南京: 河海大学, 2006.

姚荣. 2005. 基于可持续发展的区域水资源合理配置研究[D]. 南京: 河海大学.

殷平. 2006. 基于水资源可持续利用的城市生活供水价格研究[D]. 南京: 河海大学.

于洪涛. 2007. 河南省水利产业水权市场体制建立和完善研究[D]. 郑州: 郑州大学.

于义彬. 2011. 水资源配置的内涵与关键环节探讨[J]. 水利经济, 29(2): 46-48.

袁宝招. 2006. 水资源需求驱动因素及其调控研究[D]. 南京: 河海大学.

曾文忠. 2010. 我国水资源管理体制存在的问题及其完善[D]. 苏州: 苏州大学.

詹焕桢, 何军. 2015. 我国水权的法律基础解读与现状研究[J]. 安徽农业科学, (30): 388-389.

占学强. 2006. 循环经济在水资源问题中的运用[D]. 杭州: 浙江大学.

张红丽, 陈旭东. 2005. 水资源准市场配置制度创新研究[J]. 统计与决策, (4): 86-88.

张静怡. 2011. 水权交易制度研究[D]. 长春: 吉林大学.

张礼兵, 金菊良, 刘丽. 2004. 基于实数编码的免疫遗传算法研究[J]. 运筹与管理, 13(4): 17-20.

张莉. 2006. 南水北调东线水资源供应链定价研究[D]. 南京: 河海大学.

张莉华. 2008. 关于河南水资源现状调查与开发利用的建议[J]. 水资源研究, (3): 13.

张维, 胡继连. 2002. 水权市场的构建与运作体系研究[J]. 山东农业大学学报（社会科学版）, 4(1): 60-64.

张雅君, 杜晓亮, 汪慧贞. 2008. 国外水价比较研究[J]. 给水排水, 34(1): 118-122.

张艳. 2009. 基于博弈论的流域水资源配置研究[D]. 扬州: 扬州大学.

张郁. 2002. 南水北调中的水权交易市场构建[J]. 水利规划与设计, (3): 38-41.

赵嘉琪. 2010. 区域水资源承载能力研究[D]. 兰州: 甘肃农业大学.

赵鹏. 2007. 区域水资源配置系统演化研究[D]. 天津: 天津大学.

赵薇莎. 2006. 论我国水资源管理体制的完善[D]. 北京: 中国政法大学.

赵亚洲. 2009. 我国水资源流域管理与区域管理相结合体制研究[D]. 长春: 东北师范大学.

赵勇. 2006. 广义水资源合理配置研究[D]. 北京: 中国水利水电科学研究院.

甄晓华. 2007. 水权交易制度理论探析[D]. 北京: 中国地质大学.

郑雄伟, 周芬, 刘光裕, 等. 2007. 水资源供给配置评价指标体系研究[J]. 水利规划与设计, (3): 1-5.

钟世坚. 2013. 区域资源环境与经济协调发展研究[D]. 长春: 吉林大学.

周刚炎. 2007. 中美流域水资源管理机制比较[J]. 中国三峡, 28(3): 56-59.

周霞, 胡继连, 周玉玺. 2001. 我国流域水资源产权特性与制度建设[J]. 经济理论与经济管理, (12): 11-15.

周玉玺. 2005. 水资源管理制度创新与政策选择研究[D]. 济南: 山东农业大学.

朱成涛. 2006. 区域多目标水资源优化配置研究[D]. 南京: 河海大学.

朱厚华. 2005. 多水源多用户动态水资源合理配置研究[D]. 北京: 中国水利水电科学研究院.

朱明峰. 2005. 基于循环经济的资源型城市发展理论与应用研究[D]. 合肥: 合肥工业大学.

左其亭, 马军霞, 陶洁. 2011. 现代水资源管理新思想及和谐论理念[J]. 资源科学, 33(12): 2214-2220.

Becker L, Yeh W W. 1974. Optimization of real time operation of a multiple-reservoir system[J]. Water Resources Research, 10(10): 1107-1112.

Bei-Fang H E. 2002. Optimal allocation model of regional water resources based on genetic algorithm[J]. Hydroelectric Energy, 1: 36.

Bo L, Qi H, Wang W, et al. 2011. Variation of actual evapotranspiration and its impact on regional water resources in the upper reaches of the Yangtze River[J]. Quaternary International, 244(2): 185-193.

Buchanan J M. 1965. An Economic Theory of Clubs[J]. Economica, 32(125): 1-14.

Chou N F. 2013. Effectiveness and efficiency of scheduling regional water resources projects[J]. Water Resources Management, 27(3): 665-693.

Duan C, Liu C, Chen X, et al. 2010. Preliminary research on regional water resources carrying capacity conception and method[J]. Acta Geographica Sinica, 65(1): 82-90.

Feng P, Liang C, Wang Z, et al. 2003. Fuzzy matter-element model for evaluating sustainable utilization of regional water resources[J]. Advances in Water Science, 1: 47.

Forest C B, Hwang Y S, Ono M, et al. 1994. Investigation of the formation of a fully pressure-driven tokamak[J]. Physics of Plasmas, 1(5): 1568-1575.

Gao H, Jin H. 2007. Evaluation of sustainable utilization for regional water resources based on AHP and fuzzy synthetic judgment—a case study for Jiangmen city in Guangdong province[J]. Journal of Water Resources & Water Engineering, 1: 21.

Gao Y C, Liu C M. 1997. Research on simulated optimal decision making for a regional water resources system[J]. International Journal of Water Resources Development, 13(1): 123-134.

Gong L, Jin C. 2009. Fuzzy comprehensive evaluation for carrying capacity of regional water resources[J]. Water Resources Management, 23(12): 2505-2513.

Holland, J. 1975. Genetic Algorithms, computer programs that evolve in ways that even their creators do not fully understand. Scientific American, 5: 66-72.

Hsu N S, Cheng W C, Cheng W M, et al. 2008. Optimization and capacity expansion of a water distribution system[J]. Advances in Water Resources, 31(5): 776-786.

Jacobson D H, Mayne D Q. 1970. Differential dynamic programming[M]. New York: American Elsevier Pub. Co.

Jia R, Jiang X, Xue H, et al. 2000. Study on bearing capacity of regional water resources[J]. Journal of Lanzhou University, 1: 30.

Jian-Qiang L I, Gui-Hua L U, Yang X H, et al. 2004. DPPIM for comprehensive assessment of regional water resources bearing capacity[J]. Journal of Hehai University, 1: 28.

Jin J, Ding J, Wei Y, et al. 2002. An interpolation evaluation model for regional water resources sustainable utilization system[J]. Journal of Natural Resources, 17(5): 610-615.

Liu C H, Kai Z, Zhang J M. 2010. Sustainable utilization of regional water resources: experiences from the Hai Hua ecological industry pilot zone (HHEIPZ) project in China[J]. Journal of Cleaner Production, 18(5): 447-453.

Liu H, Geng L, Chen X. 2003. Indicators for evaluating sustainable utilization of regional water resources[J]. Advances in Water Science, 1: 89.

Luo L M, Xie N G, Zhong Y, et al. 2007. Multi-objective game decision-making for rational allocation of regional water resources[J]. Journal of Hohai University, 35(1): 72-76.

Strzepek K, Mccluskey A. 2007. The impacts of climate change on regional water resources and agriculture in Africa[J]. Social Science Electronic Publishing, (68): 1-68.

Voisin N, Li H, Ward D, et al. 2013. On an improved sub-regional water resources management representation for integration into earth system models[J]. Hydrology & Earth System Sciences, 17(9): 3605-3622.

Wang Y, Shi-Hua H E. 2004. Evaluation of sustainable use of regional water resources using the method of multipurpose and multilevel analysis[J]. Yunnan Water Power, 1: 27.

Xi A. 1999. Comprehensive evaluation of development level of regional water resources[J]. China Rural Nater & Hydropower, 11: 22-24.

Xu C Y, Singh V P. 2004. Review on regional water resources assessment models under stationary and changing climate[J]. Water Resources Management, 18(6): 591-612.

Xu L. 2002. Sustainable utilization and evaluation index system for regional water resources[J]. Journal of Northwest Sci-Tech University of Agriculture and Forestry, 30(2): 119-122.